Virginie Cendret

Mimes de Haut-Mannose et glycoclusters

Virginie Cendret

Mimes de Haut-Mannose et glycoclusters

Pour l'étude des interactions sucres-lectines

Presses Académiques Francophones

Impressum / Mentions légales
Bibliografische Information der Deutschen Nationalbibliothek: Die Deutsche Nationalbibliothek verzeichnet diese Publikation in der Deutschen Nationalbibliografie; detaillierte bibliografische Daten sind im Internet über http://dnb.d-nb.de abrufbar.

Information bibliographique publiée par la Deutsche Nationalbibliothek: La Deutsche Nationalbibliothek inscrit cette publication à la Deutsche Nationalbibliografie; des données bibliographiques détaillées sont disponibles sur internet à l'adresse http://dnb.d-nb.de.

Coverbild / Photo de couverture: www.ingimage.com

Verlag / Editeur:
Presses Académiques Francophones
ist ein Imprint der / est une marque déposée de
AV Akademikerverlag GmbH & Co. KG
Heinrich-Böcking-Str. 6-8, 66121 Saarbrücken, Deutschland / Allemagne
Email: info@presses-academiques.com

Herstellung: siehe letzte Seite /
Impression: voir la dernière page
ISBN: 978-3-8381-8824-9

Sommaire

Abréviations

Ac	Acétyle
Bn	Benzyle
Bu	Butyle
Bz	Benzoyle
CA	ChloroAcétyle
CD4	Cluster de Différenciation 4
CN-N	Cyanovirine-N
Cp*	Pentaméthylcyclopentadiènyle
CRD	Carbohydrate Recognition Domain
CSA	Acide CamphorSulfonique
d	doublet
DBU	1,8-DiazaBicyclo[5,4,0]Undec-7-ène
DDQ	Dichloro Dicyano Quinone
DEPT	Distortionless Enhancement by Polarisation Transfer
DIC	*N,N'*-DiIsopropylCarbodiimide
DIPEA	DiIsoPropylEthylAmine
DMF	*N, N'*-DiMéthylFormamide
DMSO	DiMéthylSulfOxyde
DPPA	Azoture de DiphénylPhosphoride
ELISA	Enzyme-Linked ImmunoSorbent Essay
ELLA	Enzyme-Linked Lectin Essay
gp 120	Glycoprotéine 120
HATU	2-(1H-7-Aza-benzotriazol-1-yl)-1,1,3,3-TétraméthylUronium hexafluorophosphate
HIA	Inhibition de l'Hémagglutination
HMBC	Heteronuclear Multiple Bond Correlation
HOBt	*N*-Hydroxybenzotriazole
ITC	Calorimétrie de Titration Isotherme

m	massif
Man	Mannose
Me	Méthyle
MeOH	Méthanol
MO	Micro-Onde
NBS	*N*-Bromosuccinimide
Pf	Point de fusion
Ph	Phényle
ppm	partie par million
***p*-TSA**	Acide *para*-ToluèneSulfonique
q	quadruplet
Rf	Rapport frontal
RMN	Résonance Magnétique Nucléaire
s	singulet
SIDA	Syndrome d'ImmunoDéficience Acquise
SIV	Virus d'Immunodéficience du Singe
SPR	Résonance Plasmonique de Surface
t	triplet
TA	Température Ambiante
TBAI	Iodure de Tétrabutyle Ammonium
TBDMS	*Tert*-ButylDiméthylSilyle
***t*Bu**	*t*ert-butyle
TEG	TriEthylèneGlycol
Tf	Triflyle
TFA	Acide Trifluoroacétique
THF	TétraHydroFurane
TMS	TriMéthylSilane
TMSOTf	Triméthylsilyltrifluorométhane sulfonate
TOF	Temps de vol (Time Of Fly)

Tol	Tolyle
US	Ultra-Son
UV	Ultra-Violet
VIH	Virus d'ImmunoDéficience Humaine

Introduction générale

Les sucres suscitent toujours à l'heure actuelle l'attention des chimistes et des biologistes. En effet, ils sont largement répandus dans le monde du vivant et leur implication dans la régulation de nombreux phénomènes biologiques a été mise en évidence. La complexité ainsi que la diversité structurelle et conformationnelle qu'ils présentent ont permis de suggérer que les oligosaccharides peuvent assurer plusieurs fonctions. Conjugués aux protéines, les glycanes sont capables de modifier les propriétés de ces dernières, de les protéger des dégradations et d'arbitrer, au travers d'interactions spécifiques, des processus de reconnaissance à la surface des cellules.[1] Ils sont « ancrés » dans les membranes de ces dernières[2] et peuvent ainsi interagir avec l'environnement extracellulaire.[3]

Les oligosaccharides de surface constituent donc des sites de fixation sur lesquels peuvent se lier, par des phénomènes de reconnaissance spécifiques, d'autres cellules ou des agents pathogènes (***Figure 1***). C'est par exemple au travers d'interactions sucre-lectine (protéines présentes chez les plantes, les mammifères, les virus et les bactéries), que se déclenchent une variété de processus comme la réponse immunitaire, le développement embryonnaire, certaines infections ou bien encore la métastase des tumeurs.

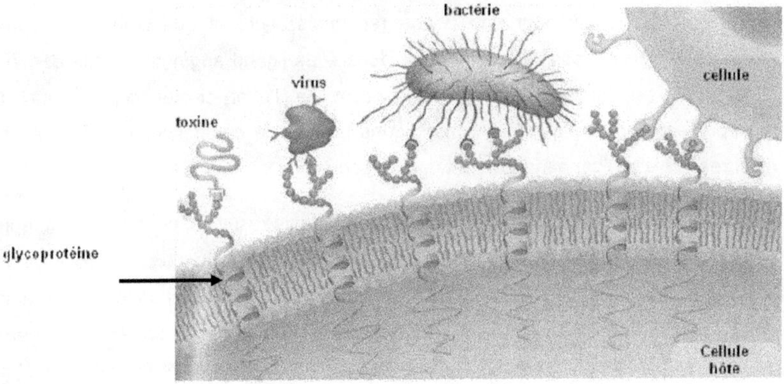

Figure 1 : Fixation d'agents pathogènes ou d'une autre cellule à la surface d'une cellule hôte.[4]

Chez les glycoprotéines, les oligosaccharides de la famille des *N*-glycanes, et notamment ceux de type haut-mannose, sont plus spécifiquement impliqués lors de ces phénomènes de reconnaissance.

Pour la recherche scientifique (médecine, biologie, biochimie, biophysique), ces oligosaccharides constituent donc des cibles intéressantes. Cependant l'accès à ces structures complexes reste encore à l'heure actuelle difficile. En effet, les méthodes d'extraction et de purification d'oligosaccharides à partir de sources naturelles sont délicates à mettre en œuvre et ne fournissent pas nécessairement les produits souhaités en quantités suffisantes. L'obtention de ces oligosaccharides dépend donc en grande partie des synthèses développées par voie chimique et/ou enzymatique. Toutefois, même si de remarquables progrès ont été réalisés, ces dernières sont souvent difficiles sur le plan technique : elles demandent beaucoup de temps et sont généralement exécutées par des laboratoires disposant d'un véritable savoir-faire dans ce domaine.[2]

Au Laboratoire des Glucides, notre équipe s'intéresse entre autre à la synthèse de *N*-glycanes de type haut-mannose et à l'étude de leurs interactions avec des lectines qui leur sont spécifiques. Ainsi, de précédents travaux ont déjà permis l'obtention d'une gamme d'oligomannosides.[5,6] Leurs évaluations biologiques ont par ailleurs montré d'une part, que le respect de l'enchainement des liaisons interglycosidiques des *N*-glycanes est requis pour une bonne reconnaissance, et que d'autre part, une meilleure affinité est observée lorsque la densité de ligand augmente. Cette dernière observation est en accord avec le concept de l'effet cluster selon lequel la multi-présentation de ligands saccharidiques permet de compenser la faible affinité mesurée entre un ligand monovalent et son récepteur.

Forts de l'expertise du laboratoire et de ces précédents résultats, nous avons entrepris deux projets en parallèle qui constituent le cœur même de cette thèse de doctorat. Le premier est consacré à la synthèse de structures de type haut-mannose présentant des degrés de ramifications élevés (octasaccharide, nonasaccharide) en envisageant de nouvelles méthodes plus rapides que celles déjà décrites dans la littérature. Pour cela, nous nous sommes orientés vers la synthèse de mimes de hauts-mannoses dans lesquels plusieurs unités sucres sont remplacées par un groupement autre. Nous avons ainsi choisi de combiner la réaction de glycosylation, étape clé mais délicate dans la synthèse d'oligosaccharides, à la cycloaddition 1,3-dipolaire d'alcynes terminaux et d'azotures catalysée par le cuivre. Cette dernière présente en effet l'avantage de conduire avec de bons rendements à des hétérocycles triazoles 1,4-disubstitués. Les pseudo-oligomannosides alors obtenus se différencient de leurs homologues naturels (***Figure 2***) par la présence au cœur de leurs structures, de trois unités triazoles en lieu et place de trois unités mannosidiques.

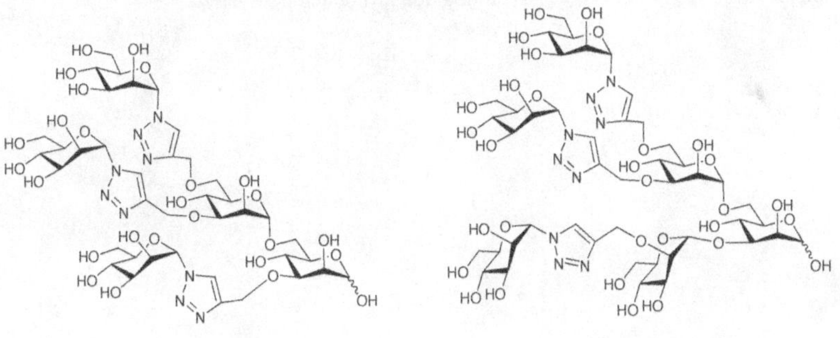

pseudo-Man$_8$ pseudo-Man$_8$

Figure 2 : Structures des cibles oligosaccharidiques visées.

Le second projet mis en œuvre est issu d'une collaboration entre le Laboratoire des Glucides et l'équipe du Dr. Sébastien Vidal de l'Institut de Chimie et Biochimie Moléculaire et Supramoléculaire de Lyon (ICBMS, UMR 5246) spécialisée entre autre dans les domaines de la multivalence et des interactions ligand-récepteur. Ce projet est dédié à la synthèse de glycoclusters multivalents constitués d'un cœur de type porphyrine ou calixarène sur lequel est greffé, *via* des bras espaceurs de longueurs variables, un motif oligosaccharidique. L'obtention de ses molécules passera par une étape clé de cycloaddition catalysée par le cuivre qui engage d'une part les cœurs multivalents fournis par l'équipe du Dr. Sébastien Vidal et d'autre part le trimannoside Man-α(1,3)-[Man-α-(1,6)]-Man.

Dans la première partie de ce manuscrit, un rappel bibliographique des interactions sucre-lectine sera présenté. Après quelques généralités concernant les lectines, nous nous intéresserons à la nature de ces interactions et aux techniques existantes qui permettent de les évaluer. Nous verrons par la suite que les oligosaccharides de surface et notamment les *N*-glycanes de type haut-mannose sont impliqués dans des processus biologiques importants et qu'ils représentent ainsi des cibles intéressantes.

La seconde partie de ce manuscrit, scindée en deux chapitres, reprendra les principaux résultats obtenus au cours de ces travaux. En effet, les différentes stratégies de synthèse envisagées pour l'obtention des pseudo-oligosaccharides seront détaillées, comparées et discutées dans un premier chapitre afin de dégager une voie de synthèse préférentielle. Le second chapitre présentera les premiers résultats obtenus concernant la synthèse des glycoclusters multivalents.

Partie 1

Chapitre bibliographique

Introduction

La reconnaissance entre les cellules est un évènement majeur par lequel débute un grand nombre de phénomènes biologiques. Ce processus hautement sélectif nécessite la complémentarité de deux entités, ou l'une est porteuse de l'information biologique et ou l'autre est capable de la décoder. Ainsi, la reconnaissance cellulaire est un autre aspect du concept fondamental clé-serrure originellement formulé en 1897 par Emil Fisher pour expliquer les interactions spécifiques entre les enzymes et leurs substrats.[7]

Il est clairement établit depuis les années 70 que la surface des cellules, milieu complexe et dynamique, est recouverte de sucres qui se présentent sous la forme de glycoprotéines, glycolipides et polysaccharides. L'arrangement de ces molécules est hétérogène, ces dernières pouvant être uniformément réparties sur la surface de la cellule ou bien être localisées au sein de micro-domaines.[7,8]

Par ailleurs, il existe dans la nature, et de manière abondante, des protéines se liant aux sucres de façon non covalente. Parmi elles, la famille des lectines, protéines d'origine non immune, fait l'objet de nombreuses recherches dans les domaines de la biologie et de la glycobiologie. Présentes chez les plantes, les mammifères, les virus ou encore les bactéries, les lectines se lient aux mono et aux oligosaccharides de manière réversible et avec une haute spécificité. Elles sont cependant dépourvues de toute activité catalytique envers les sucres qu'elles reconnaissent.[9]

C'est au travers d'interactions sucres-lectines que se déclenchent une variété de processus biologiques tels que le repliement des protéines, la fécondité, la réponse immunitaire, la métastase des tumeurs, l'inflammation ou encore les infections virales, bactériennes et parasitaires.[10]

Dans ce chapitre, seront abordées dans une première partie les interactions sucre-lectine. Après quelques généralités, la nature des interactions qui les caractérisent ainsi que les méthodes permettant de les évaluer seront présentées. Nous nous intéresserons dans la seconde partie aux glycoprotéines et en particulier à la famille des *N*-glycanes de type haut-mannose.

I.Les interactions sucre-lectine.

A. Les lectines.

A.1.Historique et définition.

Les lectines, du latin *legere* signifiant choisir, constituent une classe importante de protéines et sont pour la première fois mises en évidence en 1888 par Stillmark qui constate que l'extrait protéique des graines de ricin présente la faculté d'agglutiner les érythrocytes. Elfstrand, en 1897, souligne cette particularité en attribuant le terme d'hémagglutinine à toutes les protéines qui sont capables d'agglutiner des cellules. Boyd et Reguera constatent en 1949, que les lectines sont spécifiques. Ils observent en effet que l'hémagglutinine issue du haricot *phaseolus lutanus* agglutinait préférentiellement un type d'érythrocyte. Ils réalisent alors que les différences observées sont corrélées aux groupes sanguins, groupes pour lesquels Karl Landsteiner établit, suite à leurs découverte en 1900 une première classification : le système ABO.[11]

Watkins et Morgan sont les premiers à démontrer en 1952 que des sucres simples sont capables d'inhiber l'activité d'une lectine. Ils montrent que l'agglutination de cellules du groupe O, par la lectine issue du sérum de l'anguille *Anguilla anguilla*, est inhibée par le L-fucose mais pas par les autres sucres présents dans la substance H qui est utilisée pour leur étude. C'est à cette période qu'il a alors été suggéré que les lectines pouvaient assurer des fonctions de reconnaissance.[11]

Ce n'est qu'en 1981 que la commission internationale de la nomenclature biochimique accepte la définition donnée par Goldstein un an plus tôt : *« Une lectine est une protéine d'origine non immune liant les glycanes qui peut agglutiner des cellules et/ou précipiter des glycoconjugués »*.[12]

Plus récemment, en 1995, Peumans et Van Damme proposent que les lectines de plantes peuvent être définies comme *« toute protéine de plantes possédant au moins un domaine non catalytique qui peut se lier de manière réversible et spécifique à un mono ou à un oligosaccharide »*.[13] Avec cette définition, l'agglutination ne reste donc plus la propriété essentielle par laquelle une lectine est définie. La liaison à un sucre et la spécificité dont elles font preuve sont devenues désormais de nouveaux critères à prendre en compte.

A.2. Classification des lectines.

Les lectines peuvent être classifiées de diverses manières : selon leur origine (végétale, animale, virus et bactéries), selon l'ose pour lequel elles sont spécifiques ou encore selon les caractéristiques structurales qu'elles ont en commun.

A.2.1. Selon le mono ou l'oligosaccharide.

Sur la base de leurs spécificités, les lectines, et en particulier celles issues de plantes, sont classifiées en cinq groupes selon le monosaccharide pour lequel elles présentent la plus haute affinité : mannose, *N*-acétylglucosamine, galactose/*N*-acétylgalactosamine, fucose et acide sialique (***Tableau 1***). Les monosaccharides sont tous de configuration D à l'exception du fucose qui est de configuration L. L'affinité des lectines pour les monosaccharides est généralement faible, avec des constantes d'association se situant dans la gamme du millimolaire. Elle est cependant hautement sélective. En effet, les lectines spécifiques du galactose ne reconnaitront ni le glucose, son épimère en C-4, ni le mannose, épimère en C-2 du glucose (***Figure 3***). De la même manière, à l'exception de la lectine du germe de blé, les membres du groupe spécifique à la *N*-acétylglucosamine ne se combinent pas à la *N*-acétylgalactosamine et *vice versa*.[9]

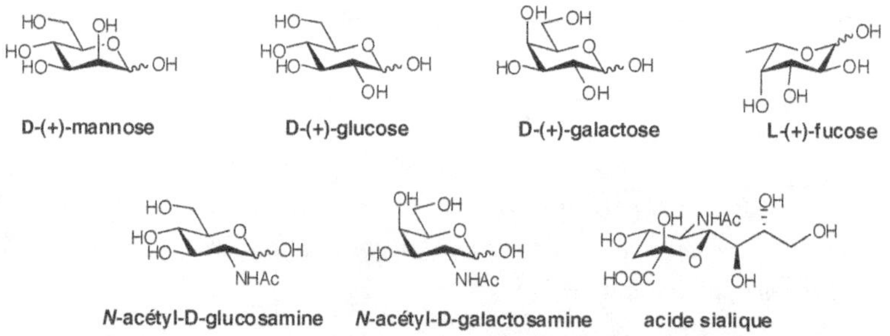

Figure 3 : Représentation des monosaccharides reconnus par les lectines.

Un grand nombre de lectines tolèrent cependant quelques variations au niveau de l'atome de carbone C-2 du monosaccharide. Ainsi, celles du groupe spécifique du mannose, comme la concanavaline A, peuvent se lier à son épimère, le glucose. Précisons également que certaines lectines appartenant à un même groupe peuvent se lier préférentiellement à l'α- ou au β-glycoside alors que d'autres manquent de spécificité en ce qui concerne la configuration de la liaison anomèrique.[9] Par ailleurs, les propriétés de l'aglycone, c'est-à-dire du groupement non glucidique d'un hétéroside, peuvent influencer nettement l'interaction du glycoside avec une lectine. Les hétérosides aromatiques par exemple se lient plus fortement aux lectines que les hétérosides aliphatiques attestant ainsi la présence d'une région hydrophobe à côté du site où se lie le sucre.[9]

Monosaccharide reconnu spécifiquement	Origine	Nom/Abréviation de la lectine	Oligosaccharide reconnu spécifiquement	AR[a]
Mannose[b]	haricot	ConA	Manα6(Manα3)Man	130
	Escherichia coli	fimbriae type 1		
	fève	Favin		
	Galanthus nivalis (perce neige)	GNL	Manα6(Manα3)Man	
	Lathyrus ochrus	LOL	octasaccharide	
	lentille	LCL		
	sérum de rat	MBP-A[c]		
	pois	PSL	hexasaccharide contenant un fucose	
***N*-acétylglucosamine**	*Griffonia simplicifolia*	GS II		
	Germe de blé	WGA	$(GlcNAc\beta 4)_3$	3000
galactose/*N*-acétylgalactosamine	*Artocarpus intergrifolia* (jaquier)	jacaline	Galβ3GalNAc	
	Dolichos biflorus[d]	DBL	GalNAcα3GalNAc	36[e]
	Erythrina corallodendron (corail)	ECorl	Galβ4GlcNAc	30-50[f]
	Helix pomatia[d]			
	haricot de Lima[d]	LBA	GalNAcα3(Fucα2)Gal	43[e]
	Moluccella laevis[d]	MLL		
	Arachide[g]	PNA	Galβ3GalNAc	50[f]
	ricin	RCA II		
	graine de soja[b]	SBA		
fucose	*Anguilla anguilla*			
	Lotus tetragonolobus	LTA		
	Ulex europeus	UEA I	Fucα2Galβ4GlcNAcβ6R	900
acide sialique	*Sambucus nigra*		NeuAcα2,3Gal	30-80
			NeuAcα2,6Gal	1600
	Limulus polyphenus		NeuAcα2,6GalNAc	30

Tableau 1 : Classification des lectines selon le monosaccharide pour lequel elles sont spécifiques.[9] [(a)] Affinité Relative comparée à celle du monosaccharide. [(b)] La plupart de ces lectines (sauf *Escherichia coli*) se lient également au glucose. [(c)] Se lie aussi au fucose et à la *N*-acétylglucosamine. [(d)] Préférence pour la *N*-acétylgalactosamine. [(e)] Quand le monosaccharide de référence est la *N*-acétylgalactosamine. [(f)] Quand le monosaccharide de référence est le galactose. [(g)] Ne se lie pas à la *N*-acétylgalactosamine.

La classification des lectines selon leur spécificité pour un monosaccharide masque le fait qu'elles présentent souvent une très bonne spécificité pour des di-, tri- ou encore tétrasaccharides.[9] Dans ce cas de figure, les constantes d'association peuvent être 1000 fois supérieures à celles observées avec les monosaccharides

(***Tableau 1***). A ce titre, les oligosaccharides sont sans nul doute les ligands les plus naturels des lectines. Certaines d'entre elles, telles que les galectines de *Griffonia simplicifolia* IV (GSIV) et de *Phaseolus vulgaris* (E-PHA), n'interagissent d'ailleurs qu'avec des oligosaccharides.

Les lectines d'un même groupe, qui ont une spécificité pour un monosaccharide donné, peuvent cependant présenter des affinités très différentes pour les oligosaccharides. Les affinités des lectines peuvent être influencées par la structure de ces derniers. Ce sont en effet des molécules flexibles pour lesquelles la libre rotation des unités monosaccharidiques autour des liaisons glycosidiques est possible. Grâce à la flexibilité dont ils font preuve, deux oligosaccharides de structure chimique différente peuvent donc se lier individuellement à une même lectine.

A.2.2.Selon les caractéristiques structurales.

Les séquences des acides aminés de plusieurs centaines de lectines sont actuellement déjà décrites. La cristallographie de rayons X a, entre autre, permis l'élucidation de la structure tridimensionnelle de plus d'une vingtaine de lectines qui sont le plus souvent complexées à leurs ligands. Les groupements chimiques impliqués, de la protéine et du ligand saccharidique, ainsi que la nature des liaisons formées au cours de l'interaction ont également pu être identifiés. Ces avancées rendent alors possible une nouvelle classification des lectines, non plus selon leur origine ou selon l'ose pour lequel elles sont spécifiques mais selon les caractéristiques structurales qu'elles ont en commun.

Lis et Sharon[9,10] proposent alors en 1998 de les classer en trois groupes : les lectines simples, les mosaïques (multi-domaines) et les assemblages macromoléculaires.

i. Les lectines simples.

Dans cette classification, les lectines simples, de poids moléculaire inférieur à 40kDa, possèdent un petit nombre de sous unités, où chacune d'entre elles peut présenter, en plus d'un domaine de reconnaissance pour un sucre (CRD pour Carbohydrate Recognition Domain), un domaine additionnel (hydrophobe) pour d'autres types de ligand. La plupart des lectines de plantes peuvent ainsi être considérées comme des lectines simples.

La famille des légumineuses est sans doute la famille la plus largement étudiée et dans laquelle plus d'une centaine de membres ont été caractérisés. Typiquement, les lectines des légumineuses sont constituées de deux à quatre sous unités, identiques ou presque, de 25 à 30kDa. Elles possèdent chacune, en plus d'un petit site de combinaison spécifique à un même sucre, d'une part un atome de Ca^{2+} auquel elles sont fortement liées et d'autre part l'ion d'un métal de transition, principalement Mn^{2+}, qui sont tous les deux des éléments importants impliqués indirectement dans la liaison aux dérivés osidiques.

La concanavaline A, isolée pour la première fois en 1919 du haricot sabre (*Canavalia ensiformis*) par James Sumner, représente l'une des lectines les mieux décrites et les plus étudiées de la famille des lectines simples. Sumner et Howell la cristallisent en 1936 et montrent qu'elle est spécifique du mannose et du glucose.[14] C'est une protéine tétramérique, présentant une structure « sandwich » de feuillets β antiparallèles. Elle est constituée de quatre monomères, de 237 acides aminés chacun, et de masse moléculaire de 26,5 kDa. A pH inférieur à 5, la concanavaline A forme un dimère mais à pH neutre ou supérieur à 7, deux dimères s'associent par leurs faces postérieures pour former un tétramère (***Figure 4***).

Bien qu'elle s'associe de manière spécifique au glucose et au mannose, elle l'est encore plus vis-à-vis du cœur Man-α(1,3)-[Man-α-(1,6)]-Man des oligosaccharides de type *N*-glycanes (***Tableau 1***).[15]

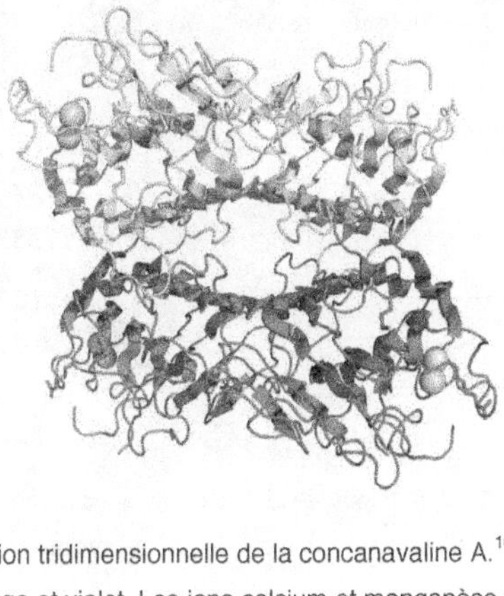

Figure 4 : Représentation tridimensionnelle de la concanavaline A.[16] (Les monomères sont colorés en bleu, vert, rouge et violet. Les ions calcium et manganèse sont représentés sous la forme de sphères de couleur jaune et grise respectivement.)

ii. Les mosaïques.

Sont inclues dans ce groupe des protéines de diverses origines dont les poids moléculaires peuvent varier d'une gamme à une autre. Les mosaïques possèdent plusieurs domaines et un seul site de liaison à un sucre. Les hémagglutinines virales et les lectines animales de type C-, P- et I- peuvent toutes appartenir à cette catégorie.[7,9]

L'hémagglutinine du virus de l'influenza, décrite pour la première fois en 1950, est à ce jour la lectine mosaïque (multi-domaines) la plus étudiée. Les sous-unités de cette dernière sont constituées de deux polypeptides, HA_1 et HA_2, dont les masses moléculaires respectives sont de 36 et 26 kDa. Elles sont liées de façon covalente par une liaison disulfure, et associées de façon non covalente pour former des trimères qui sont localisés sur la surface de la membrane virale.

Le rôle de l'hémagglutinine dans le commencement du processus d'infection par le virus a été démontré de manière indiscutable. L'interaction multivalente entre des trimères de la lectine et les résidus d'acide sialique des saccharides de surface de la cellule cible, conduit à la fixation du virus sur la cellule hôte. Les membranes fusionnent, l'endocytose se produit et la cellule est infectée (***Figure 5***).

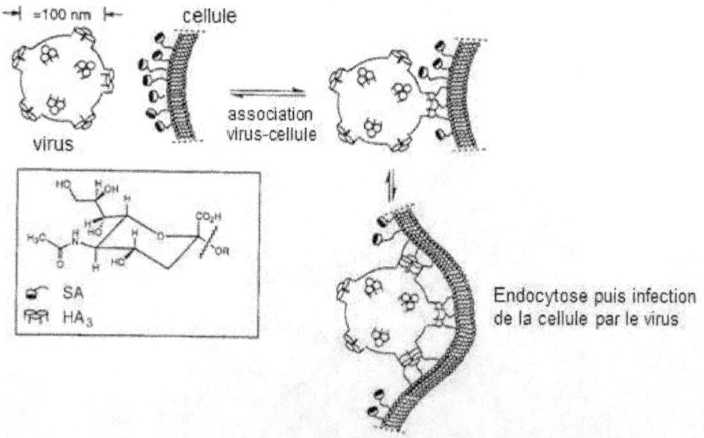

Figure 5 : Représentation schématique de la fixation du virus à une cellule.[17] (HA_3 = trimères de l'hémagglutinine, SA = acide sialique)

iii. Les assemblages macromoléculaires.

Les lectines de ce type sont en général d'origine bactérienne et se présentent sous la forme de fimbria (du latin *fimbriae* signifiant appendice). Elles sont constituées de protéines filamenteuses dont le diamètre est compris entre 3 et 7 nm et la longueur entre et 100 et 200 nm qui sont présentes à la surface de la bactérie. Les différentes sous-unités qu'elles possèdent sont assemblées selon un ordre bien défini et seulement une d'entre elles, habituellement le constituant minoritaire de la fimbria, est associée à la reconnaissance avec un sucre.[9]

B.Nature des interactions.

Les lectines qui sont présentes à la surface des cellules, arbitrent les interactions cellule-cellule en se combinant à des ligands saccharidiques complémentaires. Chez les organismes vivants, elles jouent ainsi un rôle clé dans le contrôle d'une variété de processus tout à fait normaux mais aussi pathologiques. La caractérisation de la nature physique de ces interactions est donc importante pour une meilleure compréhension des fonctions qu'occupent les lectines et leurs ligands glucidiques.

L'isolation de lectines naturelles, la production et la purification de lectines recombinantes, la synthèse d'analogues de ligands saccharidiques et la mise en pratique des techniques biochimiques et biophysiques ont alors été associées et fournissent des réponses aux questions que soulève la complexité des interactions sucre-lectine.[19]

B.1.Interaction monovalente : les types de liaisons mises en jeu.

La fixation à une lectine, d'un monosaccharide ou d'un oligosaccharide possédant un seul épitope sucre est définie comme une interaction monovalente.[19]

En 1940, Pauling et Delbrück développent l'idée que la complémentarité stéréospécifique est à la base des interactions moléculaires en biologie.[18] Ils postulent ainsi que les liaisons hydrogène intermoléculaires, les interactions électrostatiques et celles de type van der Waals participent de manière importante à la formation de complexes moléculaires. Ce postulat pertinent est vérifié pour les interactions sucre-lectine puisque les liaisons faibles énoncées ci-dessus, associées aux interactions hydrophobes et à la présence d'ions métalliques, permettent de stabiliser les complexes supramoléculaires qui se forment entre les lectines et les sucres (***Figure 6***).[19] La réorganisation des molécules d'eau à la surface des deux entités ainsi que des changements conformationels du sucre et/ou de la lectine peuvent aussi contribuer à stabiliser les complexes.

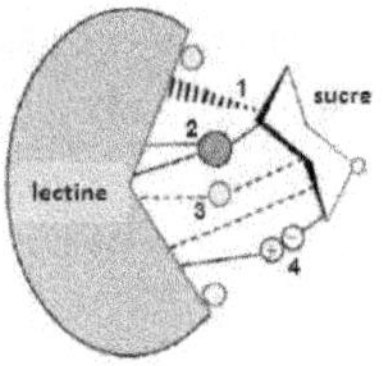

Figure 6 : Liaisons faibles qui stabilisent le complexe sucre-lectine. (**1**) interactions hydrophobes, (**2**) coordination avec un métal (cercle rouge), (**3**) Liaison hydrogène directe ou *via* une molécule d'eau (cercles jaune), (**4**) interactions ioniques.[19]

B.1.1.Les liaisons hydrogène.

La présence sur un sucre de plusieurs groupements hydroxyles permet la formation de multiples liaisons hydrogène avec les acides aminés localisés dans le site de liaison de la lectine. Les groupements hydroxyles d'un monosaccharide peuvent être simultanément donneurs et accepteurs de liaisons hydrogène, un groupement OH peut ainsi accepter jusqu'à deux liaisons hydrogène mais n'en donner qu'une seule. La liaison de type « bidentate » est l'une des liaisons hydrogène couramment rencontrées dans les interactions sucre-lectine. Celle-ci implique d'une part deux groupements hydroxyles adjacents portés par le sucre, et d'autre part différents atomes d'un même résidu acide aminé. Souvent, les chaînes latérales acides agissent comme des accepteurs de liaison hydrogène, alors que les fonctions amides de la chaîne principale de la protéine et de la chaîne latérale de l'asparagine sont majoritairement des donneurs de liaison hydrogène. Les groupements hydroxyles des chaînes latérales des résidus sérine, thréonine et tyrosine sont quant à eux moins fréquemment impliqués dans ce type d'interaction avec les sucres.[20]

La formation de liaisons hydrogène, entre les hydroxyles de la protéine et ceux des sucres, peut cependant être limitée en raison de l'entropie élevée qui est alors générée dans le système.[20]

B.1.2.Les interactions hydrophobes.

Les sucres sont des molécules polaires et solvatées car ils présentent sur leurs structures des groupements hydroxyles et un atome d'oxygène intracyclique. Toutefois, l'ensemble des protons aliphatiques, des atomes de carbone des différents stéréocentres, ainsi que certains groupements exocycliques forment des surfaces apolaires sur les résidus glucidiques. Ces surfaces « s'empilent » alors sur une ou plusieurs chaînes latérales d'acides aminés aromatiques tels que la phénylalanine, le tryptophane ou encore la tyrosine. Ce phénomène de « π-stacking » constitue une force motrice qui contribue à la formation du complexe sucre-lectine.

Le squelette carboné de la partie glycérol de l'acide sialique par exemple peut interagir avec les acides aminés aromatiques de la lectine du germe de blé WGA. Des interactions hydrophobes sont également possibles au travers du méthyle du groupement acétamido de la *N*-acétylgalactosamine, de la *N*-acétylglucosamine, de l'acide sialique ainsi qu'avec le groupement méthyle du fucose. Les chaînes latérales d'acides aminés aliphatiques comme la valine ou la leucine peuvent aussi être impliquées dans ce type d'interactions.[20]

B.1.3.Les ions métalliques divalents.

Chez les lectines de légumineuses les cations divalents Ca^{2+} et Mn^{2+} ne sont pas directement impliqués dans la liaison avec le ligand sucre. Leur rôle, indirect soit-il, consiste à stabiliser le site de liaison et à fixer la position des acides aminés qui interagissent avec le ligand. Dans le cas des lectines de type C, l'ion Ca^{2+} est requis et participe directement à la fixation du sucre, il contribue également à stabiliser la structure de la protéine.[19,20]

B.2.La multivalence.

B.2.1.Définition.

L'interaction entre un monosaccharide et une lectine est caractéristique car relativement faible. Elle est spécifique mais tolère néanmoins quelques variations que ne tolèrent pas les interactions enzyme-substrat par exemple. Toutefois, les lectines peuvent également présenter une haute affinité et une parfaite spécificité pour des oligosaccharides appartenant à des glycoprotéines ou encore à des glycolipides de surface impliqués dans des phénomènes biologiques de reconnaissance.

Suite à ce constat, il a alors été suggéré que plusieurs interactions sucre-protéine pouvaient coopérer lors de chaque processus de reconnaissance dans le but d'y apporter l'affinité et la spécificité qui y sont nécessaires. Cela signifie, en d'autres termes, que de multiples récepteurs peuvent être organisés de telle sorte que de multiples épitopes saccharidiques s'y lient efficacement (***Figure 7***).[21] Les interactions multivalentes permettent ainsi d'augmenter l'affinité entre les lectines et leurs ligands, les valeurs des constantes d'association passant ainsi de la gamme du millimolaire à la gamme du nanomolaire. En 1995, Lee et coll. attribuent à ce phénomène le terme d'«effet cluster».[22]

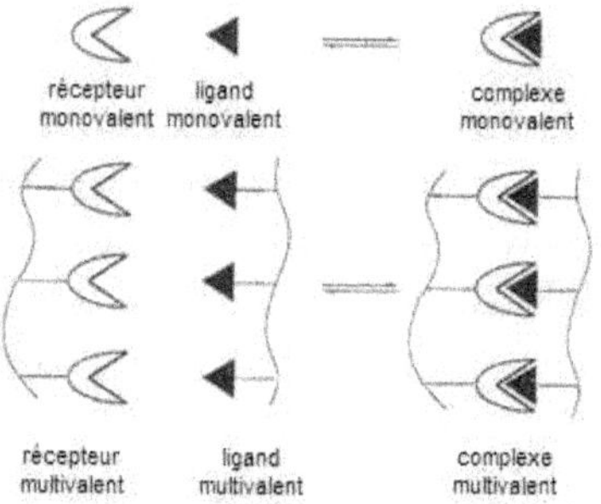

Figure 7 : Représentation schématique des interactions mono- et multivalente.[17]

B.2.2.Mécanismes des interactions multivalentes.

La figure suivante illustre les différents mécanismes selon lesquels les ligands multivalents peuvent interagir avec leurs récepteurs cibles.[8] A la surface des cellules, ils peuvent tout d'abord se lier à des récepteurs oligomériques, c'est-à-dire constitués d'un nombre limité de sous-unités. Ils occupent ainsi simultanément plusieurs sites de liaison : il s'agit de l'effet chélate (**a**). Le second mécanisme possible est le suivant : lorsque les récepteurs ne sont pas oligomériques, les ligands multivalents en se liant fortement sur ces derniers provoquent leur regroupement à la surface de la cellule (**b**). Les ligands multivalents peuvent également occuper les sites de liaison primaire et

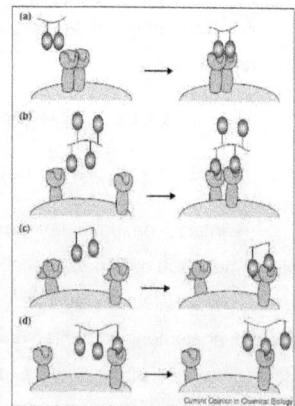

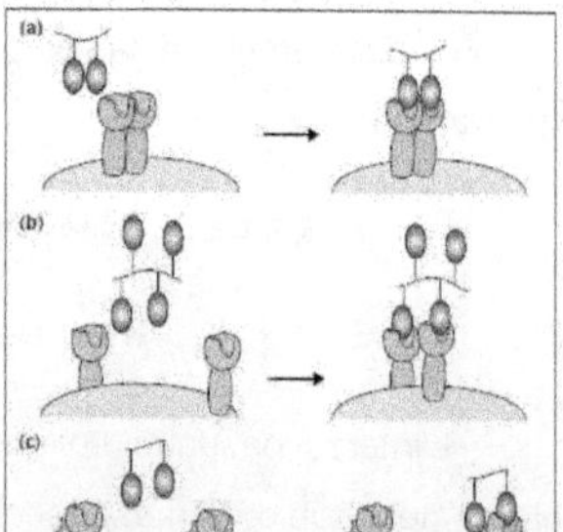

secondaire que présentent certains récepteurs (**c**). Enfin, lorsque des ligands exposent localement des concentrations élevées en épitopes liants, l'affinité apparente est meilleure même si un seul récepteur est engagé dans le complexe (**d**).

L'adhésion du virus de la grippe aux cellules épithéliales des bronches (*cf.* **Chapitre 1**, **A.2.2**), l'adhésion de la bactérie *E. coli* aux cellules endothéliales de l'urètre ou encore le déclenchement de la réponse immunitaire sont des phénomènes biologiques contrôlés par ce type d'interactions multivalentes.[17]

C. Techniques d'évaluation des interactions sucres-lectines.

L'étude des interactions sucre-lectine a pour objectif d'établir une relation entre la structure d'un ligand saccharidique et son activité. L'évaluation des constantes de ces interactions n'est pas triviale à réaliser et dans ce but, différentes méthodes d'analyse ont été développées.

C.1. L'inhibition de l'hémagglutination (HIA).

La méthode de l'HIA est expérimentée depuis plusieurs décennies et est largement utilisée pour évaluer le titre en antigène viral ou en virus en se basant sur l'observation que toute particule virale agglutine les érythrocytes. Dans la pratique, les érythrocytes sont placés dans des puits, mis en présence d'un agent anticoagulant (le citrate par exemple) puis d'une lectine soluble, à des concentrations variant de 0.1 à 0.01 mg/mL. Le ligand saccharidique, c'est-à-dire l'inhibiteur, est ensuite ajouté (***Figure 8***). A de faibles concentrations en ligand (à droite de la plaque), la lectine agglutine les érythrocytes ce qui provoque la formation d'une phase gélatineuse sur la totalité de l'épaisseur du puits. A des concentrations plus élevées en ligand (de la droite vers la gauche de la plaque), la réaction d'agglutination est inhibée et les érythrocytes se déposent au fond des puits.

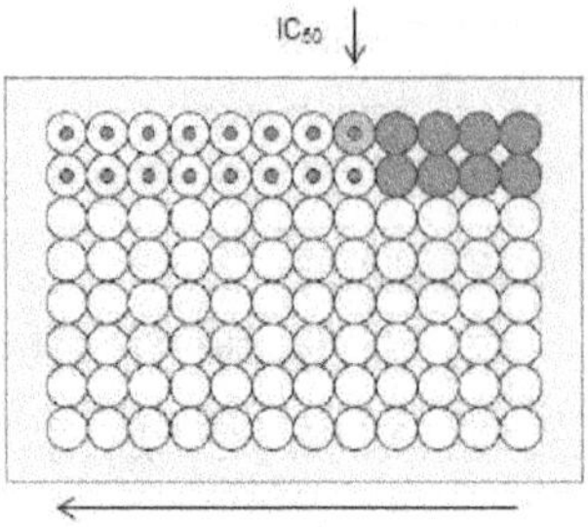

Figure 8 : Schématisation d'une plaque de microtitration utilisée pour le test HIA.[23]

Cette analyse permet ainsi de déterminer la concentration minimale en ligand saccharidique qui inhibe la réaction d'hémagglutination.[23]

C.2.Le test ELLA (Enzyme-Linked Lectin Essay).

Le test ELLA est une variation du test ELISA (Enzyme-Linked ImmunoSorbent Essay). Dans le test ELLA, un ligand immobilisé et un ligand soluble sont en compétition pour se fixer sur les sites de liaison d'une lectine. Typiquement, des plaques de microtitration sont recouvertes d'un saccharide polymérique de haut poids moléculaire comme des mannanes de levure, puis la lectine conjuguée à un marqueur (habituellement la HRP : HorseRadish Peroxydase) est additionnée dans chaque puits (***Figure 9***). Des solutions de concentrations croissantes de ligand soluble, c'est-à-dire de l'inhibiteur à tester, sont par la suite injectées. Après incubation, les plaques de microtitration sont lavées et l'absorbance est mesurée. Le pourcentage d'inhibition de l'interaction lectine-mannane est obtenue par différence entre les absorbances mesurées en présence d'inhibiteur et celles mesurées sans inhibiteur selon la relation suivante :

$$\% \text{ Inhibition} = [(A_{(\text{sans inhibiteur})} - A_{(\text{avec inhibiteur})})/A_{(\text{sans inhibiteur})}] \times 100$$

Les valeurs d'IC_{50} mesurées pour l'inhibition ligand immobilisé-lectine sont donc inversement proportionnelles à l'interaction ligand soluble-lectine.

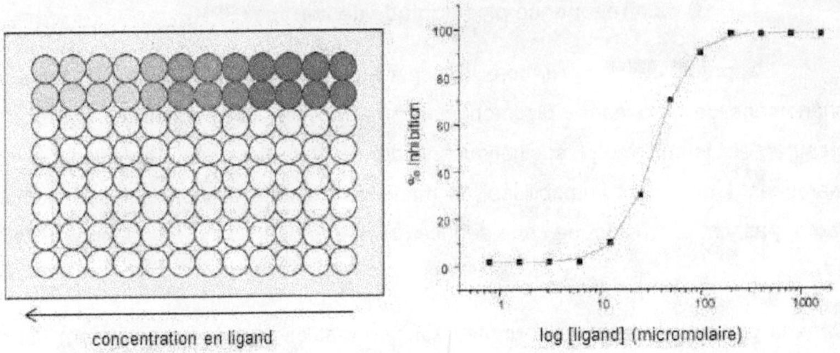

Figure 9 : Plaque de microtitration et courbe de l'inhibition de l'interaction lectine-mannane en fonction de la concentration en ligand obtenu par test ELLA.[23]

C.3. La calorimétrie de titration isotherme (ITC).

La calorimétrie de titration isotherme permet d'évaluer les caractéristiques thermodynamiques des interactions moléculaires. Pour ce faire, la lectine est placée dans une cellule puis, le ligand y est additionné à température ambiante par une série de 20 à 50 injections. A chaque ajout de ce ligand, la quantité de chaleur correspondant à l'interaction lectine-ligand est mesurée. Grâce à cette méthode, la détermination directe de la stœchiométrie (n) du complexe, de la constante d'équilibre (Ka), des variations d'enthalpie (ΔH) et d'entropie (ΔS) de la réaction d'association est alors possible.

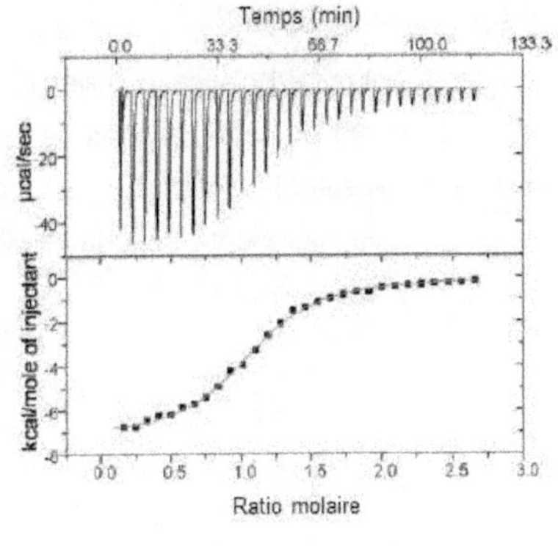

Figure 10 : Données brutes (en haut) et courbe de titration intégrée (en bas) caractéristiques des mesures obtenues par ITC.[23]

C.4.La résonance plasmonique de surface (SPR).

L'appareil de type BIAcore (Biospecific Interaction Analysis) fait appel au phénomène de résonnance plasmonique de surface et est couramment utilisé pour mesurer en temps réel les cinétiques d'interaction entre deux biomolécules non marquées. L'une étant immobilisée, de manière covalente ou non, sur une biopuce, l'autre passant au contact de cette surface grâce à un flux continu de tampon (***Figure 11***).

Dans la pratique, la lectine est greffée sur une matrice (gel de type dextran) qui est surmontée d'une fine couche d'or et d'une plaque de verre. Un faisceau de lumière polarisée monochromatique éclaire la surface de la plaque. Puisque l'indice de réfraction de l'air est différent de celui du milieu liquide, une partie de la lumière incidente est réfléchie sur l'interface et l'autre partie est réfractée. Selon un certain angle d'incidence, le faisceau est totalement réfléchi, il n'y a donc pas de réfraction. Cette réflexion totale créée alors une composante électromagnétique qui se propage dans le milieu liquide perpendiculairement à la surface : c'est l'onde évanescente. Lorsque cette dernière traverse la couche d'or, elle excite les électrons libres de celle-ci et le nuage électronique formé (plasmon) entre en résonance avec les photons du faisceau incident. Ce phénomène est appelé résonance plasmonique de surface et se traduit par une chute de l'intensité du faisceau réfléchi qui est mesurée par une barrette d'iode.

L'analyte (le dérivé glucidique) dilué dans un tampon circule à flux constant à la surface du biocapteur. L'association et la dissociation des complexes induisent des changements de masse qui modifient la réfringence du milieu et décalent la position de l'angle de résonance. L'enregistrement de cette variation permet de suivre en temps réel la fixation des molécules injectées sur le biocapteur. Le signal obtenu est exprimé en unités de résonnance (RU) et se représente sous la forme d'un sensorgramme (***Figure 11***).

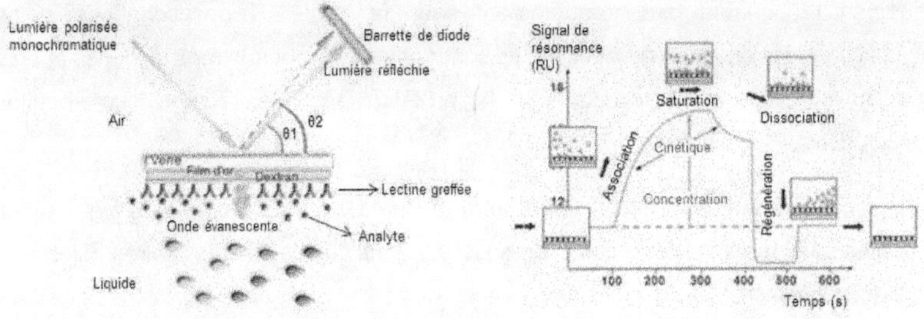

Figure 11 : Représentation schématique du système BIAcore (à gauche) et sensorgramme obtenu lors d'une phase d'analyse (à droite).

II. Les hauts-mannoses : des oligosaccharides d'intérêt.

Nous venons de voir que les sucres, au travers d'interactions spécifiques avec les lectines, sont impliqués dans d'importants processus biologiques. Avec les oligopeptides et les oligonucléotides, les oligosaccharides (glycanes) constituent la troisième classe de biopolymères naturels. Dans la nature, ils sont communément retrouvés sous forme de glycoconjugués (glycoprotéines et glycolipides) et présentent une très grande variété structurale dépassant celle des protéines et des acides nucléiques. En effet, même si les oligosaccharides peuvent être linéaires à l'instar des oligopeptides et des oligonucléotides, ils sont souvent des molécules ramifiées complexes.

Dans cette seconde partie, après une brève présentation des glycoprotéines, nous nous intéresserons plus particulièrement à la famille des *N*-glycanes. Ces oligosaccharides présentent en effet des structures variées et comptent parmi ses membres des molécules d'intérêt : les hauts-mannoses. Nous montrerons grâce à des exemples que ces derniers sont impliqués lors des premiers stades de l'infection d'une cellule par un agent pathogène.

A. Les glycoprotéines.

A.1. Définition et généralités.

Les glycoprotéines, molécules ubiquitaires, sont constituées de sucres qui sont conjugués de manière covalente à des protéines. Leur teneur en oses est fluctuante et peut varier de moins de 1%, comme dans certains collagènes, à plus de 99%, comme dans le glycogène. Les sucres peuvent être sous la forme de mono- ou disaccharide mais se rencontrent plus fréquemment sous la forme d'oligosaccharides et de polysaccharides linéaires ou ramifiés. Ils sont communément nommés glycanes et sont liés au squelette polypeptidique de la protéine par des liaisons sucre-peptide caractéristiques (*cf.* **II.A.2**).[24]

Les glycoprotéines se trouvent, entre autre, à l'intérieur des cellules, à la fois dans le cytoplasme et dans les organites mais aussi dans les fluides extracellulaires. Elles sont également « ancrées » dans les membranes des cellules, et dans ce cas, les glycanes se localisent à l'extérieur de celles-ci. Les glycoprotéines sont d'ailleurs avec les glycolipides les constituants majoritaires de la surface extérieure des cellules chez les mammifères.[25]

La caractéristique saisissante de presque toutes les glycoprotéines est le polymorphisme qu'elles présentent. Ce dernier, associé à leurs parties glycanes, est défini par le terme de micro-hétérogénéité. En effet, la grande majorité des glycoprotéines présente des populations hétérogènes de glycanes au niveau de chaque site de glycosylation. On parle alors de populations de glycoformes. L'agglutinine de la graine de soja (SBA) est un des très rares cas ne présentant pas de micro-hétérogénéité. Cette glycoprotéine de plante n'a qu'un seul oligosaccharide par sous unités : le $Man_9(GlcNAc)_2$.[26] C'est principalement pourquoi la SBA est la meilleure source pour l'isolation préparative de cet oligosaccharide.[27]

Chez les glycoprotéines, la fonction majeure des glycanes est de participer aux nombreux processus de reconnaissance moléculaire physiologique et pathologique. Ils peuvent modifier les propriétés physique, chimique et biologique des protéines auxquels ils sont liés ainsi que la charge et la solubilité de ces dernières. Les glycanes peuvent également influencer la conformation et les propriétés dynamiques de la chaîne polypeptidique. En raison de leurs grandes tailles, les oligosaccharides sont capables de recouvrir des régions fonctionnelles importantes des protéines et ainsi réguler leurs interactions avec d'autres biomolécules ou les protéger de dégradation.[24]

A.2. Les différentes classes de glycoprotéines.

Les glycanes sont conjugués à la protéine par les trois liaisons principales suivantes :

• La liaison *N*-glycosidique entre l'extrémité réductrice d'un monosaccharide (GlcNAc) et la fonction amide de la chaîne latérale d'un résidu asparagine (***Figure 12***). Lorsque ce type de liaison est rencontré, on parle alors de *N*-glycanes.

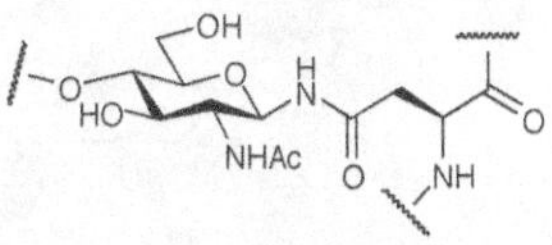

GlcNAc(β1-O)Asn

Figure 12 : Liaison *N*-glycosidique entre l'extrémité réductrice de la glucosamine et un résidu asparagine.[24]

• La liaison *O*-glycosidique entre l'extrémité réductrice d'un monosaccharide et le groupement hydroxyle de la chaîne latérale d'acides aminés tels que la sérine, la thréonine mais également l'hydroxyproline, l'hydroxylysine ou la tyrosine (***Figure 13***). Il s'agit dans ce cas de *O*-glycanes.

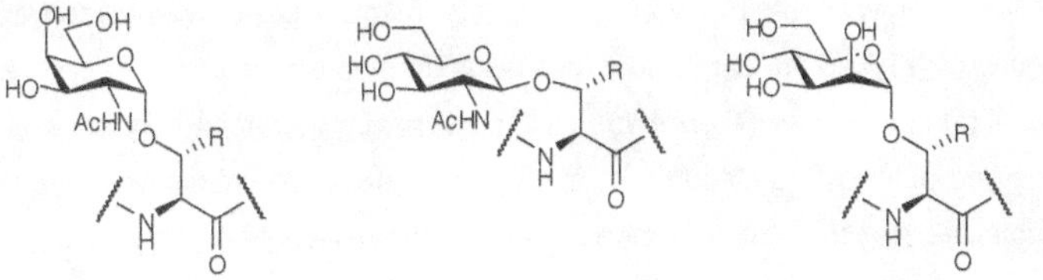

GalNAc(α1-O)Ser (R = H) GalNAc(α1-O)Thr (R = CH_3) GlcNAc(β1-O)Ser (R = H) GlcNAc(β1-O)Thr (R = CH_3) Man(α1-O)Ser (R = H) Man(α1-O)Thr (R = CH_3)

Figure 13 : Liaison *O*-glycosidique entre un monosaccharide et un acide aminé hydroxylé.[24]

• *via* un groupement éthanolamine phosphate situé entre l'extrémité *C*-terminale de la protéine et un oligosaccharide portant un groupement phosphatidylinositol (***Figure 14***). Le terme phosphatidylinitol de glycosyle est alors employé (GPI).

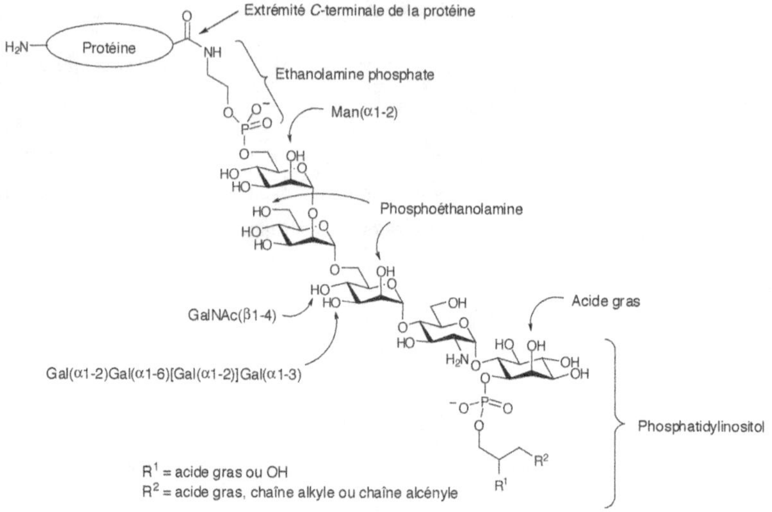

Figure 14 : Structure des phosphatidylinitols de glycosyle (« ancre » GPI).[24]

B.La famille des *N*-glycanes.

B.1.Structure des *N*-glycanes.

Les *N*-glycanes partagent tous le même cœur pentasaccharidique $Man_3GlcNAc_2$ (***Figure 16***) car ils sont tous issus du même précurseur biosynthétique : le dolichol pyrophosphate (***Figure 15***). L'oligosaccharide tri-antenné $GlcNAc_2Man_9Glc_3$ de ce glycolipide est, au cours de la première étape de la biosynthèse des *N*-glycoprotéines, transféré sur la chaîne polypeptidique naissante. Il subit alors une série de modifications qui conduisent à la formation d'une diversité de structures oligosaccharidiques.[25]

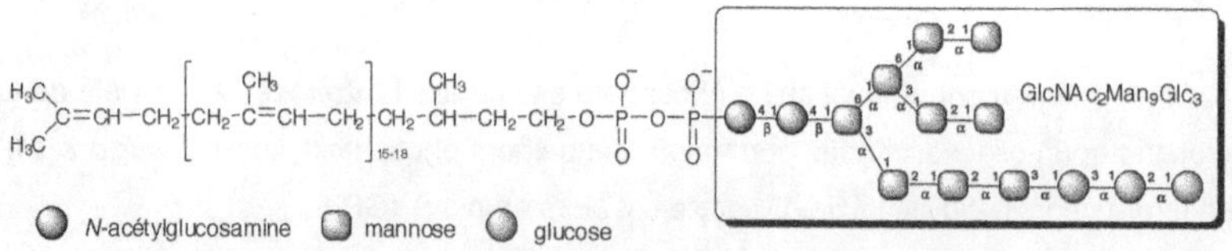

Figure 15 : Structure du précurseur biosynthétique des *N*-glycanes.

En effet, lors de la biosynthèse, plusieurs monosaccharides ainsi que jusqu'à cinq chaînes d'oligosaccharides, appelées antennes ou branches, peuvent être glycosylés sur le cœur pentasaccharidique. Sur la ***Figure 16***, les flèches en pointillés indiquent les positions sur lesquelles peuvent se fixer les monosaccharides et les flèches en trait plein celles où peuvent se fixer les antennes oligosaccharidiques.

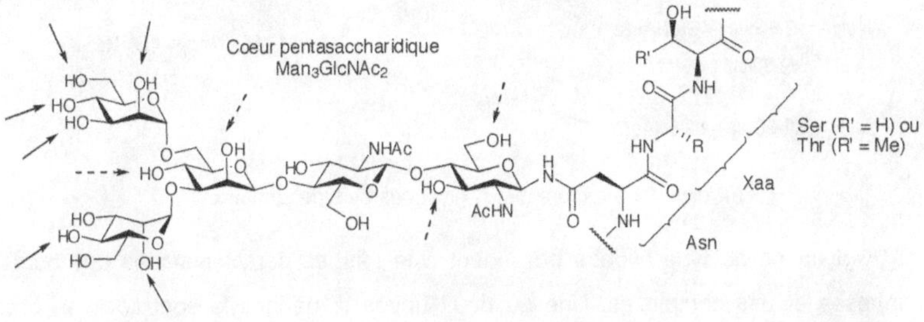

Figure 16 : Cœur pentasaccharidique des *N*-glycanes conjugué à la séquence Asn-Xaa-Ser/Thr dans laquelle Xaa est un des 20 acides aminés naturels sauf la proline.[24]

En fonction de la structure des substituants et de leurs localisations sur le cœur, les *N*-glycanes sont classifiés en quatre groupes : les oligomannoses ou hauts-mannoses, les complexes, les hybrides et les poly-*N*-acétylactosamine.

Les *N*-glycanes de type haut-mannose contiennent généralement deux à six résidus mannose liés au trimannosyle du cœur pentasaccharidique. Le plus grand oligosaccharide peut ainsi contenir jusqu'à neuf mannoses auxquels s'ajoutent deux résidus *N*-acétylglucosamine (***Figure 17***).

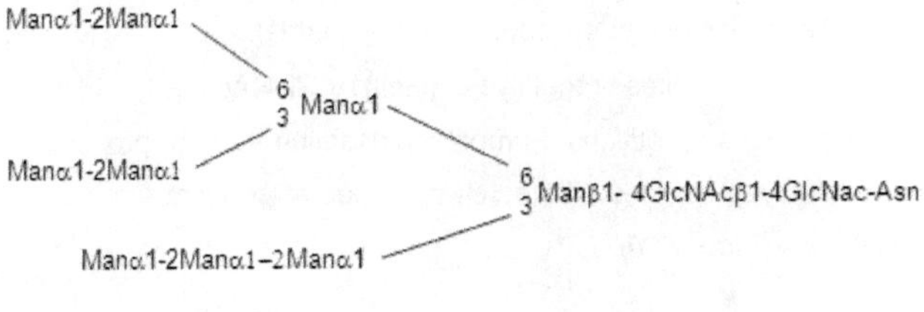

Figure 17 : Structure des *N*-glycanes de type haut-mannose.[25]

Les *N*-glycanes de type complexe ne contiennent pas d'autres résidus mannose que ceux du cœur mais possèdent de deux à cinq branches présentant le disaccharide

Gal(β1-4)GlcNAc (*N*-acétyllactosamine). Celui-ci est fréquemment substitué par un acide sialique au niveau des positions 3 ou 6 du résidu galactose (***Figure 18***).

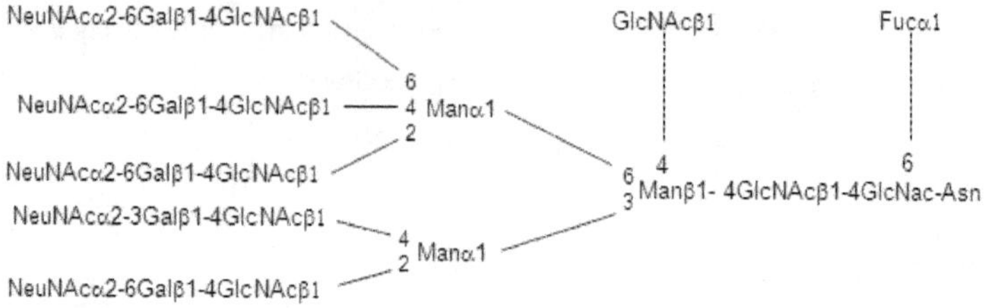

Figure 18 : Structure des *N*-glycanes de type complexe.[25]

Les *N*-glycanes de type hybride possèdent à la fois les caractéristiques des hauts-mannoses et des complexes. Une ou deux unités α-mannosyle sont liées au bras Manα1-6 du cœur et habituellement, une ou deux branches oligosaccharidiques y sont liés au niveau du bras Manα1-3 (***Figure 19***).

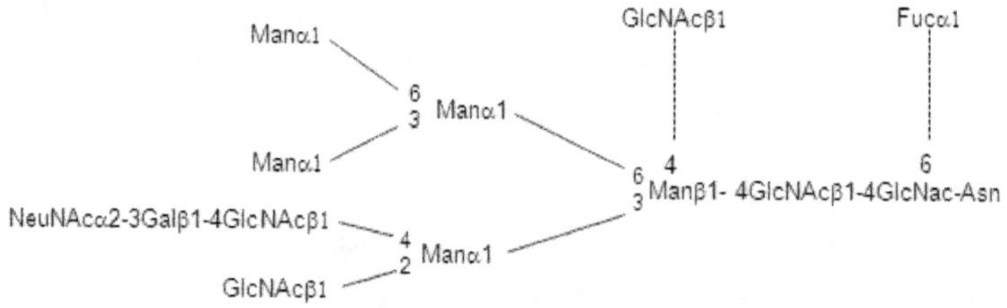

Figure 19 : Structure des *N*-glycanes de type hybride.[25]

Enfin, les poly-*N*-acétyllactosamines constituent le quatrième groupe des *N*-glycanes. Elles contiennent des unités répétitives (Galβ1-4GlcNAcβ-1-3-) liées au cœur pentasaccharidique. Ces répétitions du motif lactosamine ne sont pas obligatoirement uniformément distribuées sur les différentes branches et peuvent être substituées par des acides sialiques (***Figure 20***).

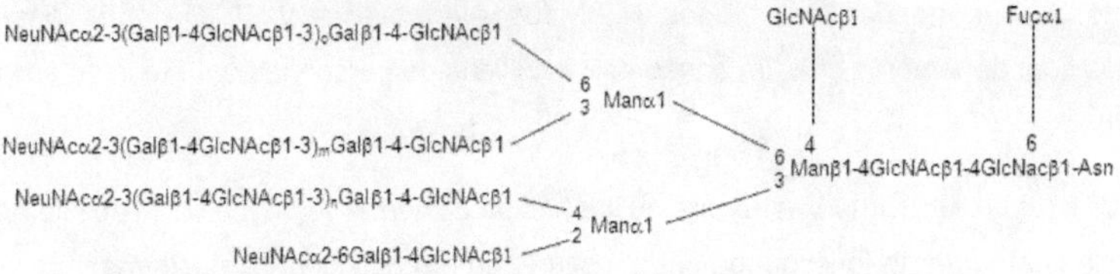

Figure 20 : Structure des *N*-glycanes de type poly-*N*-acétyllactosamine (o>m>n).[25]

B.2.L'implication des *N*-glycanes de type haut-mannose dans la genèse de pathologies.

A la surface des cellules, les oligosaccharides, et parmi eux, les *N*-glycanes, sont des points d'ancrage sur lesquels viennent se fixer d'autres cellules, des toxines, des bactéries ou encore des virus (***Figure 21***). Ils sont en première ligne lors du processus de reconnaissance et sont ainsi les premières espèces impliquées lors de l'infection d'une cellule hôte par un agent pathogène. Nous restreindrons dans ce paragraphe, notre étude bibliographique à deux exemples d'infection impliquant des *N*-glycanes de type haut-mannose, sachant que d'autres exemples sont également rapportés dans la littérature.

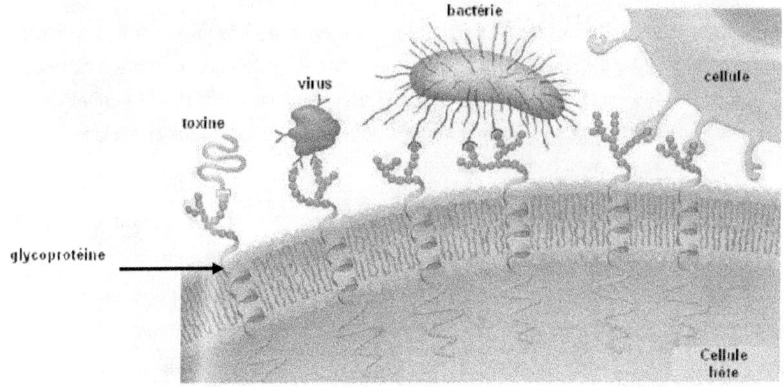

Figure 21 : Fixation d'agents pathogènes ou d'une autre cellule à la surface d'une cellule hôte.[4]

B.2.1.L'infection par le VIH.

L'infection par le virus d'immunodéficience humaine (VIH) est à l'origine du syndrome d'immunodéficience acquise (SIDA). Selon l'Organisation Mondiale de la

Santé, dans le monde, 33.4 millions d'individus vivent avec le VIH/SIDA, 2 millions de décès sont dénombrés chaque année et 2.7 millions de personnes ont été infectées en 2008.

Le VIH est un rétrovirus c'est-à-dire qu'il a besoin d'intégrer le noyau de la cellule hôte pour en détourner le fonctionnement et assurer sa reproduction. L'infection par celui-ci est déclenchée par la liaison de la glycoprotéine de surface du virus, la gp120, aux récepteurs CD4 exprimés à la surface des cellules cibles (***Figure 22***). Les cellules majoritairement visées par le VIH sont les lymphocytes T4 qui jouent un rôle central dans la réponse immunitaire mais les monocytes et les macrophages sont également touchés. Pour les patients, l'infection par le VIH se traduit par une détérioration progressive de leur système immunitaire. Surviennent alors, à un stade plus avancé (SIDA), des infections opportunistes ou des cancers.[28]

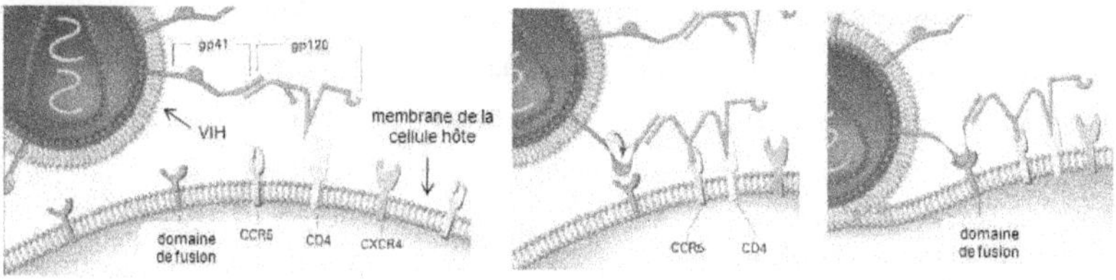

Figure 22 : Infection d'une cellule par le VIH : Une série de changements conformationels permet à la gp120 du VIH de se fixer sur un récepteur CD4 de la cellule hôte. La liaison au corécepteur CCR5 rapproche l'enveloppe virale de la surface de la cellule permettant ainsi l'interaction entre la gp41 et le domaine de fusion. Les membranes fusionnent, le cycle de réplication virale va pouvoir commencer.

La gp120 impliquée dans le processus d'infection, est une molécule hautement glycosylée. En 1988, Mizuochi et coll. montrent qu'elle présente à sa surface 29 différents oligosaccharides de type *N*-glycanes et identifient des populations de type haut-mannose, hybride et complexe.[29] Par la suite, les mêmes auteurs considèrent le point suivant : puisque la gp120 du VIH-1 possède 24 sites de liaisons aux oligosaccharides, ceux qui jouent un rôle important dans l'infection par le virus représentent 1/24 (soit environ 4,2%) ou plus de la totalité des *N*-glycanes de la gp120. Selon leur étude, seuls les hauts-mannoses, et plus particulièrement les $Man_9GlcNAc_2$ (15%), $Man_8GlcNAc_2$ (22%) et $Man_7GlcNAc_2$ (10%) rassemblent ces conditions (***Figure 23***). Ils seraient donc plus spécifiquement impliqués dans le processus d'infection d'une cellule hôte par le VIH.[28]

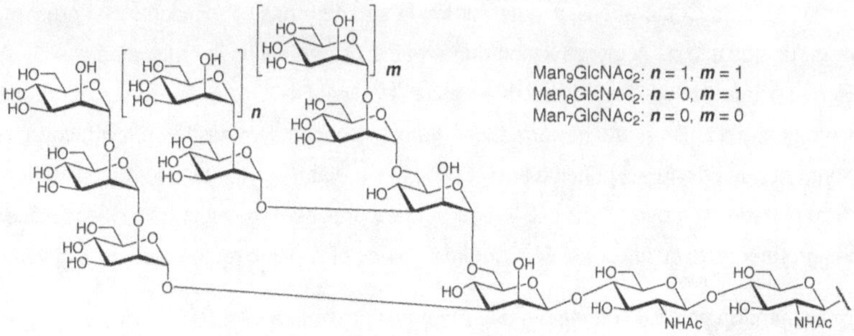

Figure 23 : Hauts-mannoses de la gp120 impliqués lors de l'infection par le VIH.

B.2.2.Les maladies parasitaires.

Trypanosoma cruzi est le parasite protozoaire responsable de la trypanosomiase américaine ou maladie de Chagas. Selon la littérature, il infecte les cellules des vertébrés selon un processus d'endocytose qui suit une étape initiale de reconnaissance entre le parasite et la cellule hôte. Lors de cette première phase, les molécules localisées à la surface des cellules de chacun des deux partenaires seraient alors impliquées.[30]

Trypanosoma cruzi contient une cystéine protéinase majeure : la cruzipaïne. Cette enzyme lysosomale isolée et caractérisée en 1990 est présente dans les formes épimastigote, amastigote et trypomastigote métacyclique du parasite. Elle est localisée dans les lysosomes des épimastigotes mais serait également exprimée à la surface de ces différentes formes parasitaires.[30]

Plusieurs études ont montré que les protéinases, telle que la cruzipaïne, de ces agents pathogènes pouvaient jouer un rôle important dans le processus d'interaction parasite protozoaire-cellule hôte. En effet, il est établi dans le cas de *Leishmania*, que la principale glycoprotéine de surface (gp63) du parasite, présentant une activité de protéinase, est impliquée dans le processus de reconnaissance parasite-macrophage.[31] Dans le cas de *trypanosoma cruzi*, Souto-Padrón et coll.[30] soutiennent l'idée que les protéinases du parasite (dont la cruzipaïne) jouent un rôle dans l'interaction *trypanosoma cruzi*-cellule hôte. Les auteurs n'ont cependant pas été en mesure d'évaluer leur degré d'implication.

En 2005, Alicia Couto et coll. [32] déterminent la structure des oligosaccharides présents dans l'unique site de *N*-glycosylation du domaine *C*-terminal de la cruzipaïne (Asn255). En associant la spectrométrie de masse UV-MALDI-TOF à la chromatographie échangeuse d'anion haute performance et aux méthodes de digestion enzymatique, ils montrent que ce site est principalement occupé par des *N*-glycanes neutres ou sulfatés de type haut-mannose (***Figure 24***). Les auteurs précisent toutefois que la localisation des groupements sulfate ainsi que leur importance biologique restent encore à établir.

En prenant en compte l'ensemble des éléments présentés ci-dessus, il ne semble pas inconcevable que ces *N*-glycanes de type haut-mannose, sulfatés ou non, soient impliqués dans la phase initiale d'interaction du parasite avec les cellules hôtes.

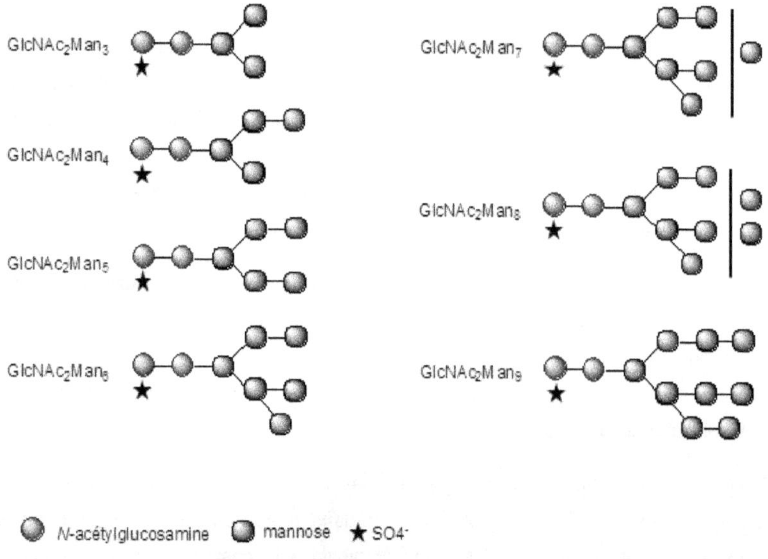

Figure 24 : Structures des oligosaccharides sulfatés de type haut-mannose identifiés chez la cruzipaïne.[32]

Conclusion

Dans les domaines de la biologie et de la chimie, les sucres font l'objet depuis plusieurs décennies d'une attention toute particulière. En effet, ils sont largement répandus dans le monde du vivant et ne sont plus considérés comme de simples réserves renouvelables d'énergie mais comme des acteurs jouant un rôle décisif dans une grande variété de phénomènes biochimiques. Présents dans les glycoprotéines et les glycolipides, les glycanes sont très représentés à la surface des cellules qui en sont d'ailleurs recouvertes. Grâce aux protéines ou aux lipides auxquels ils sont conjugués, ils sont ancrés dans la membrane de la cellule et peuvent alors interagir avec son environnement extérieur. Chez les glycoprotéines, la famille des *N*-glycanes suscite un grand intérêt car ces oligosaccharides complexes et en particulier les hauts-mannoses sont impliqués dans de nombreux processus de reconnaissance.

Les oligosaccharides de type haut-mannose présents à la surface de certains agents pathogènes (virus, parasite, bactérie) participent par exemple à l'infection de cellules hôtes en se fixant sur les récepteurs de celles-ci au travers d'interactions spécifiques (sucre-sucre et/ou sucre-protéine).

Il est alors possible que des substances, en se liant spécifiquement aux oligosaccharides impliqués, puissent inhiber ces interactions et ainsi empêcher l'infection des cellules hôtes par un agent pathogène comme le VIH. Si de telles substances se révélaient non toxiques pour l'être humain, de nouveaux agents thérapeutiques, ciblés vers les oligosaccharides de surface des pathogènes pourraient être créés.[28]

Par exemple, les lectines de plantes possédant une spécificité pour le mannose comme la concanavaline A, peuvent se lier aux oligosaccharides de type haut-mannose présents à la surface du VIH. *In vitro*, cette catégorie de lectines empêche l'infection par le virus et la formation du syncytium, c'est-à-dire la fusion entre les cellules infectées et celles qui ne le sont pas.[33,34] Cependant, elles exposent elles-mêmes une toxicité pour l'homme et ne peuvent donc pas être employées comme agents thérapeutiques.

De même, la cyanovirine-N (CN-N), isolée de la cyanobactérie *Nostoc ellipsosporum*, présente une haute activité antivirale *in vitro*. En se liant avec une très grande affinité aux oligomannosides Man_8 et Man_9 de la glycoprotéine de surface du VIH (gp120), elle inactive de manière irréversible les souches de VIH-1, VIH-2 et du virus d'immunodéficience du singe (SIV) ; elle n'est de plus pas létale pour les cellules hôtes. L'activité biologique de cette protéine est par ailleurs très résistante face aux dénaturations physicochimiques. La CV-N pourrait donc être potentiellement utilisée comme agent microbicide anti-VIH.[35]

Une stratégie thérapeutique différente consisterait à mettre en présence des agents pathogènes et de leurs cellules cibles, un inhibiteur oligosaccharidique compétitif de l'agent pathogène lui-même. En se liant sur les récepteurs des cellules hôtes, et donc en les occupant, le compétiteur empêcherait alors la fixation des organismes étrangers.

Les structures de *N*-glycanes impliqués dans ces processus étant désormais connues, le défi majeur de nombreuses équipes est de développer les meilleures synthèses qui soient pour l'obtention de cibles oligosaccharidiques complexes que sont les hauts-mannoses.

C'est dans ce contexte que nous avons développé la synthèse de mimes de *N*-glycanes de type haut-mannose et de glycoclusters dans le but d'évaluer dans un premier temps leurs interactions avec une lectine. L'ensemble des travaux de synthèse réalisés au cours de ce projet seront exposés et discutés dans la partie suivante.

Partie 2

Résultats et discussion

Chapitre 1 : Synthèse de pseudo-oligosaccharides par cycloaddition catalysée par le cuivre

Introduction

Les *N*-glycanes de type haut-mannose sont des molécules d'intérêt dont les synthèses totales restent de par leurs difficultés d'exécution de véritables challenges même si de réels progrès ont été réalisés dans ce domaine.

Une parfaite optimisation de la stratégie de synthèse consisterait à réduire au maximum le nombre total d'étapes. Cela impliquerait donc une juste manipulation des divers groupements protecteurs classiquement employés afin de limiter les séquences de protections-déprotections, souvent laborieuses, qui y sont liés. Il est par ailleurs primordial au cours de ces synthèses d'avoir un contrôle de la régio et de la stéréosélectivité des nouvelles liaisons glycosidiques formées. Cet impératif implique alors la mise au point des conditions de glycosylation permettant l'accès aux oligosaccharides souhaités.

Des méthodes alternatives basées par exemple sur l'hydrolyse enzymatique de glycoprotéines permettent également l'obtention d'oligomannosides.[36] Cependant, elles sont souvent décrites comme étant longues à mettre en œuvre (isolation, purification et caractérisation des oligosaccharides libérés) et ne conduisent qu'à de très petites quantités des produits désirés.[37,38]

Il serait donc intéressant de disposer d'une méthodologie de synthèse efficace permettant d'accéder rapidement à des structures mimant les hauts-mannoses.

Dans cette optique, notre équipe se propose de développer une stratégie de synthèse directe et originale de mimes d'oligosaccharides de type haut-mannose où l'aspect tridimensionnel et l'enchaînement des liaisons glycosidiques de ces derniers seraient respectés. Nous avons donc cherché à minimiser le nombre d'étapes et choisi de combiner la réaction de glycosylation classique à la cycloaddition 1,3-dipolaire d'alcynes terminaux et d'azotures catalysée par le cuivre (I), réaction permettant l'obtention avec de bons rendements, de cycles aromatiques de type 1,2,3-triazoles 1,4-disubstitués.

Notre objectif a été de réaliser la synthèse de mimes des deux hauts-mannose suivant : le nonamannoside Man_9 et l'octamannoside Man_8. Le pseudo-Man_9 et le pseudo-Man_8 alors obtenus se différencieraient de leurs homologues naturels par la présence au cœur de leurs structures de trois unités triazoles en lieu et place de trois unités mannosidiques (***Figure 25***).

Ces groupements hétérocycliques ont été choisis car de la même manière que la liaison amide dans les protéines, les triazoles permettent en synthèse organique de connecter efficacement deux entités au travers de liaisons carbone-hétéroatome. Ces groupements sont des unités de connexion rigides qui contrairement aux liaisons amides sont résistantes aux coupures par hydrolyse. A la différence de certains dérivés benzéniques, ils restent également difficiles à oxyder ou à réduire. De plus, les triazoles ne sont pas simplement des connecteurs passifs, ils peuvent facilement s'associer à des cibles biologiques au travers de liaisons hydrogène et d'interactions dipolaires. Ces hétérocycles possèdent en effet un grand moment dipolaire (environ 5 Debye) et les atomes d'azote 2 et 3 du cycle agissent à la fois comme donneurs et accepteurs de liaisons hydrogène.[39]

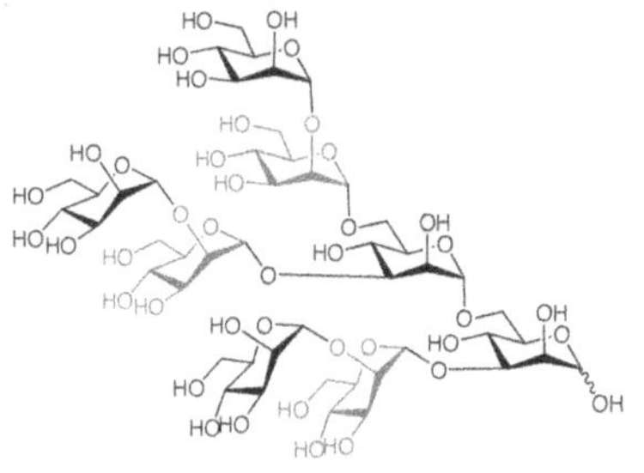

Octamannoside Man_8 naturel

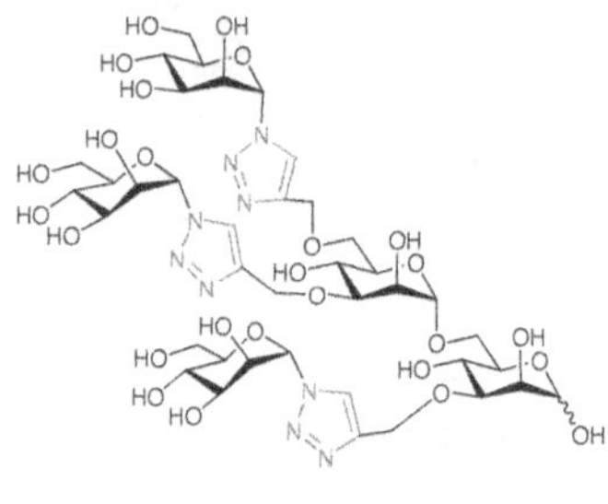

pseudo-Man_8

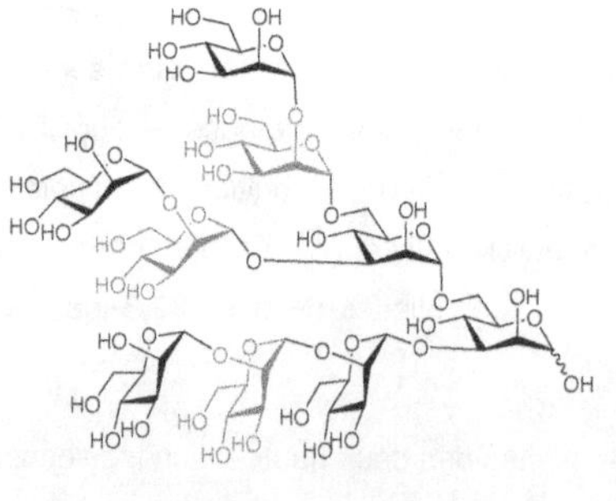

Nonamannoside Man_9 naturel

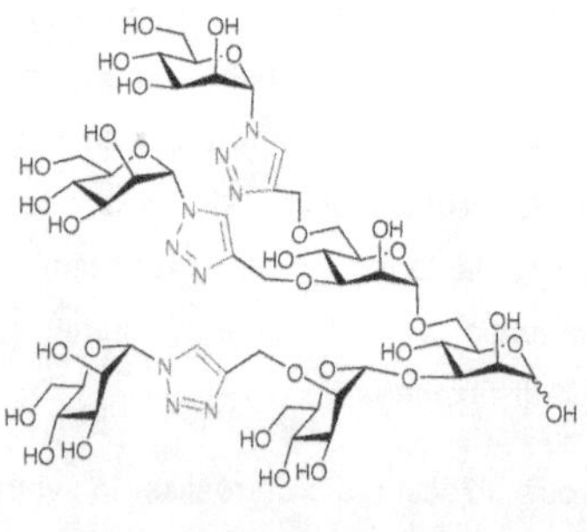

pseudo-Man_9

Figure 25 : Représentation des oligomannosides naturels et de leurs homologues triazoles non naturels.

L'accès à de telles structures pourrait permettre d'évaluer leurs affinités pour une lectine spécifique des mannoses. Par comparaison avec leurs analogues naturels (Man_8 et Man_9), nous pourrions ainsi établir si le mécanisme de reconnaissance et l'affinité de la lectine, envers ces molécules non naturelles, se voient perturbés par la présence d'un hétérocycle triazole à la place d'un mannose.

I.Rappels bibliographiques.

A. La synthèse d'oligosaccharides.

A.1. La réaction de glycosylation.

La réaction de glycosylation est l'une des réactions clé en synthèse d'oligosaccharides. La *O*-glycosylation permet de créer une liaison, appelée liaison glycosidique, entre l'atome de carbone anomère d'un sucre (monosaccharide ou oligosaccharide) et une fonction alcool qui peut elle-même être celle d'un autre sucre. Deux composés sont impliqués lors de la glycosylation, un glycoside dit donneur, activé sur sa position anomère par un groupement partant (halogène, trichloroacétimidate, dérivé soufré), et un glycoside dit accepteur, possédant au moins un groupement nucléophile (***Schéma 1***).

R = Groupement protecteur
X = Groupement partant

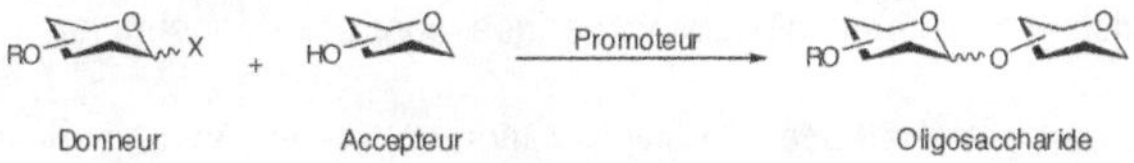

Schéma 1 : Principe de la glycosylation.

Sous l'action d'un promoteur, le donneur s'active, le groupement partant se déplace entraînant la création d'un site cationique très réactif : l'oxocarbocation (***Schéma 2***). Ce dernier est alors attaqué par le groupement nucléophile de l'accepteur et la liaison glycosidique se forme.

Du fait de la géométrie plane de l'oxocarbocation, l'attaque du nucléophile peut se faire par l'une ou l'autre des faces du sucre. Cette réaction peut ainsi aboutir à la formation de deux diastéréoisomères nommés α- et β-glycosides. L'assistance anchimérique d'un groupement en C-2 peut néanmoins influencer le ratio des produits obtenus. En effet, les groupements esters jouent par exemple un rôle important dans le mécanisme de réaction de la glycosylation. Ils peuvent, par formation d'un ion oxonium, stabiliser la charge de l'intermédiaire cationique et orienter l'attaque du nucléophile vers l'une ou l'autre des faces du cycle (***Schéma 2***).

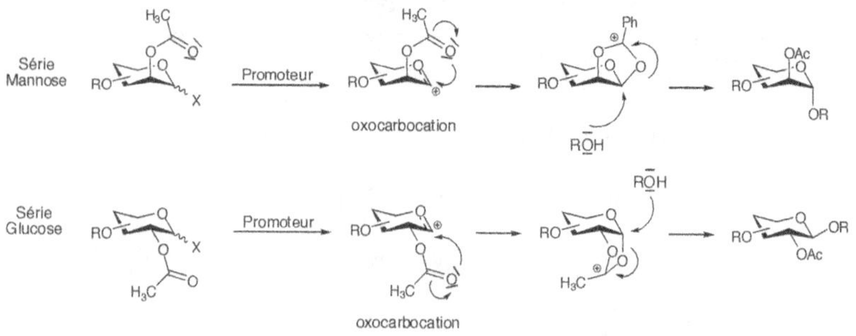

Schéma 2 : Assistance anchimérique d'un groupement participant en C-2.

Un dérivé estérifié du mannose conduira donc préférentiellement à l'α-glycoside tandis que le même dérivé en série glucose conduira majoritairement au β-glycoside.

Rajoutons que les glycosides portant des groupements protecteurs électro-attracteurs de type esters, sont considérés comme des donneurs dit « désarmés ». Inversement, les glycosides portant des groupements électro-donneurs de type éthers, tout aussi utilisés en synthèse d'oligosaccharides, sont des donneurs dits « armés ».[40,41]

De multiples méthodes de glycosylation ont été mises au point et ont permis d'accéder avec de bons rendements à des oligosaccharides dont la stéréochimie des nouvelles liaisons glycosidiques formées était contrôlée. Depuis la méthode utilisée par Fischer il y a plus d'un siècle et reposant sur le traitement d'un sucre en milieu acide fort, d'autres techniques de glycosylation ont été développées. Chacune d'entre elles diffère de par la nature des groupements partants et des promoteurs qu'elles impliquent. Dans la littérature trois d'entre elles sont cependant plus couramment rencontrées.

- L'activation par les chlorures et les bromures ou méthode de Köenigs-Knorr[42] et l'activation par les fluorures développée par Mukayama.[43]

- L'activation par les dérivés soufrés.[44,45]

- L'activation par les imidates.[46,47]

Cette dernière classe de donneurs est celle qui a été utilisé au cours de ce projet pour les réactions de glycosylations. Les imidates présentent, en effet l'avantage d'être obtenus facilement et avec de bons rendements.

A l'aide d'exemples issus de la littérature nous verrons par la suite que ces méthodes de glycosylation sont utilisées pour la synthèse d'oligosaccharides de type haut-mannose au travers de stratégies visant à conduire en un minimum d'étapes à la structure souhaitée.

A.2. Synthèses d'octasaccharides et nonasaccharides de type haut-mannose.

Différentes équipes à travers le monde se sont appliquées à la synthèse d'octasaccharide et de nonasaccharide de type haut-mannose et de nombreux exemples sont rapportés dans la littérature (***Tableau 2***).

Auteurs	**Oligomannosides**	**Journal**
B. Fraser-Reid et coll.	Man_9	*J.Org. Chem.* **1994**, 59, 4443-4449.
S. V. Ley et coll.	Man_9	*Chem. Eur. J.* **1997**, 3, 431-440.
K. Ajisaka et coll.	Man_8	*J. Carbohydr. Chem.* **1998**, 17, 8, 1249-1258.
F. Kong et coll.	Man_9	*Synlett.* **2001**, 8, 1217-1220.
F. Kong et coll.	Man_8	*Carbohydr. Res.* **2002**, 337, 207-215.
P.H. Seeberger et coll.	Man_9	*Eur. J. Org. Chem.* **2002**, 826-833.
F. Kong et coll.	Man_8	*Tetrahedron Assym.* **2002**, 13, 243-252.
I. Matsuo, Y. Ito	Man_9	*Carbohydr. Res.* **2003**, 338, 2163-2168.
I. Matsuo et coll.	Man_9	*J. Am. Chem. Soc.* **2003**, 125, 3402-3403.
S.J. Danishefsky et coll.	Man_9	*Angew. Chem. Int. Ed.* **2004**, 43, 2562-2565.
L. Jiang, T.H. Chan	Man_9	*Can. J. Chem.* **2005**, 83, 693-701.

Tableau 2 : Synthèses de Man_8 et Man_9 publiées depuis 1994.

Les travaux mentionnés dans le ***Tableau 2*** font appel à diverses stratégies de synthèse mais deux méthodologies principales sont plus souvent rencontrées en synthèse d'oligosaccharides: la synthèse dite par « blocs » et celle dite par « couches ».

La synthèse par blocs consiste à construire des di, tri, tétra ou encore pentasaccharides fonctionnalisés de manière à pouvoir les associer par une réaction de glycosylation classique, l'un des deux blocs jouant le rôle du donneur et l'autre celui de l'accepteur.

La synthèse par couches consiste quant à elle, à coupler en une seule étape, par une réaction de multiglycosylation simultanée, plusieurs fois le même donneur monosaccharidique sur une structure oligosaccharidique de base. Cette méthode permet ainsi d'augmenter rapidement le degré de ramification de l'oligosaccharide formé. Dans la majorité des cas, le donneur utilisé possède des fonctions hydroxyles pouvant être déprotégées sélectivement. Par la suite, une nouvelle étape de multiglycosylation est donc possible.

A.2.1. Synthèses d'octasaccharides de type haut-mannose.

Ajisaka et *coll.*[48] décrivent en 1998 la synthèse d'un octamannoside (***Schéma 3***) et envisagent une stratégie où la synthèse chimique classique est associée à la synthèse enzymatique notamment pour la préparation de deux des quatre synthons (**1**, **3**, **6** et **10**) nécessaires à l'obtention de l'octamannoside désiré **14**. Grâce à cette méthode, les auteurs indiquent qu'il est alors possible de réduire le nombre d'étapes. Ainsi, les composés **3** et **10** sont issus de modifications chimiques réalisées sur le trisaccharide Manα-1,2-Manα-1,2-Man et le disaccharide Manα-1,2-Man, eux-mêmes obtenus libres suite à l'action de l'α-mannosidase d'*Aspergillus niger* sur le mannose.[49]

Les réactions de glycosylation associées à cette synthèse sont conduites à -20℃ en présence d'une quantité catalytique d'acide triflique et conduisent aux produits de couplage avec de bons rendements (80% et 93%). L'étape finale de glycosylation entre le tétrasaccharide donneur **13** et le tétrasaccharide accepteur **5** permet l'obtention de l'octamannoside **14** avec un rendement de 74%.

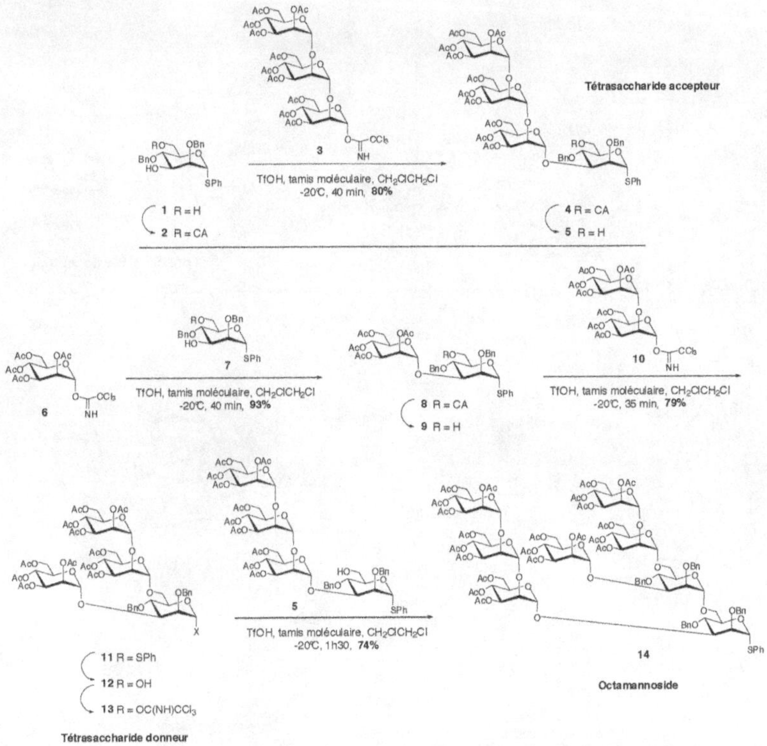

Schéma 3 : Synthèse d'un octamannoside Man_8 par Ajisaka et *coll.*[48]

Zhu et *coll.* [50] décrivent en 2002 la synthèse d'un octasaccharide de type haut-mannose (***Schéma 4***) identifié au niveau du récepteur CD2, glycoprotéine transmembranaire des lymphocytes T. Leur stratégie est basée sur la préparation de deux blocs, où un pentasaccharide donneur et un trisaccharide d'accepteur, conduisent après glycosylation à l'octamannoside souhaité.

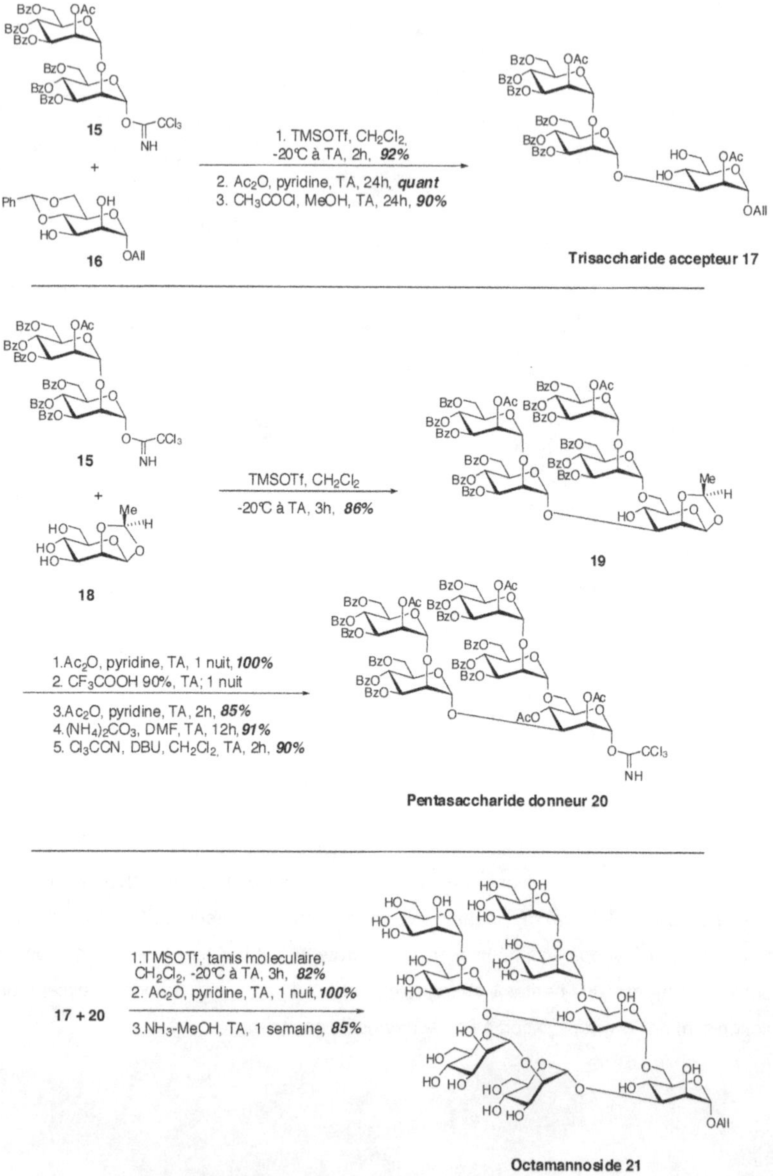

Schéma 4 : Synthèse d'un octamannoside Man_8 par Zhu et coll.[50]

Une première étape de glycosylation régiosélective, conduite en présence de TMSOTf, entre le disaccharide **15**, fonctionnalisé sous la forme d'un trichloroacétimidate et le dérivé diol **16** permet l'obtention d'un trisaccharide. Après acétylation de l'hydroxyle resté libre et méthanolyse acide du groupement benzylidène, le trisaccharide accepteur **17** est obtenu avec un rendement global sur les trois étapes de 82%.

L'obtention du pentasaccharide donneur **20** débute par une étape de couplage régiosélectif du disaccharide **15** (2.2 équivalents) sur le 1,2-*O*-éthylène-β-D-mannopyrannose **18**. Le composé **19**, obtenu avec un rendement de 86%, conduit après cinq étapes au pentasaccharide donneur **20** activé sous la forme d'un trichloroacétimidate. La réaction de glycosylation entre l'accepteur **17** et le donneur **20** est conduite en présence d'une quantité catalytique de TMSOTf. Elle permet d'accéder après une étape de déprotection des groupements esters à l'octamannoside **21** avec un rendement de 69% sur les trois dernières étapes (***Schéma 4***).

A.2.2. Synthèses de nonasaccharides de type haut-mannose.

Dans le but de mieux comprendre les interactions mises en jeu entre la cyanovirine-N, protéine à forte activité antivirale, et la partie saccharidique de la glycoprotéine gp120 du VIH, Seeberger et coll.[51] décrivent en 2002 la synthèse d'un nonasaccharide de type haut-mannose (***Schéma 5***). Leur stratégie repose ici sur une synthèse par couches dans laquelle des séquences successives de déprotections sélectives-trimannosylation permettent l'obtention du nonasaccharide souhaité.

Les réactions de glycosylation de cette synthèse sont réalisées *via* un trichloroacétimidate comme groupement activateur. Le trimannoside **22** est dans un premier temps obtenu après la séquence glycosylation-déprotection-glycosylation. Il possède sur sa structure deux groupements benzoates et un groupement acétate sélectivement déprotégeables par méthanolyse. Le triol obtenu après cette étape de déprotection est ensuite engagé dans une trimannosylation en présence de TMSOTf pour conduire à l'hexamannoside **23** avec un rendement de 94%. Une nouvelle séquence déprotection-trimannosylation permet d'obtenir finalement le nonamannoside **24** avec un rendement global sur les sept étapes de 56% (***Schéma 5***).

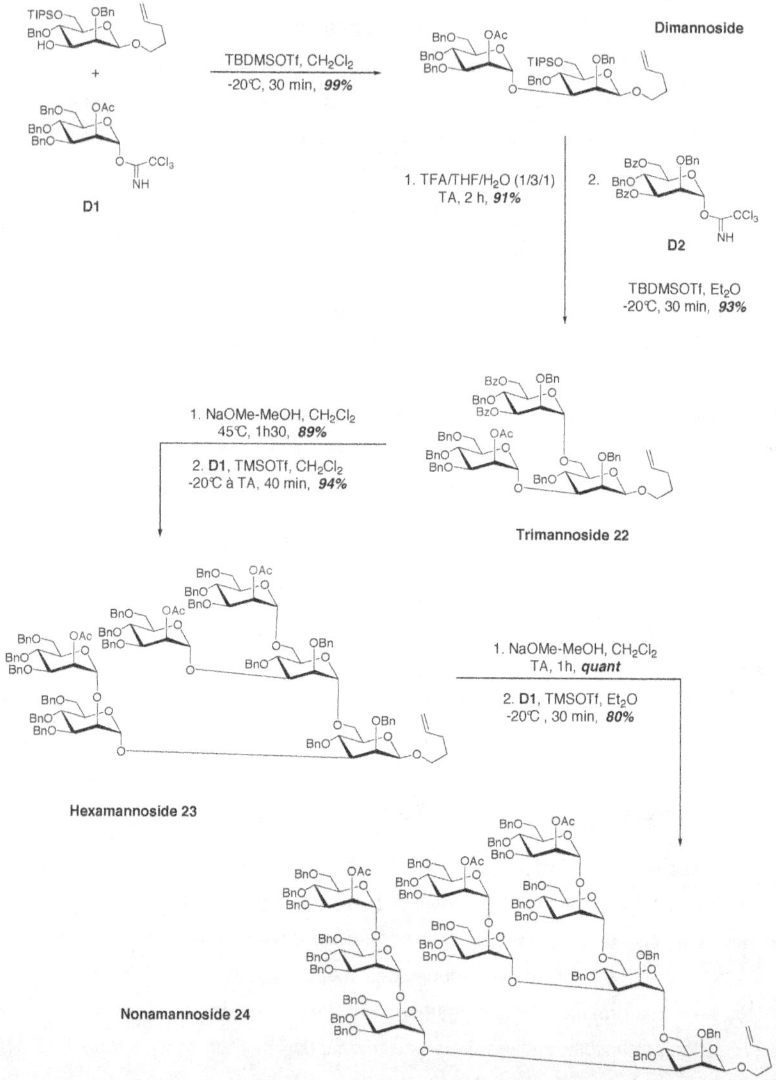

Schéma 5 : Synthèse par couches d'un nonamannoside Man_9 par Seeberger et coll.[51]

Danishefsky et coll.[52] décrivent en 2004 le même type de structure (***Schéma 6***) mais le nonamannoside porte cette fois un fragment chitobiose protégé (**R'**). La stratégie de synthèse est similaire à celle de Seeberger, des thioglycosides sont cependant préférés aux trichloroacétimidates pour les réactions de glycosylation.

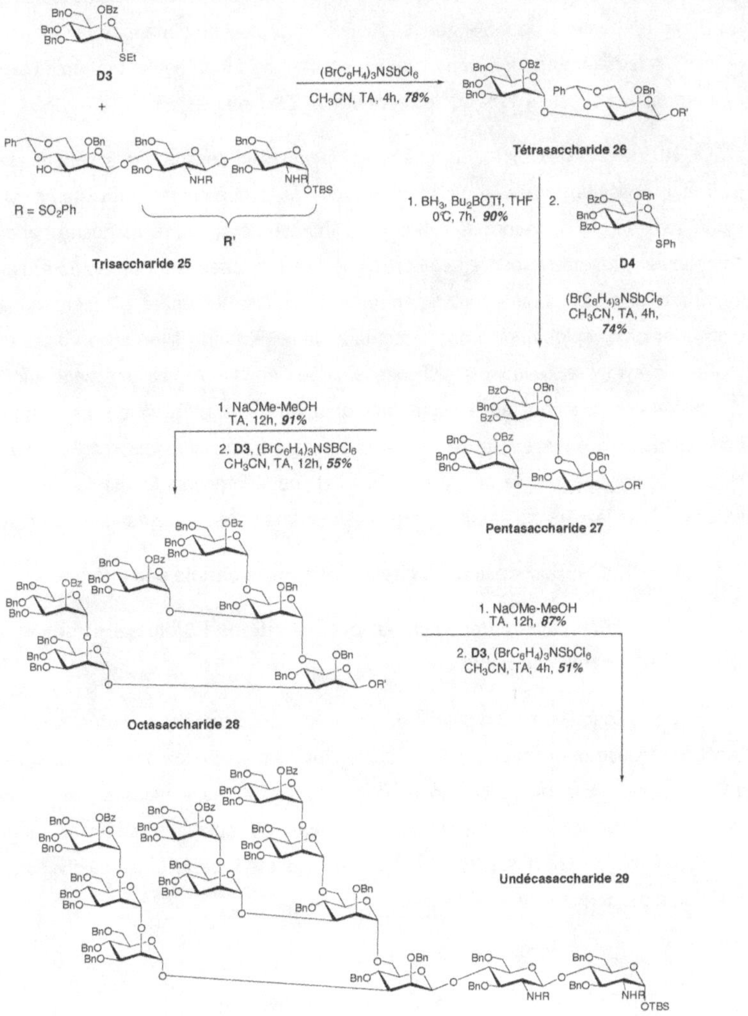

Schéma 6 : Synthèse par couches d'un undécasaccharide par Danishefsky et coll.[52]

Le tétrasaccharide **26** est obtenu par glycosylation entre le trisaccharide **25** et le donneur **D3** en présence d'un dérivé de l'antimoine. Une seconde réaction de glycosylation conduit ensuite au pentasaccharide **27** avec un rendement de 74%. La déprotection sélective, par méthanolyse, des groupements benzoates portés par ce dernier permet ensuite une étape de trimannosylation qui conduit à l'octasaccharide **28** avec un rendement de 55%. La séquence déprotection-trimannosylation est une nouvelle fois réitérée pour obtenir l'undécasaccharide **29** présentant le motif Man_9. Le rendement global est de 11% sur les sept étapes (***Schéma 6***).

Au travers des différents exemples évoqués ci-dessus, nous venons de voir qu'il est possible, grâce à la manipulation de groupements protecteurs et aux techniques de glycosylation, de réaliser la synthèse de structures oligosaccharidiques complexes. Ces stratégies très élaborées nécessitent cependant un nombre d'étapes important et nous sommes alors en droit de nous demander s'il serait possible d'accéder plus rapidement à des structures similaires. Une alternative consisterait à réaliser la synthèse de mimes d'oligosaccharides en remplaçant une unité sucre par groupement fonctionnel autre. Une des approches serait ainsi de faire appel au concept de click chemistry et plus particulièrement à la cycloaddition 1,3-dipolaire de Huisgen catalysée par le cuivre (I). En effet, cette réaction fournit facilement des hétérocycles triazoles qui seraient potentiellement de bons substituants des sucres.

B. L'apport de la click chemistry dans la chimie des sucres.

B.1. Généralités sur la cycloaddition 1,3-dipolaire de Huisgen catalysée par le cuivre.

La cycloaddition 1,3-dipolaire de Huisgen entre un azoture et un alcyne est une réaction efficace et directe qui permet l'obtention d'hétérocycles à cinq centres de type 1,2,3-triazole.[53] Elle requiert néanmoins des températures élevées et des temps de réaction assez long conduisant dans la majorité des cas à un mélange de régioisomères 1,4 et 1,5 (***Schéma 7***). Réalisée en l'absence de catalyseur, cette réaction n'est donc pas régiosélective.

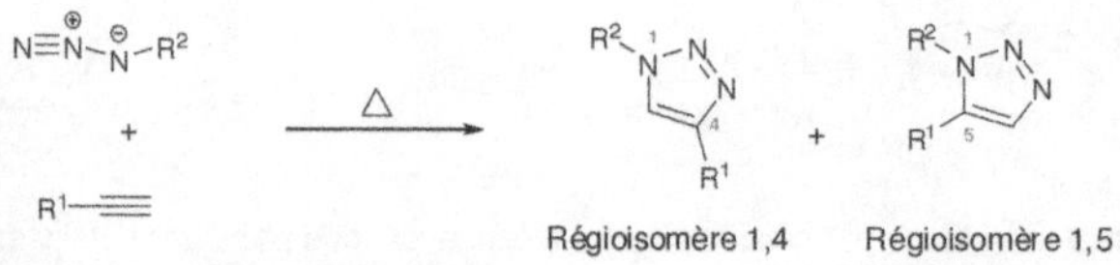

Schéma 7 : Cycloaddition 1,3-dipolaire de Huisgen.

Une première variante de cette réaction qui consiste à utiliser le Cu(I) comme catalyseur a été rapportée par Meldal et coll.[54] pour la synthèse sur phase solide de peptidotriazoles puis peu de temps après par Sharpless et coll.[55] Les auteurs indiquent que la réaction de cycloaddition d'alcynes terminaux et d'azoture réalisée en présence d'une quantité catalytique de Cu(I) conduit uniquement à la formation du régioisomère 1,4 (***Schéma 8***). Dès lors, la chimie des cycloadditions 1,3-dipolaires a connu un véritable essor.

Les sources de Cu(I) sont multiples mais au regard de la littérature, l'utilisation d'une source de Cu(II) en présence d'un excès d'agent réducteur est l'une des méthodes les plus appréciées. En effet, la génération *in situ* de Cu(I) dans ces conditions permettrait d'éviter la dégradation de celui-ci par disproportionation ou oxydation. Le sulfate de cuivre, l'acide ascorbique ou l'ascorbate de sodium sont les réactifs les plus souvent utilisés dans ce cas. Il est néanmoins possible d'envisager l'utilisation directe des sels de Cu(I) inorganiques tel que le CuI combiné à la présence d'un excès de base comme la DIPEA ou la 2,6-lutidine.

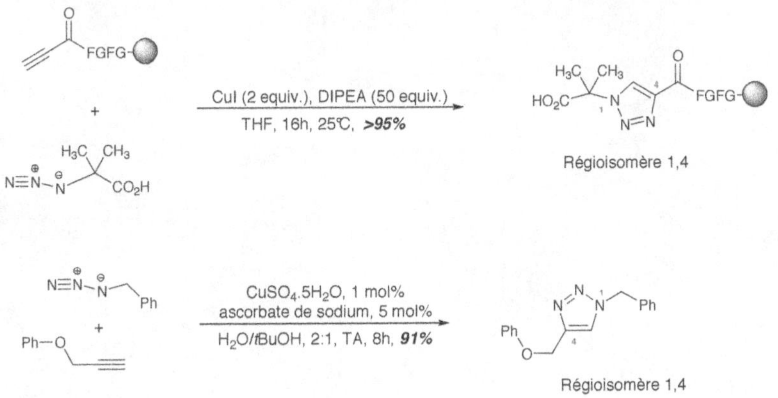

Schéma 8 : Obtention de triazoles 1,4 substitués par cycloaddition 1,3-dipolaire catalysée par le Cu(I).[54,55]

Meldal et Tornøe[56] proposent en 2008 un mécanisme pour la cycloaddition catalysée par le Cu(I) entre un azoture et un alcyne terminal (***Schéma 9***). Les auteurs envisagent le début du cycle catalytique par la formation d'une espèce Cu(I) acétylide **1** *via* un complexe π qui, après déprotonation, conduirait à l'intermédiaire **2**. En se basant sur des considérations cinétiques et cristallographiques, ils suggèrent ensuite que l'acétylide **2** et l'azoture ne seraient pas nécessairement coordonnés sur le même atome de cuivre au niveau de l'état de transition. L'intermédiaire **3B**, dont l'état de transition cyclique présente deux atomes de Cu(I) serait alors privilégié par les auteurs puisqu'il est selon eux le seul qui puisse expliquer de manière non ambigüe l'absolue régiosélectivité de la réaction. Le cycle catalytique ci-après propose les deux possibilités pour la coordination de l'azoture et de l'alcyne au niveau de l'état de transition. Le même intermédiaire métallocène à six centres (**4**) est ensuite formé dans les deux mécanismes, il donne après contraction du cycle, le triazole métallé **5**. Une protonation de ce dernier conduit à l'obtention du produit 1,4-substitué et à la régénération du catalyseur.

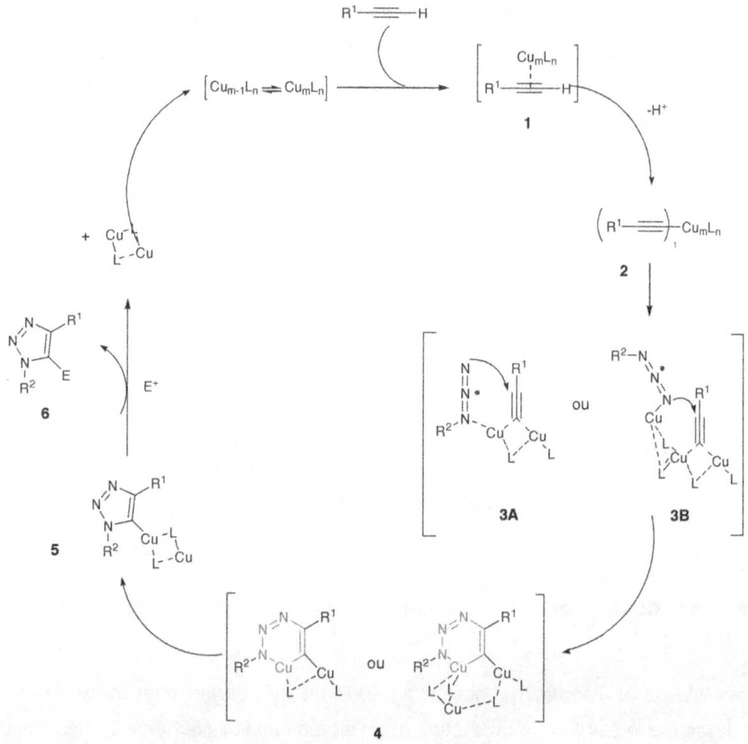

Schéma 9 : Cycle catalytique de la cycloaddition entre un azoture et un alcyne proposé par Meldal et Tornøe.[56]

Précisons qu'il est possible de n'obtenir que le régioisomère 1,5-disubstitué. En effet, Sharpless et coll.[57] décrivent en 2005 la cycloaddition entre un alcyne et un azoture catalysée par des complexes au ruthénium (***Schéma 10***).

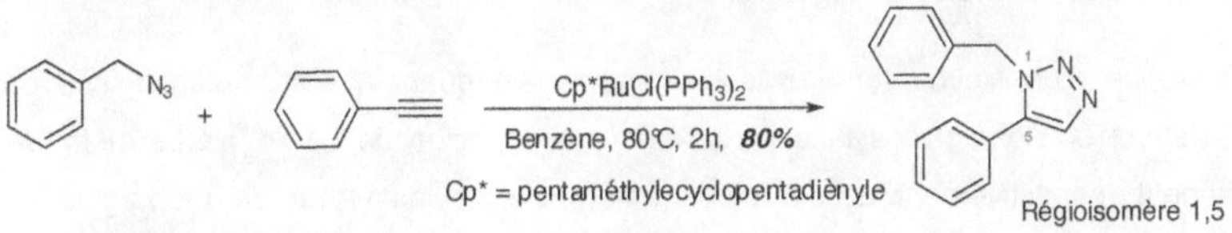

Schéma 10: Cycloaddition catalysée par le Ruthénium de l'azoture de benzyle et du phényacétylène.[57]

La découverte de l'effet catalytique du Cu(I) sur la cycloaddition 1,3-dipolaire réalisée entre un azoture et un alcyne terminal a donc amélioré de manière significative la régiosélectivité de la réaction vers la formation du produit 1,4-disubstitué. Par ailleurs, les réactions étant désormais plus rapides en présence de Cu(I) il n'est plus nécessaire d'appliquer des températures élevées sur de longues périodes. Les cycloadditions peuvent alors être effectuées à température ambiante, cependant un chauffage additionnel, des irradiations micro-ondes ou encore la sonication peuvent s'associer à la catalyse au cuivre pour réduire considérablement le temps des réactions et cela, sans pour autant affecter le rendement ou provoquer de réactions secondaires.[53]

La cycloaddition de Huisgen catalysée par le Cu(I) peut être réalisée uniquement dans l'eau ou en présence d'un co-solvant organique, sur support solide, *in vitro* ou *in vivo.*[58] Elle est généralement peu sensible à l'oxygène, tolère une large gamme de groupements fonctionnels et fournit avec de bons rendements les produits 1,2,3-triazoles avec un minimum de traitements et de purifications. Grâce à ces caractéristiques, cette réaction peut être considérée comme faisant partie des réactions de click chemistry, concept introduit par Sharpless et coll.[59] en 2005.

B.2. Extension à la chimie des sucres et à la synthèse de pseudo-oligosaccharides.

La cycloaddition 1,3-dipolaire catalysée par le Cu(I) peut être facilement étendue à la chimie des sucres. En effet, les méthodes d'introduction d'un azoture ou d'un alcyne sur un sucre sont connues et décrites dans la littérature. Les azotures de glycosyle peuvent être obtenus *via* déplacement d'un halogénure par un nucléophile, ou encore par substitution de tout autre groupement partant situé en position anomère en présence d'un acide de Lewis. Ce sont généralement des solides cristallins stables et inertes face à un large éventail de conditions réactionnelles. En glycochimie, ils sont souvent précurseurs de glycosamines.[60]

L'insertion d'un alcyne terminal sur un sucre est quant à elle réalisable soit par alkylation, soit par glycosylation catalysée par un acide de Lewis.[61] Ces méthodes donnent respectivement accès à des éthers d'alcynyles (éther de propargyle par exemple) ou à des *O*-alcynyles glycosides lorsque c'est la position anomère qui est concernée. Même si cette dernière reste la position favorite pour l'introduction de ces deux fonctions, une stratégie de protections-déprotections adéquate peut néanmoins permettre de les placer sur n'importe laquelle des positions du sucre.

La littérature précise par ailleurs que la réaction de cycloaddition catalysée par le Cu(I) entre un azoture et un alcyne portés par des sucres, se déroule avec une complète rétention de la stéréochimie de la liaison anomère. De plus, la liaison sucre-triazole est stable dans les conditions réactionnelles classiquement rencontrées en glycochimie, comme lors de séquences de protections-déprotections et même dans les conditions de glycosylation.[60]

L'association de la cycloaddition catalysée par le Cu(I) à la chimie des sucres a dès lors permis l'accès à une nouvelle classe de glycostructures. Les exemples développés ci-dessous illustrent l'application de cette méthodologie pour la synthèse de mimes d'oligosaccharides.

En 2007, l'équipe du Professeur José Kovensky[62] décrit une procédure rapide permettant la connexion de deux unités saccharidiques par une technique de click chemistry. Dans ces travaux, les conditions optimales de couplage sont atteintes quand la réaction est réalisée avec 0.4 équivalent d'ascorbate de sodium et 0.2 équivalent de sulfate de cuivre dans un mélange DMF/H_2O. Le schéma suivant illustre le couplage de l'azoture **8** au dérivé butynyle mannoside **7** fournissant le composé **9** avec un rendement de 88% (***Schéma 11***).

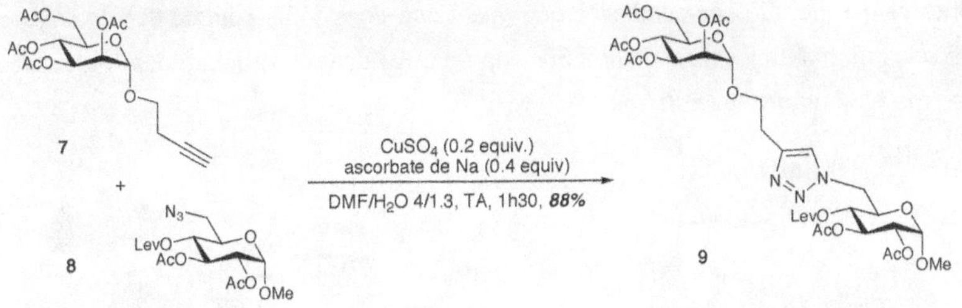

Schéma 11 : Couplage de deux monosaccharides par cycloaddition catalysée par le Cu(I).[62]

En série mannose, Crich et coll.[63] proposent en 2009 la synthèse de deux pseudo-trisaccharides. Ils envisagent alors une stratégie dans laquelle un glycoside d'azidométhyle est préféré à un azoture de glycosyle plus classiquement rencontré dans ce type de réaction. La cycloaddition entre le composé **10** et le dérivé propargylé **11** est ainsi réalisée soit par catalyse au Cu(I) soit par catalyse au ruthénium. La catalyse au Cu(I) conduit au triazole 1,4-disubstitué **12** avec un rendement de 92% alors que la catalyse au ruthénium conduit au triazole 1,5-disubstitué **13** avec un rendement de 75% (***Schéma 12***).

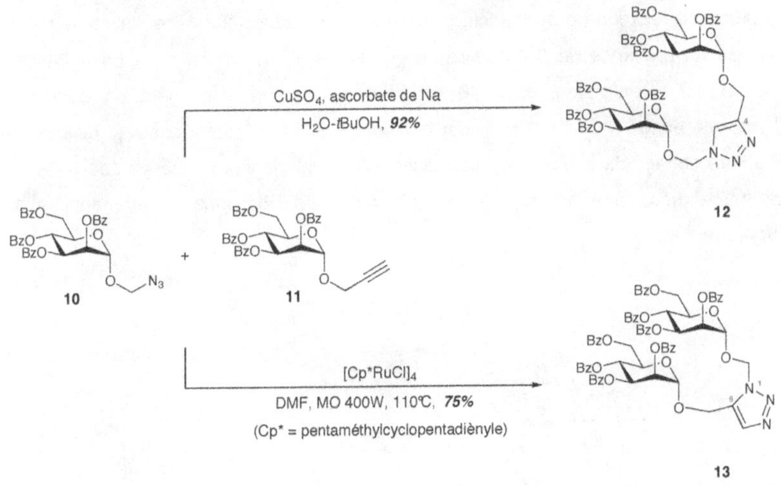

Schéma 12 : Synthèse de pseudo-trisaccharides par Crich et coll.[63]

Crich remarque que ces composés pourraient être considérés comme des analogues triazoles du trimannose 3,6 naturel que l'on retrouve dans la structure des *N*-glycanes de type haut-mannose (***Schéma 13***).

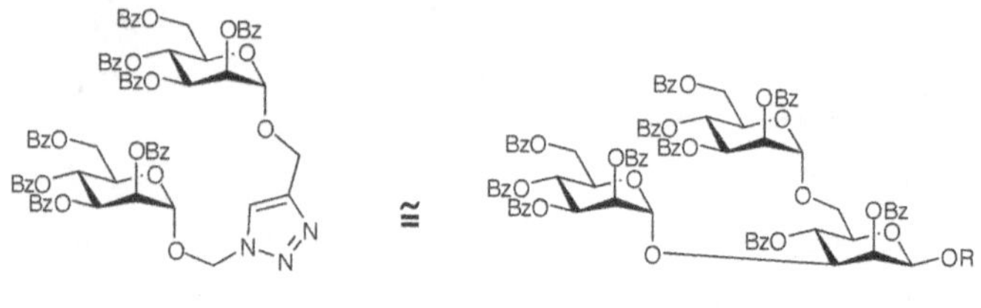

Schéma 13 : Analogie de l'analogue triazole 1,4-disubstitué avec le trimannose 3,6 naturel.

En 2006, Dondoni et Marra[64] décrivent une méthode de synthèse itérative permettant l'obtention de glycoconjugués qu'ils nomment triazolomannoses. Dans l'intention de construire des oligomères dépourvus de liaisons *O*-glycosidiques, plus sensibles aux dégradations chimiques et enzymatiques, les auteurs choisissent d'utiliser dans ces travaux des *C*-glycosides.

La première réaction de cycloaddition entre le dérivé acétylène **14** et l'azoture **15** est réalisée en présence de 0.2 équivalent de CuI et 4 équivalents de DIPEA dans le toluène. Le triazolo-dimannose **16** est obtenu avec un rendement de 80% puis l'hydroxyle primaire de ce dernier est transformé en groupement azoture. Dès lors, il peut être engagé dans une nouvelle réaction de couplage avec le dérivé acétylène **14**. La même séquence est répétée jusqu'à l'obtention du triazol-pentamannose **17** (***Schéma 14***).

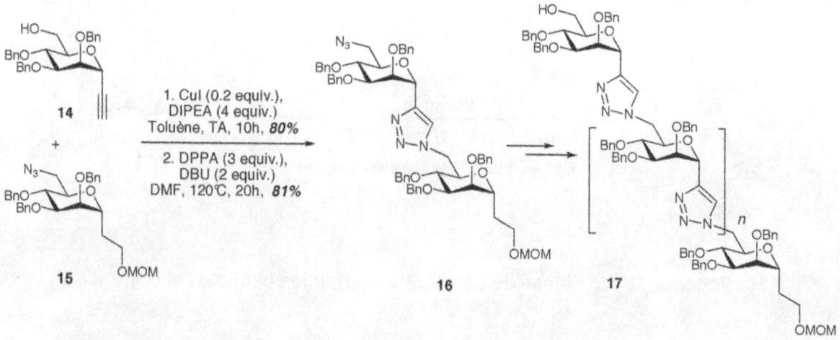

Schéma 14 : Synthèse itérative de triazolomannoses par cycloaddition catalysée par le Cu(I).[64]

De nombreuses autres synthèses de mimes d'oligosaccharides[65,66] (**18** et **19**) sont rapportées dans la littérature mais on y retrouve également celles de divers glycoconjugués comme des glyco-peptides[67] (**20**), des glyco-macrocycles[68] (**21**) ou encore pseudo-cyclodextrines[69] (**22**). Un éventail de ces structures est représenté à la figure suivante (***Figure 26***).

Nous verrons par ailleurs, dans le paragraphe **II.A.1** du chapitre 2, que la cycloaddition catalysée par le Cu(I) s'illustre également dans la synthèse de glycoclusters dans lesquels les sucres sont greffés sur des plateformes multivalentes de types variés (oligosaccharides, cyclodextrines, porphyrines, calixarènes etc).

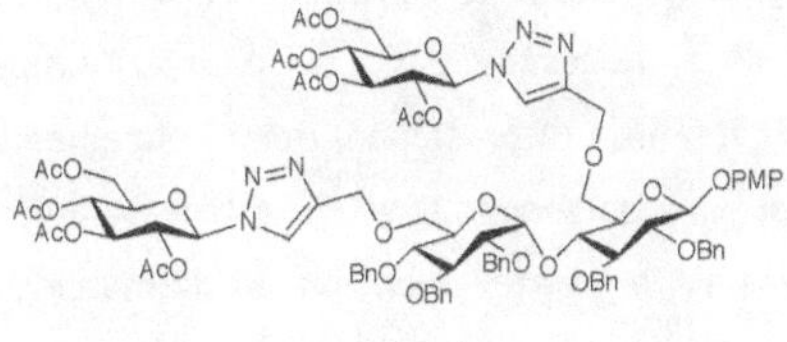

18

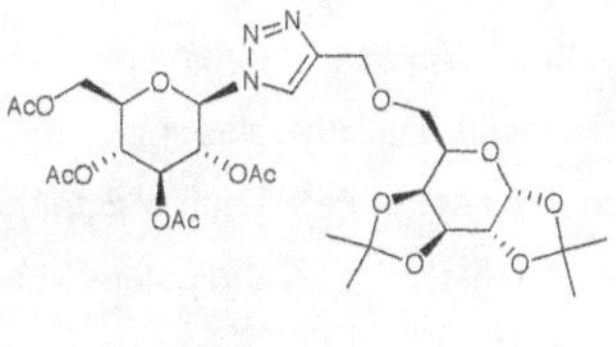

19

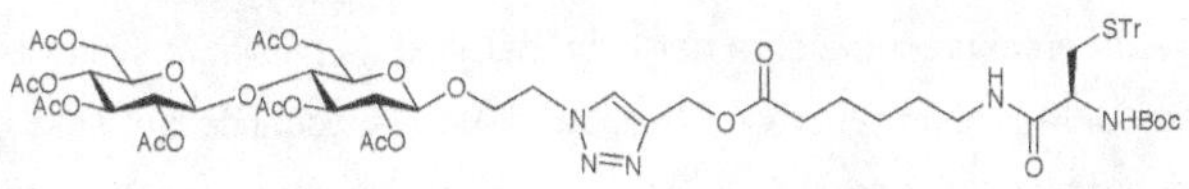

20

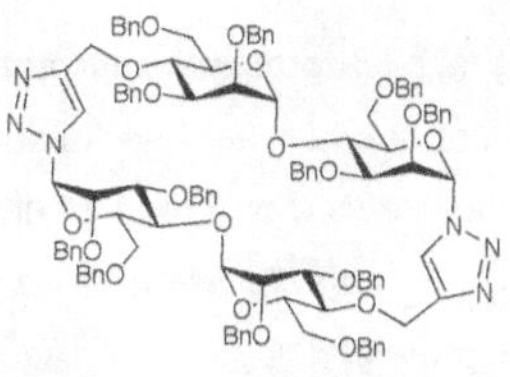

21

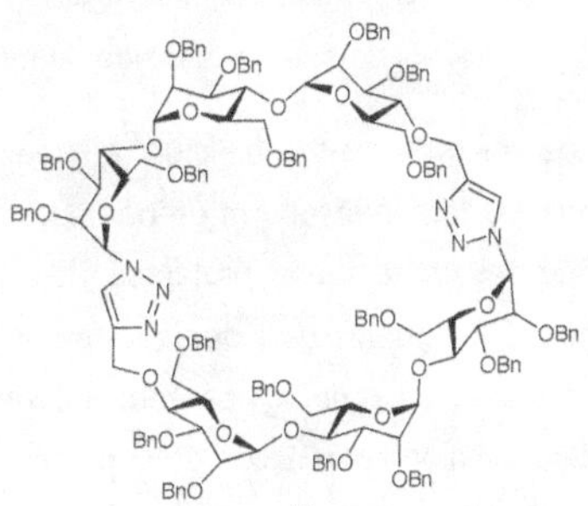

22

Figure 26: Glycoconjugués rencontrés dans la littérature.[65,66,67,68,69]

La cycloaddition 1,3-dipolaire d'azoture et d'alcyne terminaux catalysée par le Cu(I) est donc un outil très pratique en chimie des sucres. Elle est plus facile à mettre en œuvre qu'une réaction de glycosylation classique car moins sensible aux conditions réactionnelles. Cette réaction de click chemistry permet l'obtention de mimes d'oligosaccharides complexes en un nombre d'étapes limité et cela à partir de monosaccharides simples.

Pour ces raisons, nous avons choisi d'utiliser cette méthode, en association avec la glycosylation, pour la synthèse des pseudo-oligomannosides.

II. Synthèse des pseudo-oligomannosides.

Une analyse rétrosynthétique nous a permis d'envisager plusieurs stratégies pour la synthèse des pseudo-oligosaccharides. Le schéma rétrosynthétique général suivant (***Schéma 15***) illustre trois des voies possibles pour la synthèse pseudo-Man_8, le moins complexe des deux pseudo-oligomannosides. Quelle que soit la voie de synthèse utilisée, l'obtention du pseudo-Man_8 nécessite dans un premier temps l'obtention d'un précurseur clé : un disaccharide α-(1,6) présentant trois groupements propargyles (encadré sur le ***Schéma 15***) et dans un second temps une triple réaction de cycloaddition 1,3-dipolaire catalysée par le cuivre avec un azido-mannose perbenzoylé.

La synthèse du précurseur passera par la préparation de plusieurs synthons. En effet, dans chaque voie il nous faudra avoir accès à un disaccharide qui sera obtenu par réaction de glycosylation entre un donneur fonctionnalisé par un trichloroacétimidate et un accepteur. Tous deux seront préalablement synthétisés à partir du D-(+)-mannose ou de l'α-D-(+)-mannopyranoside de méthyle.

Les voies de synthèse diffèrent l'une de l'autre de par les groupements protecteurs qu'elles font intervenir et de par leurs stratégies. Alors que la ***voie 1*** ne fait intervenir que des groupements protecteurs de types esters, les ***voies 2*** et ***3*** mettent en œuvre des groupements de types éthers (***voie 2***) ou les deux (***voie 3***). Selon la ***voie 2***, les groupements propargyles sont introduits dans un premier temps et la réaction de glycosylation est réalisée dans un second temps. L'ordre des étapes pour les ***voies 1*** et ***3*** est inversé, puisqu'il faut tout d'abord glycosyler et introduire les groupements propargyles par la suite.

De plus, à partir des ***voies 1*** et ***2***, nous pouvons également envisager la synthèse du pseudo-nonamannoside (pseudo-Man_9) (***Schéma 16***). Le précurseur clé sera dans ce cas un trisaccharide α-(1,3)-α-(1,6) présentant lui aussi trois groupements propargyles (encadré sur le ***Schéma 16***). L'obtention de cette molécule plus complexe nécessitera de réaliser une seconde réaction de glycosylation entre les disaccharides obtenus selon les ***voies 1*** et ***2*** du pseudo-Man_8 et de nouveaux donneurs. Ces derniers seraient également synthétisés à partir du D-(+)-mannose.

En l'absence de données dans la littérature concernant la synthèse de ce type de mimes nous avons décidé d'étudier toutes les stratégies proposées précédemment. Au cours de ce chapitre, nous présenterons le travail de synthèse exploratoire réalisé sur chacune de ces trois voies.

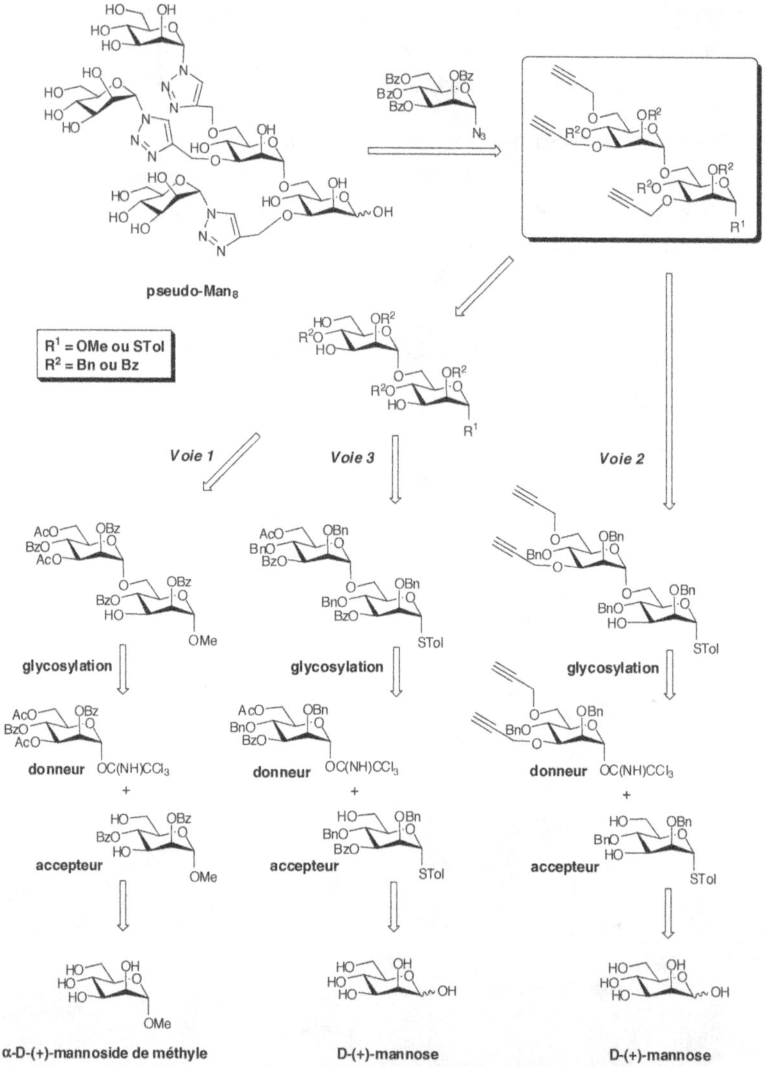

Schéma 15 : Schéma rétrosynthétique général du pseudo-Man_8.

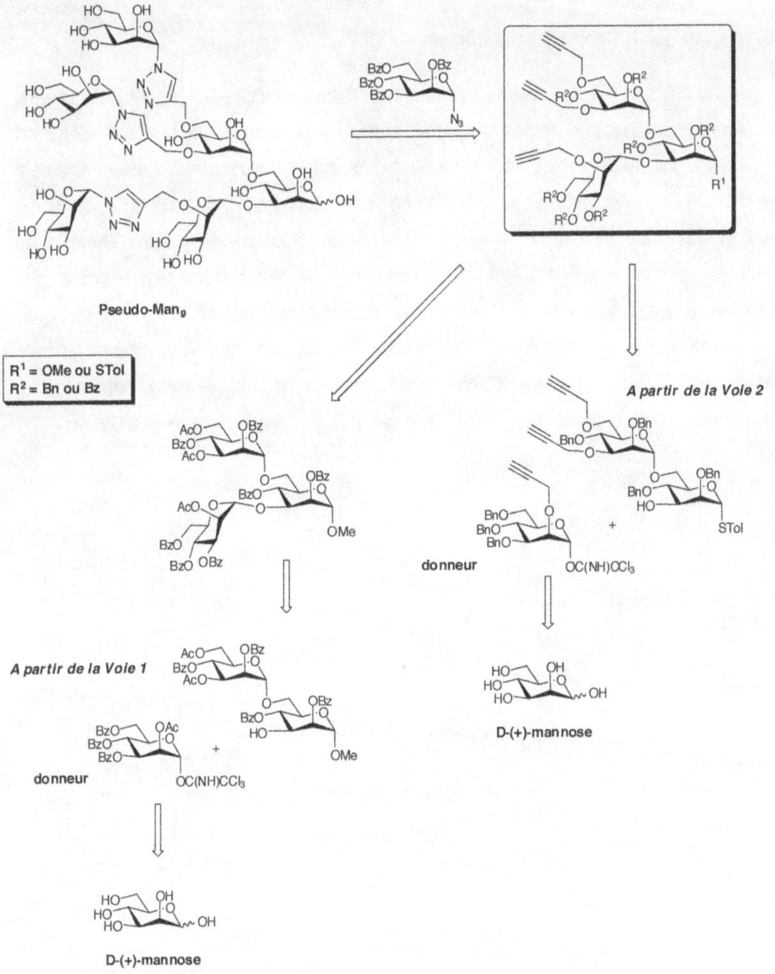

Schéma 16 : Schéma rétrosynthétique général du pseudo-Man_9.

A. Synthèse des pseudo-oligomannosides selon la voie 1.

A.1. Contexte scientifique.

Au cours de précédents travaux portant sur l'étude structure-activité des phénomènes de reconnaissance impliquant les *N*-glycanes portés par la glycoprotéine gp120 du VIH et les récepteurs des macrophages, une série de cyclodextrines glycosylées[5] a été entièrement synthétisée et caractérisée au Laboratoire des Glucides. L'obtention de la partie oligosaccharidique de ces molécules a nécessité le développement d'une stratégie de synthèse efficace reposant à la fois sur une étape de glycosylation régiosélective, des déprotections sélectives et des étapes de multiglycosylation.[6] A partir de quelques monosaccharides correctement fonctionnalisés et en un minimum d'étapes, cette méthodologie nous a permis d'obtenir des oligosaccharides de type haut-mannose présentant les cœurs trisaccharidiques α(1,3),α(1,6) ou α(1,3),α(1,4) (***Schéma 17***).

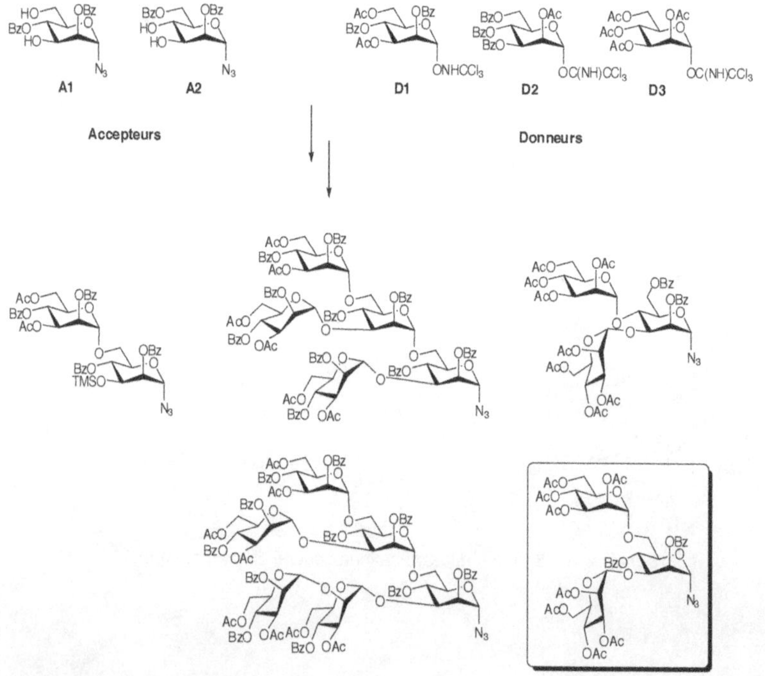

Schéma 17 : Oligomannosides obtenus à partir de cinq monosaccharides.[5,6,70]

Au regard de ces travaux et de la gamme de composés obtenus, il nous est alors apparu judicieux de transposer cette stratégie à la synthèse des pseudo-oligosaccharides et d'utiliser ainsi le plus grand nombre de précurseurs déjà décrits au laboratoire.

A.2. Analyse rétrosynthétique.

La première stratégie que nous avons envisagée peut être illustrée par le schéma rétrosynthétique suivant (***Schéma 18***).

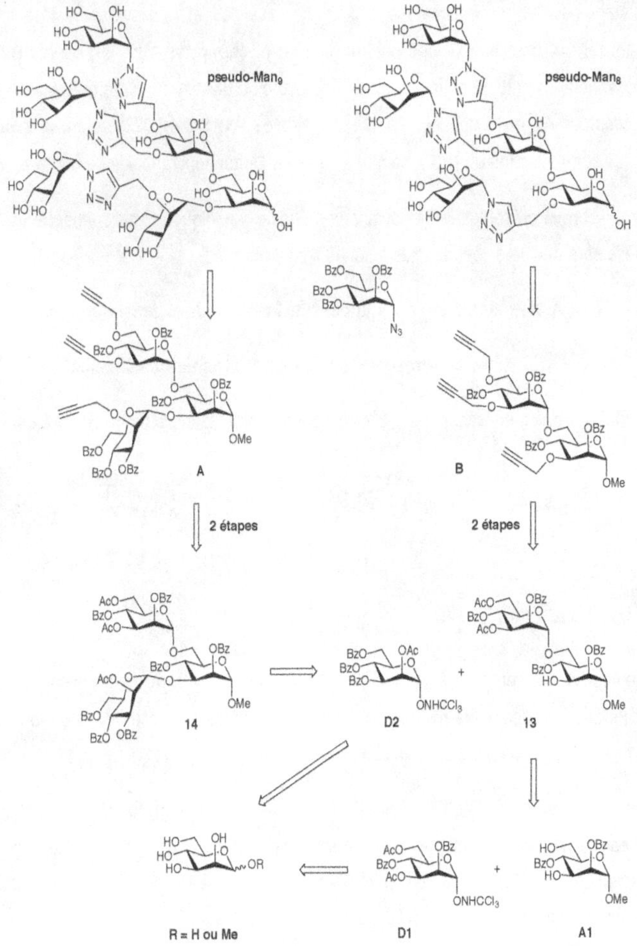

Schéma 18 : Schéma rétrosynthétique de la première stratégie envisagée.

Cette première stratégie semble la plus directe car elle permet de s'appuyer directement sur le savoir-faire du laboratoire en utilisant des précurseurs dont la synthèse a déjà été optimisée.

Selon cette approche, le pseudo-Man$_9$ et le pseudo-Man$_8$ sont obtenus par une triple réaction de cycloaddition catalysée par le cuivre (I) entre l'azoture de 2,3,4,6-tétra-*O*-benzoyl-α-D-mannopyranosyle et respectivement un trisaccharide (**A**) ou un disaccharide (**B**) possédant trois groupements propargyles. Ces derniers seront quant à eux préparés en deux étapes à partir des composés **13** et **14** acétylés et benzoylés. Le trisaccharide α(1,3),α(1,6) **14** peut être obtenu par réaction de glycosylation entre le donneur **D2** et le disaccharide accepteur **13** lui-même issu d'une étape de glycosylation régiosélective entre le diol accepteur **A1** et le donneur **D1**. Les composés **A1**, **D1** et **D2** seraient préparés en quelques étapes à partir du D-(+)-mannose ou de l'α-D-mannopyranoside de méthyle.

Après une brève présentation des synthons monosaccharidiques choisis, chaque étape de synthèse sera décrite et les résultats obtenus seront discutés.

A.3. Présentation et synthèses de l'accepteur et des donneurs.

A.3.1. Présentation des monosaccharides choisis.

Les structures des monosaccharides choisis sont rappelées dans la figure ci-dessous.

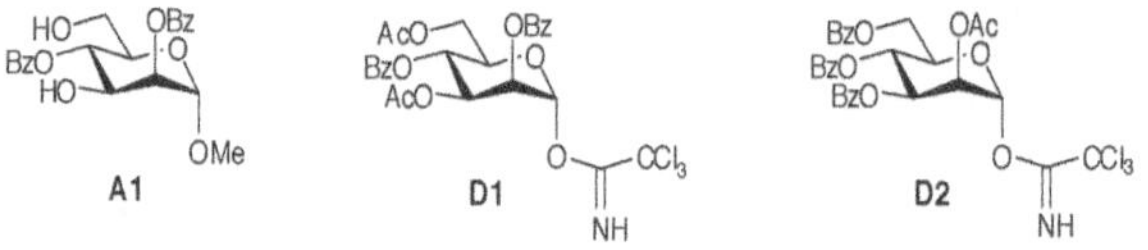

Figure 27 : Structure de l'accepteur et des donneurs.

L'accepteur **A1** est préparé à partir de l'α-D-mannopyranoside de méthyle commercial. Il présente deux groupements hydroxyles libres en position 3 et 6, ceux des positions 2 et 4 étant protégés par des groupements benzoyles.

Cet accepteur nous permettra de réaliser une première étape de glycosylation régiosélective au niveau de sa position primaire, puis une seconde au niveau de l'hydroxyle de la position 3 du sucre. Après protection de ses hydroxyles libres et activation de sa position anomère, il permettra l'obtention du donneur **D1**.

Les donneurs **D1** et **D2**, fonctionnalisés sous la forme de trichloroacétimidates, présentent deux groupements protecteurs différents. Bien que ces derniers soient tous les deux des esters, nous envisageons que la différence de réactivité observée entre les groupements benzoates et acétates rendra possible une déprotection sélective des positions 3 et 6 du donneur **D1** ainsi que de la position 2 du donneur **D2,** comme cela a déjà été démontré lors de travaux antérieurs au sein du laboratoire.[71]

A.3.2. Synthèse de l'accepteur A1.

L'accepteur **A1** est obtenu en deux étapes à partir de α-mannopyranoside de méthyle commercial qui, mis en présence de triéthylorthobenzoate et d'acide camphor-10-sulfonique dans l'acétonitrile distillé à 45°, conduit à la formation d'un intermédiaire de type di-orthoester. Celui-ci est ensuite hydrolysé par une solution d'acide trifluoroacétique à 90% dans l'eau pour conduire à l'accepteur **A1** et au coproduit **A2** (***Schéma 19***).

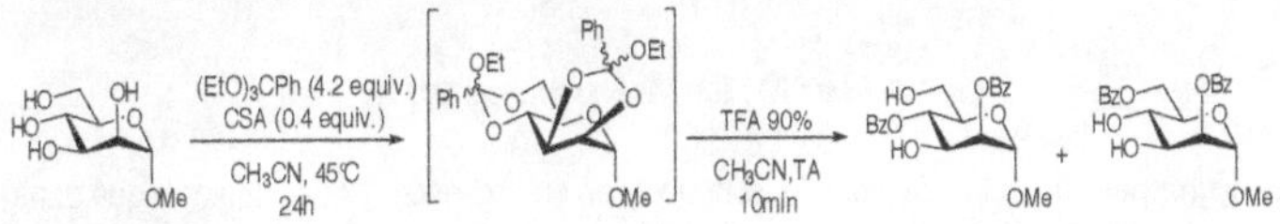

α-D-mannopyranoside de méthyle

1 (A1) *16%*

2 (A2) *19%*

Schéma 19 : Préparation de l'accepteur **A1**.

Conformément aux travaux de Bundle[72], l'ouverture du 2,3-di-orthoester est totalement régiosélective et conduit à la présence de l'ester en position axiale. En revanche, l'hydrolyse du 4,6-di-orthoester donne un mélange de produits estérifiés en position 4 ou 6. Ainsi, le 2,4-di-*O*-benzoyl-α-D-mannopyranoside de méthyle **1** (**A1**) et le 2,6-di-*O*-benzoyl-α-D-mannopyranoside de méthyle **2** (**A2**) sont obtenus respectivement avec des rendements de 16 et 19%. L'accepteur **A2** ne sera ici pas utilisé pour la suite de la synthèse, précisons cependant qu'il peut au choix être recyclé par déprotection des benzoates, puis traité de nouveau par du triéthylorthobenzoate pour obtenir **A1**, ou bien encore être utilisé comme accepteur. Cette possibilité a été précédemment envisagée par notre équipe, puisqu'un analogue de cet intermédiaire (*cf.* **Chapitre 2**, **II.B.2.1**) a notamment permis l'obtention d'un trisaccharide présentant l'enchaînement non naturel α(1,3), α(1,4).[5]

A.3.3.Synthèse du donneur D1.

Le donneur **D1** est préparé en quatre étapes à partir de l'accepteur **A1** avec un rendement global de 24%. Le schéma suivant illustre la différenciation des positions 3 et 6 du sucre ainsi que les modifications chimiques réalisées au niveau de la position anomère (***Schéma 20***).

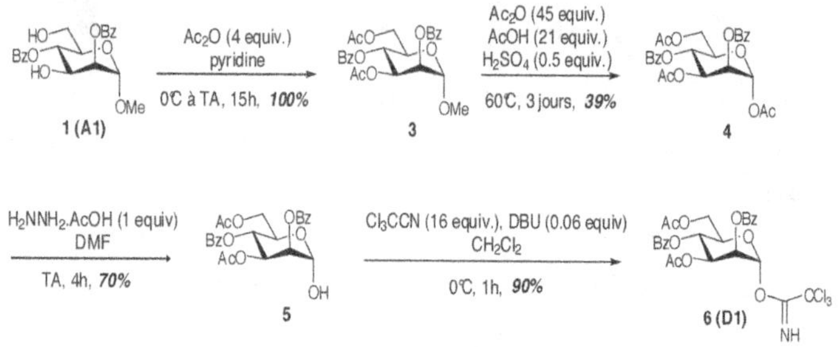

Schéma 20 : Synthèse du donneur **D1**.

Les hydroxyles libres du composé **A1** sont acétylés en présence d'anhydride acétique dans la pyridine et le 3,6-di-*O*-acétyl-2,4-di-*O*-benzoyl-α-D-mannopyranoside de méthyle **3** est obtenu quantitativement. L'étape suivante consiste à réaliser l'acétolyse du groupement méthoxy situé en position anomère. Le composé **3** est alors traité à 60℃ par un mélange d'anhydride acétique, d'acide acétique et d'acide sulfurique. Après trois jours, le produit de départ **3** n'est pas complètement consommé et le 1,3,6-tri-*O*-acétyl-2,4-di-*O*-benzoyl-α-D-mannopyranoside **4** est obtenu avec un rendement modeste de 39%. Les deux produits sont cependant facilement séparables par chromatographie et après avoir réengagé le composé **3** dans la réaction, le rendement s'élève à 73% sur les deux cycles.

La position anomère est ensuite sélectivement déprotégée, le composé **4** est alors traité par de l'acétate d'hydrazinium dans le DMF pour conduire au 3,6-di-*O*-acétyl-2,4-di-*O*-benzoyl-α-D-mannopyranoside **5** avec un rendement de 70%. Afin d'introduire le groupement trichloroacétimidate, le composé **5** est mis en présence de trichloroacétonitrile et de 1,8-diazabicyclo-[5,4,0]-undèc-7-ène dans le dichlorométhane anhydre. Le tricloroacétimido-3,6-di-*O*-acétyl-2,4-di-*O*-benzoyl-α-D-mannopyranoside **6** (**D1**) est ainsi obtenu avec un rendement de 90%.

A.3.4. Synthèse du donneur D2.

Le donneur **D2** est préparé en 6 étapes à partir du D-(+)-mannose commercial avec un rendement global de 33% (***Schéma 21***). La première étape de cette synthèse consiste à préparer le mannose perbenzoylé **7**. Cette réaction classique est réalisée facilement par l'addition d'un excès de chlorure de benzoyle à une solution de D-(+)-mannose dans la pyridine. Le 1,2,3,4,6-penta-*O*-benzoyl-D-mannopyrannose **7** est obtenu en mélange α/β après recristallisation dans l'éthanol avec un rendement de 91%.

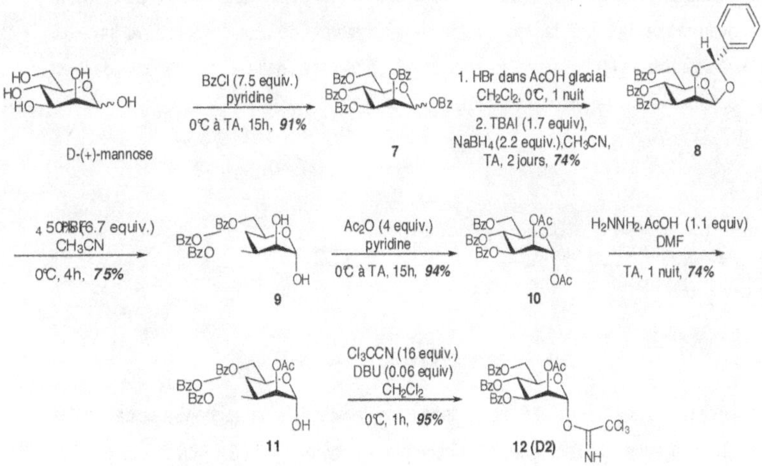

Schéma 21 : Synthèse du donneur **D2** à partir du D-(+)-mannose commercial.

L'étape suivante consiste à différencier les positions 1 et 2 des autres positions benzoylées. Elles seront donc protégées par un groupement benzylidène en 1,2 ce qui nous permettra par la suite de les libérer sélectivement par hydrolyse acide.

L'obtention du benzylidène se déroule en deux temps. Le mannose perbenzoylé **7** est tout d'abord mis en présence d'acide bromhydrique dans le dichlorométhane. Seul le 1-bromo-2,3,4,6-tétra-O-benzoyl-α-D-mannopyranoside **7'** est formé. En effet, l'assistance anchimérique de l'ester protecteur en position 2 oriente l'attaque de l'ion Br^- vers la face inférieure de la molécule. De plus, l'effet anomère, correspondant à la préférence axiale d'un substituant électronégatif en α de l'oxygène glucidique, contribue également au fait que la réaction soit stéréosélective (***Schéma 22***).

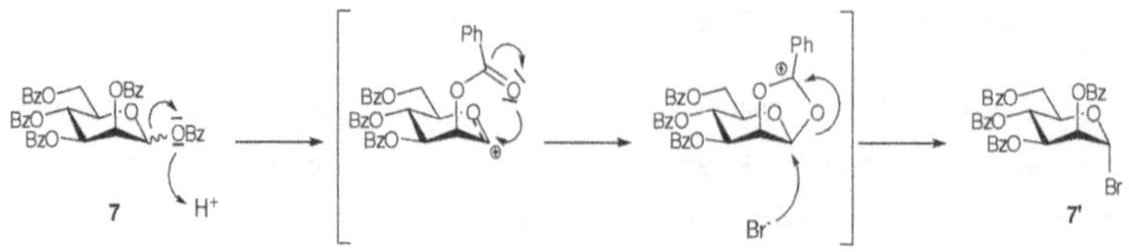

Schéma 22 : Formation de l'intermédiaire bromé **7'**.

Cet intermédiaire bromé est ensuite traité par l'iodure de tétrabutylammonuim et le borohydrure de sodium dans l'acétonitrile pour conduire au benzylidène en 1,2. L'attaque de l'ion hydrure se fait par la face la moins encombrée de l'ion oxonium et un seul diastéréoisomère se forme. Le 1,2-benzylidène-3,4,6-tri-*O*-benzoyl-D-mannopyranoside **8** est alors obtenu avec un rendement de 74%.

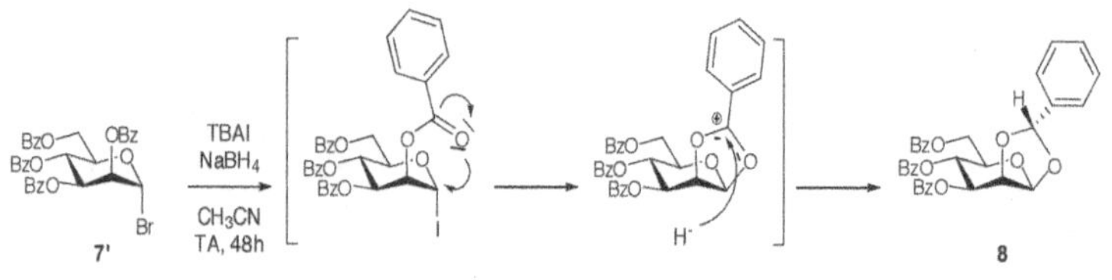

Schéma 23 : Formation du 1,2-benzylidène.

La libération des positions 1 et 2 est réalisée dans l'acétonitrile par hydrolyse acide à l'aide d'une solution aqueuse d'acide tétrafluoroborique. L'anomère α, le 3,4,6-tri-O-benzoyl-α-D-mannopyranose **9** est obtenu majoritairement avec un rendement de 75%.

La suite de la synthèse se déroule selon les conditions décrites par Kong et coll.[73] L'acétylation des hydroxyles libres du composé **9** est réalisée classiquement en présence d'anhydride acétique dans la pyridine à température ambiante et conduit au 1,2-di-*O*-acétyl-3,4,6-tri-*O*-benzoyl-α-D-mannopyranose **10** avec un rendement de 94%. De la même manière que pour le donneur **D1**, la position anomère du composé **10** est déprotégée sélectivement par action de l'acétate d'hydrazinium dans le DMF. Le 2-*O*-acétyl-3,4,6-tri-*O*-benzoyl-α-D-mannopyranose **11**, obtenu avec un rendement de 74%, est ensuite condensé sur le trichloroacétonitrile en présence de DBU ce qui permet l'obtention du trichloroacétimido-2-*O*-acétyl-3,4,6-tri-*O*-benzoyl-D-mannopyranose **12** (**D2**) avec un rendement de 95%.

Disposant à présent des 3 monosaccharides, la synthèse des oligosaccharides propargylés, composés précurseurs des pseudo-oligosaccharides peut maintenant être abordée.

A.4. Synthèse des oligosaccharides.

A.4.1. Synthèse du disaccharide et du trisaccharide.

La synthèse du disaccharide **13** a été réalisée selon la méthode développée par notre équipe en 2003.[6] A basse température dans le dichlorométhane anhydre et en présence d'un large excès de TMSOTf la glycosylation effectuée entre l'accepteur **A1** et le donneur **D1** est régiosélective. Seul l'hydroxyle primaire de l'accepteur est impliqué dans la réaction. Il est à noter également que la silylation du disaccharide se produit lors de la neutralisation du milieu réactionnel par de la triéthylamine à la fin de la réaction (***Schéma 24***).

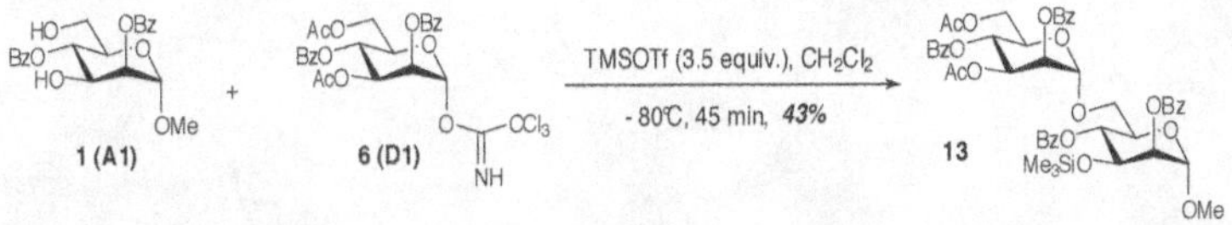

Schéma 24 : Synthèse du disaccharide **13** par couplage entre **A1** et **D1**.

Au cours de la réaction, la formation d'un produit secondaire donnant en spectrométrie de masse un pic à $[M + Na]^+$ m/z = 1023 a été observée. La structure de ce dernier n'a pas été déterminée mais sa présence a affecté le rendement de la réaction et le disaccharide **13** n'a donc été obtenu qu'avec un rendement modeste de 43%.

Le disaccharide **13** est le point de départ de la synthèse de structures plus complexes. Il peut être utilisé directement comme accepteur pour réaliser avec le donneur **D2** une glycosylation en position 3 (***voie A***) ou être partiellement déprotégé (***voie B***). Selon les deux voies, après déprotection des acétates, deux triols sont obtenus (***Schéma 25***).

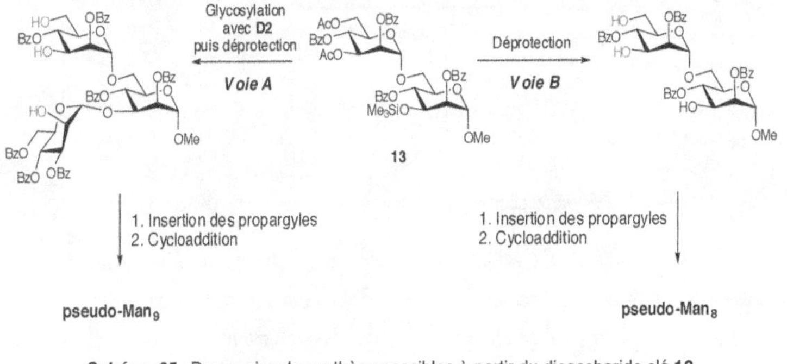

Schéma 25 : Deux voies de synthèse possibles à partir du disaccharide clé **13**.

Le disaccharide **13** peut être engagé directement dans une réaction de glycosylation sans déprotection préalable du groupement silylé. En effet, de précédentes observations[6] nous ont indiqué que la déprotection de ce dernier pouvait avoir lieu *in situ*, simplement en présence de l'acide de Lewis utilisé pour la glycosylation, libérant ainsi l'hydroxyle en position 3.

Ainsi, le disaccharide **13** et le donneur **D2** sont mis en présence d'un excès de TMSOTf dans le dichlorométhane anhydre à température ambiante. La réaction de couplage fournit le trisaccharide **14** avec un rendement de 38% (***Schéma 26***).

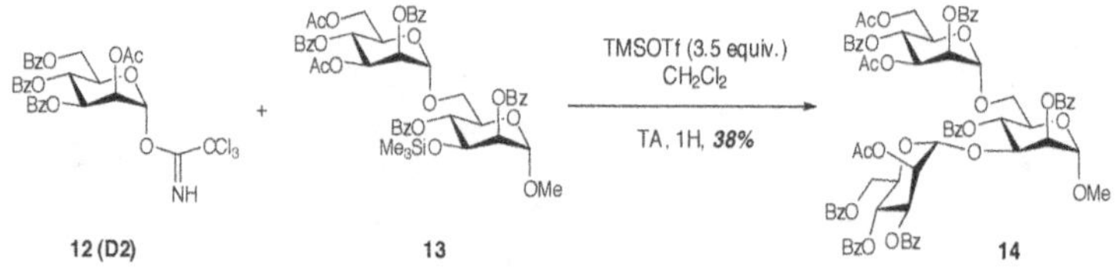

Schéma 26 : Couplage entre le donneur **D2** et le disaccharide accepteur **13**.

A.4.2. Déprotection sélective des acétates.

C'est à ce stade de la synthèse que nous avons procédé à la déprotection sélective des acétates par rapport aux benzoates. Ainsi, au dérivé saccharidique **14** solubilisé dans le dichlorométhane est ajoutée une solution fraîchement préparée de chlorure d'acétyle dans le MeOH (***Schéma 27***). Dans ces conditions, l'acide chlorhydrique généré *in situ* provoque la déprotection sélective des acétates.[71]

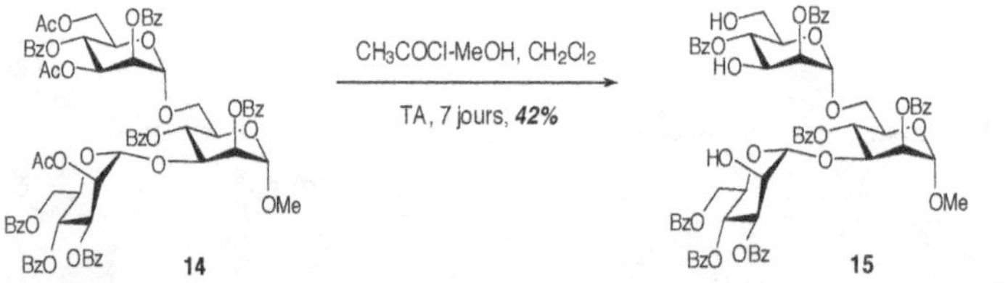

Schéma 27 : Déprotection sélective des acétates par rapport aux benzoates.

Alors que la déprotection des acétates en position 6 ou en position équatoriale a lieu de manière rapide et sélective, l'acétate en position axiale est apparu beaucoup plus résistant, provoquant alors l'augmentation du temps de la réaction qui a induit la déprotection partielle des positions benzoylées. De ce fait, le trisaccharide triol **15** est obtenu avec un rendement modeste de 42%.

De la même manière que pour le composé **14**, la déprotection sélective des acétates et du groupement triméthylsilyle du disaccharide **13** a été conduite en présence d'une solution de chlorure d'acétyle dans le méthanol. Le disaccharide triol **16** est obtenu après 7 jours avec un rendement raisonnable de 63% (***Schéma 28***).

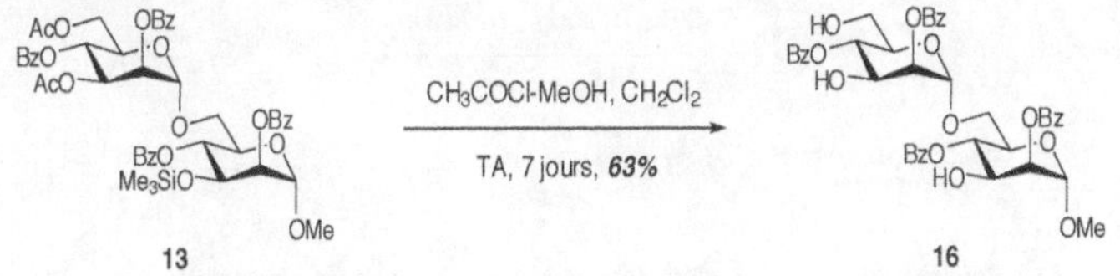

Schéma 28 : Déprotection des esters et du triméthylsilyle du disaccharide **13**.

A.4.3. Introduction des groupements propargyles.

Selon la stratégie envisagée, il reste à présent à introduire les groupements propargyles pour la future réaction de cycloaddition avec le dérivé azidé. Sachant que les conditions basiques employées dans cette étape risquent d'être incompatible avec les esters présents sur le trisaccharide, nous avons pris le risque de traiter le composé **15** par du NaH et du bromure de propargyle à 0℃ dans le DMF.

Malheureusement, la formation du trisaccharide tripropargylé, précurseur du pseudo-Man_9, n'a pas été observée. En effet, les conditions basiques du milieu réactionnel ont entraîné une déprotection partielle et/ou une migration des groupements benzoates du composé **15** sur les positions libres de la molécule (***Schéma 29***).

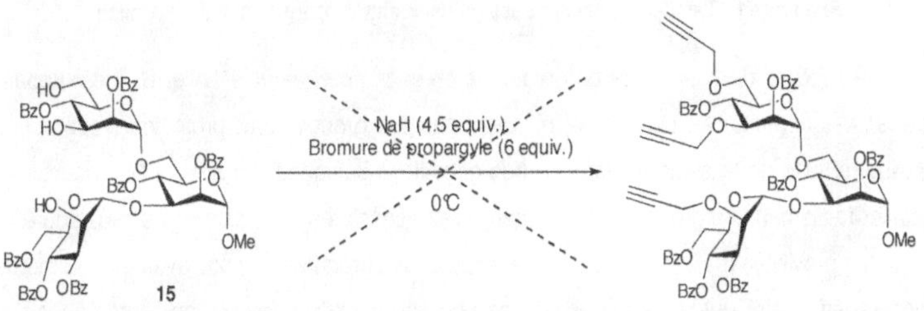

Schéma 29 : Tentative de propargylation du trisaccharide **15**.

Dans les conditions basiques classiquement utilisées, il n'est donc pas possible d'introduire sur de tels substrats des groupements propargyles. Nous avons alors envisagé de les introduire par glycosylation, donc en milieu acide, afin de valoriser le travail de synthèse déjà réalisé.

A partir de l'alcool propargylique commercial, le trichloroacétimidate correspondant a dans un premier temps été préparé. En présence de trichloroacétonitrile et de sodium métallique à 0℃, le trichloroacétimidate de l'alcool propargyli que a été obtenu quantitativement (***Schéma 30***).[74]

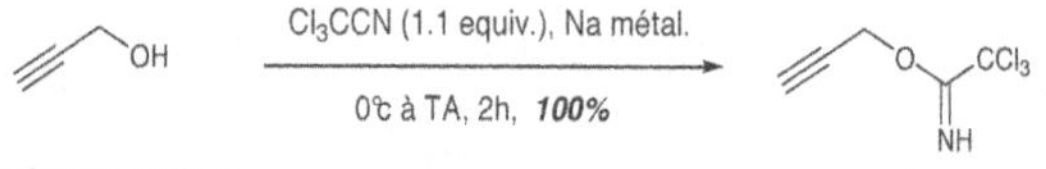

Alcool propargylique commercial

17

Schéma 30 : Synthèse du trichloroacétimidate de l'alcool propargylique.

La tentative de glycosylation entre le disaccharide triol **16** et le trichloroacétimidate de l'alcool propargylique **17** a été conduite dans le dichlorométhane anhydre. L'addition du TMSOTf a été réalisée à -40℃ puis la température du milieu réactionnel a été remontée progressivement jusqu'à température ambiante. La formation du produit tripropargylé n'a pas été observée, le suivi de la réaction en spectrométrie de masse a seulement indiqué la mono ou la di-silylation du disaccharide **16** (***Schéma 31***).

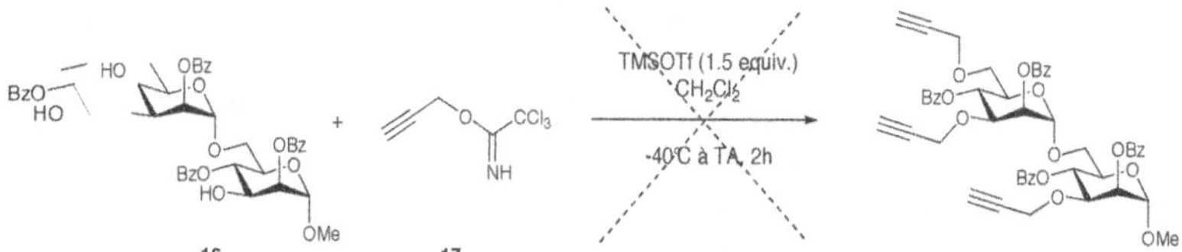

16 **17**

Schéma 31 : Tentative d'insertion des groupements propargyle par glycosylation.

Au regard de l'ensemble des résultats obtenus pour les voies **A** et **B**, il est apparu que les esters (acétates, benzoates) n'étaient pas des groupements protecteurs appropriés lorsque la suite de la synthèse impose des conditions basiques. En effet, il faut pouvoir ici installer facilement les groupements propargyles nécessaires à la réaction de cycloaddition. Cela était prévisible mais l'accès aisé à l'ensemble des précurseurs nous avait tout de même encouragés à faire quelques essais. De ce fait, afin d'accéder aux précurseurs souhaités, nous nous sommes alors orientés vers l'utilisation de groupements benzylidène qui, après ouverture contrôlée, peuvent donner accès à des saccharides protégés partiellement benzylés. Ces modifications imposent donc de revoir la première stratégie de synthèse envisagée.

B. Synthèse des pseudo-oligomannosides selon la voie 2.

B.1. Analyse rétrosynthétique.

Bien que la stratégie de synthèse ait besoin d'être reconsidérée, les structures des intermédiaires seront similaires à celles de la première voie envisagée et ne différeront que de par les groupements protecteurs qu'ils présentent. Le schéma rétrosynthétique suivant illustre la nouvelle voie envisagée pour la synthèse des pseudo-oligosaccharides (***Schéma 32***).

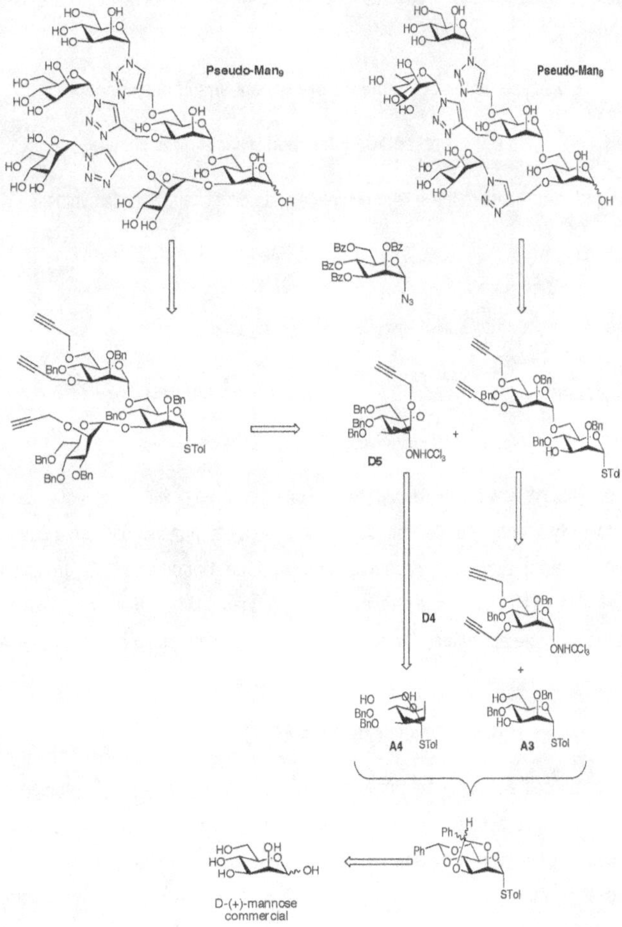

Schéma 32 : Schéma rétrosynthétique de la stratégie faisant intervenir un dibenzylidène.

Dans cette stratégie, l'étape de cycloaddition permettant l'obtention des pseudo-oligosaccharides ne différent pas de l'approche précédente. Les groupements benzoates sont ici remplacés par des benzyles et les éthers de propargyle sont introduits sur les monosaccharides avant de réaliser les réactions de glycosylation. Par ailleurs, nous avons désormais choisi de travailler avec des thioglycosides plutôt qu'avec l'α-D-mannopyranoside de méthyle car l'étape d'acétolyse du groupement méthyle, permettant par la suite la libération de la position anomère, ne conduisait pas à de bons rendements avec les substrats utilisés. Cette voie nous a également semblé plus élégante car les deux produits issus de l'ouverture du 2,3;4,6-di-*O*-benzylidène sont valorisés au cours la synthèse.

B.2.Présentation et synthèses des accepteurs et des donneurs.

B.2.1. Présentation des monosaccharides choisis.

La figure ci-dessous rappelle la structure des monosaccharides de la synthèse.

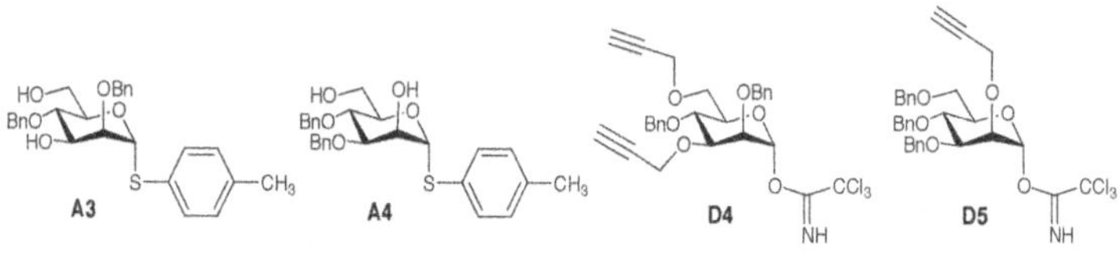

Figure 28 : Structure des accepteurs et des donneurs.

Les intermédiaires **A3** et **A4** sont respectivement dibenzylés en position 2 et 4 et en position 3 et 4. L'hydroxyle anomère de ces deux composés est protégé par un groupement thiocrésol. La déprotection de ce dernier sera suivi de l'introduction de groupements trichloroacétimidates au cours de la préparation des donneurs **D4** et **D5**. Le composé **A4** ne sera pas utilisé comme accepteur, il sera directement transformé pour permettre d'obtention du donneur **D5**.

B.2.2. Synthèse de A3 et A4.

Les composés **A3** et **A4** sont préparés en 5 étapes à partir du D-(+)-mannose. La première partie de la synthèse consiste à introduire un groupement thiocrésol sur le D-(+)-mannose. L'insertion de deux groupements benzylidène et leurs ouvertures régiosélectives permettront par la suite l'obtention des deux dérivés partiellement benzylés **A3** et **A4** (***Schéma 33***).

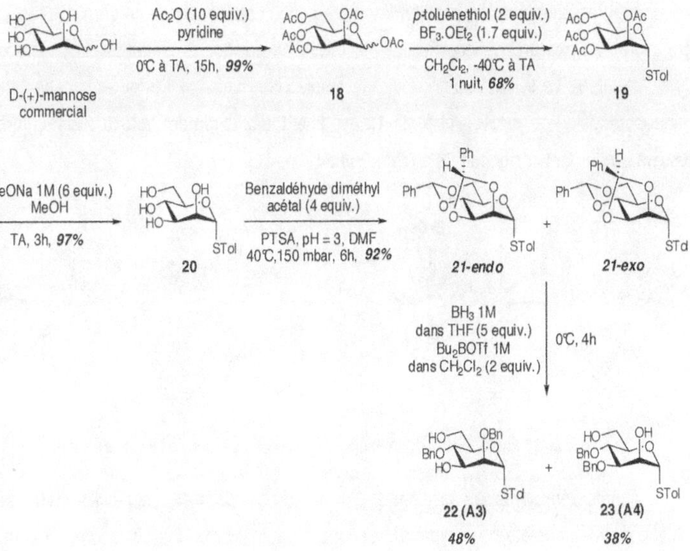

Schéma 33 : Synthèse des composés **A3** et **A4**.

Comme nous l'avons mentionné précédemment, nous avons désormais choisi de travailler avec des thioglycosides. En effet, leur obtention aisée et leur grande stabilité font des groupements thioalkyles ou thioaryles de très bons groupements protecteurs de la position anomère.

La synthèse de 1-thioglycosides peut être réalisée selon deux méthodes, soit à partir d'un glycoside peracétylé, par réaction avec un thiol en présence d'un acide de Lewis[75,76,77,78], soit à partir d'un halogénure de glycoside, par réaction avec un ion thiolate.[79]

Nous avons opté pour la première méthode faisant intervenir un dérivé peracétylé, ainsi, la première étape de cette synthèse est la peracétylation du D-(+)-mannose commercial. Celle-ci est réalisée classiquement par addition d'anhydride acétique à une solution de D-(+)-mannose dans la pyridine à 0°C. Cette réaction fournit sans purification le 1,2,3,4,6-penta-*O*-acétyl-D-mannopyranose **18** avec un rendement de 99% en mélange d'anomères α/β.

Le dérivé peracétylé **18** est ensuite traité par du thiocrésol, dans le dichlorométhane anhydre, en présence de $BF_3.OEt_2$, réactif permettant ici l'activation de la position anomère. L'attaque, sur l'atome de bore de l'acide de Lewis, du doublet libre de l'atome d'oxygène du groupement acétate situé en position anomère conduit au départ de ce dernier. S'en suit la formation d'un oxocarbocation stabilisé par l'ester en position 2. L'attaque du thiocrésol est alors orientée vers la face α de la molécule. Le 2,3,4,6-tétra-*O*-acétyl-1-thio-D-mannopyranoside de *p*-méthylphényle **19** est ainsi majoritairement obtenu sous sa forme α avec un rendement correct de 68% (***Schéma 34***).

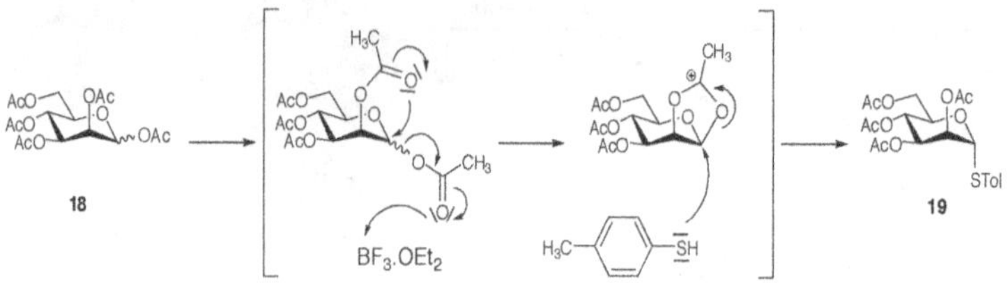

Schéma 34 : Mécanisme de la thioglycosylation conduisant à l'anomère α **19**.

Afin de déprotéger les positions 2, 3, 4 et 6 du composé **19,** celui-ci est traité par une solution de méthanolate de sodium 1M dans le méthanol selon les conditions de Zemplén. La réaction donne accès au 1-thio-α-D-mannopyranoside de *p*-méthylphényle **20** avec un rendement de 97%.[80]

La formation du dibenzylidène a ensuite été obtenue par traitement du thioglycoside **20** avec du benzaldéhyde diméthyl acétal et de l'acide *p*-toluènesulfonique dans le DMF anhydre.[81,82] La réaction est réalisée à l'aide d'un évaporateur rotatif sous une pression contrôlée de 150 mbar à 40℃. Cette technique permet l'élimination d e l'éthanol libéré au cours de la réaction et donc le déplacement de celle-ci vers la formation du produit souhaité.[83] Le 2,3-4,6-di-*O*-benzylidène-1-thio-α-D-mannopyranoside de *p*-méthylphényle **21** obtenu avec un rendement de 92% est un mélange de diastéréoisomères ***endo/exo*** (56%/44%), dont le ratio a été déterminé par RMN.

Bien que la séparation des deux diastéréoisomères soit possible par recristallisation[82], nous avons décidé d'engager le mélange ***endo/exo*** directement dans la l'étape suivante. Dans la littérature, de nombreuses méthodes rapportent l'ouverture régiosélective des benzylidènes selon que l'on souhaite obtenir un dérivé 4-*O*-benzylé[84,85,86] ou 6-*O*-benzylé.[85,87,88]

Afin d'orienter l'ouverture du 4,6-benzylidène vers la formation d'un dérivé 4-*O*-benzyle, le mélange **21** a été traité par une solution à 1M de BH_3 dans le THF en présence d'une solution à 1M de Bu_2BOTf dans le dichlorométhane. Après 4h à 0℃, le co mposé **A3** et le coproduit **A4**, facilement séparables par chromatographie, ont été obtenus avec des rendements respectifs de 48% et 38%. Selon la littérature, le dérivé **21-*endo*** fournirait l'accepteur **A3** (**22**), benzylé en position 2 et 4, alors que le dérivé **21-*exo*** fournirait le composé **A4** (**23**), benzylé en position 3 et 4.[89,90]

Précisons qu'une impureté, que nous n'avons pas pu caractériser, contaminait le dérivé **A3**. Malgré plusieurs tentatives de purifications, il n'a pas été possible d'obtenir l'accepteur totalement pur.

Par ailleurs, comme précédemment, le composé **A4** ne sera pas utilisé comme accepteur. Son obtention sera cependant valorisée, puisqu'il sera utilisé comme substrat de départ pour la synthèse du donneur **D5**.

B.2.3. Synthèse du donneur D4.

Le donneur **D4** est obtenu en 3 étapes à partir de l'accepteur **A3** (***Schéma 35***).

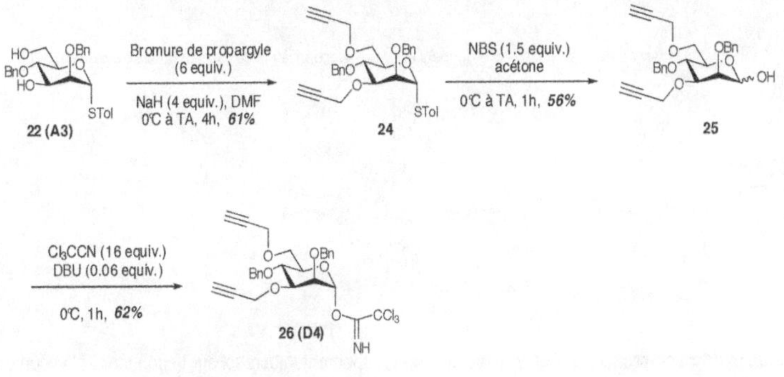

Schéma 35 : Synthèse du donneur **D4** à partir de l'accepteur **A3**.

La première étape de cette synthèse est l'insertion des groupements propargyles sur les positions libres du monosaccharide. Pour cela, l'accepteur **A3** est mis en présence de NaH et de bromure de propargyle dans le DMF. Le 2,4-di-*O*-benzyl-3,6-di-*O*-propargyl-1-thio-α-D-mannopyranoside de *p*-méthylphényle **24** est ici obtenu avec un rendement moyen de 61%.

Le composé **24**, fonctionnalisé par un groupement thiocrésol, peut être utilisé tel quel comme donneur. Dans ce cas de figure, l'accepteur et le donneur portent tous deux le même groupement en position anomère. Les conditions de glycosylation permettant d'activer le donneur peuvent donc également activer l'accepteur. Il devient alors possible d'observer dans le milieu réactionnel, en plus de la condensation souhaitée de l'accepteur sur le donneur, la condensation de l'accepteur sur lui-même (***Schéma 36***). Afin de s'affranchir de ces complications, le composé **24** a donc été converti en trichloroacétimidate.

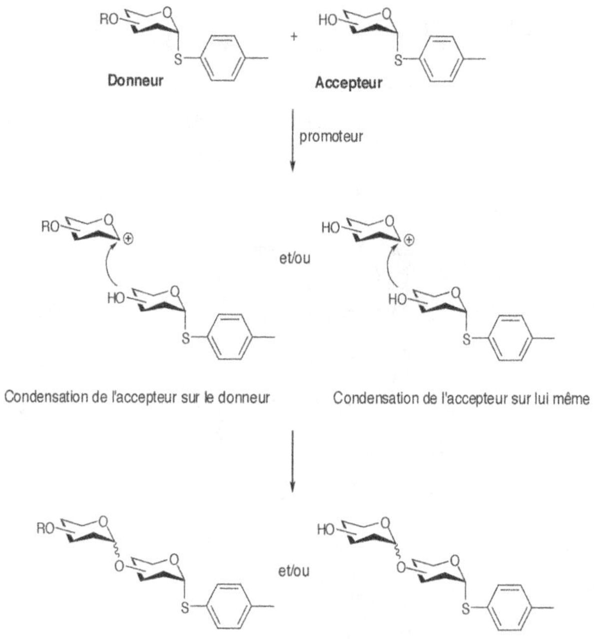

Schéma 36 : Complications liées à l'activation du groupement thiocrésol sur le donneur et l'accepteur.

Dans un premier temps, le groupement thiocrésol est donc déprotégé en présence de *N*-bromosuccinimide dans l'acétone. La réaction fournit le 2,4-di-*O*-benzyl-3,6-di-*O*-propargyl-D-mannopyranose **25** avec un rendement moyen de 56%. Ce résultat inattendu n'est pas satisfaisant au regard de ceux précédemment observés au Laboratoire. En effet, dans les mêmes conditions réactionnelles, la déprotection de la position anomère de monosaccharides ne présentant pas de groupements propargyles donne de meilleurs résultats (***Schéma 37***).[91] Dans l'exemple suivant, la déprotection est réalisée avec un rendement de 91%.

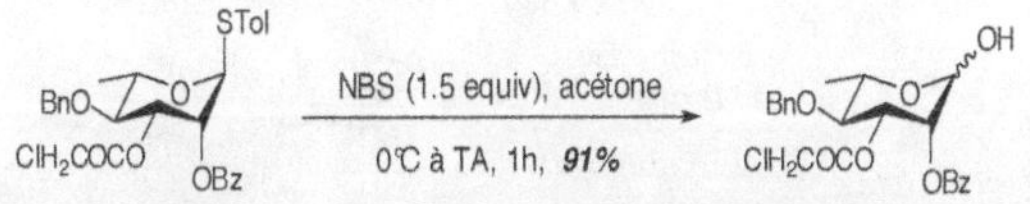

Schéma 37 : Déprotection d'un groupement thiocrésol par du NBS réalisé au Laboratoire.[91]

Nous avons cependant terminé la synthèse et introduit le groupement trichloroacétimidate en traitant le composé **25** par du trichloroacétonitrile en présence de DBU dans le dichlorométhane anhydre. Le trichloroacétimido-2,4-di-*O*-benzyl-3,6-di-*O*-propargyl-α-D-mannopyranose **D4** est ainsi obtenu avec un rendement de 62%.

B.2.4. Synthèse du donneur D5.

Le donneur **D5** peut être préparé en 4 étapes à partir du composé **A4** (***Schéma 38***).

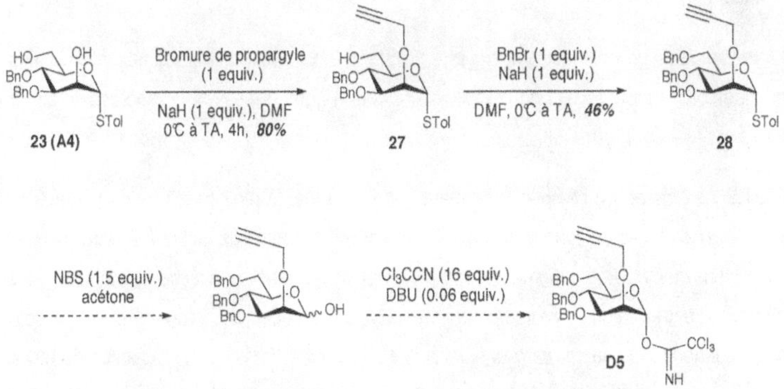

Schéma 38 : Synthèse du donneur **D5** à partir de **A4**.

Le composé **D5** doit présenter en position 2 un éther de propargyle car c'est à ce niveau que sera réalisée l'une des trois réactions de cycloaddition sur le trisaccharide (*cf.* ***Schéma 32***). Ainsi, à partir de **A4**, notre première idée a été dans une première étape de benzyler régiosélectivement la position 6 et d'introduire par la suite le groupement propargyle en position 2. Un essai de benzylation a ainsi été réalisé sur un dérivé 1-*O*-méthyle disponible au laboratoire ; la réaction a alors fourni le produit régiosélectivement benzylé en position 2 et non en position primaire avec un rendement de 70% (***Schéma 39***).

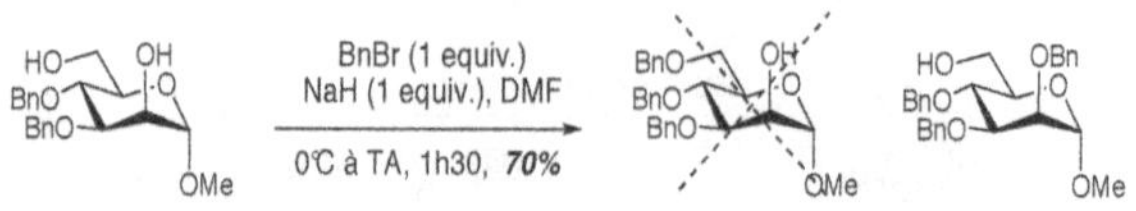

Schéma 39 : Tentative de benzylation de la position primaire d'un 2,6-diol.

Les conditions d'introduction d'un propargyle étant les mêmes que celles d'un benzyle et considérant le résultat évoqué ci-dessus, nous avons supposé que la propargylation en position 2 du composé **A4** s'effectuerait avec le même succès. En présence de NaH et de bromure de propargyle, la réaction est régiosélective et fournit le 3,4-di-*O*-benzyl-2-*O*-propargyl-1-thio-α-D-mannopyranoside de *p*-méthylphényle **27** avec un rendement de 80%. Il est à noter que la formation du composé dipropargylé a été observée en faible quantité mais que les deux produits sont facilement séparables par chromatographie.

La présence du groupement propargyle en position 2 est confirmée grâce aux informations données par la carte HMBC du composé **27** dont un agrandissement est représenté sur la figure ci-dessous (***Figure 29***).

Plusieurs éléments sur ce spectre permettent de confirmer la régiosélectivité de la réaction. En effet, des tâches de corrélation sont observées entre l'atome de carbone C-2 du sucre et les protons du CH_2 du groupement propargyle. Réciproquement, une tâche de corrélation est observée entre l'atome de carbone du CH_2 du groupement propargyle et l'atome d'hydrogène H-2 du sucre (cercles noirs sur la ***Figure 29***). Par ailleurs, l'absence de tâche de corrélations entre l'atome de carbone C-6 et les protons du CH_2 du propargyle (cercle rouge sur la ***Figure 29***) prouve également la régiosélectivité de la réaction en faveur de la position axiale et au détriment de la position primaire du monosaccharide.

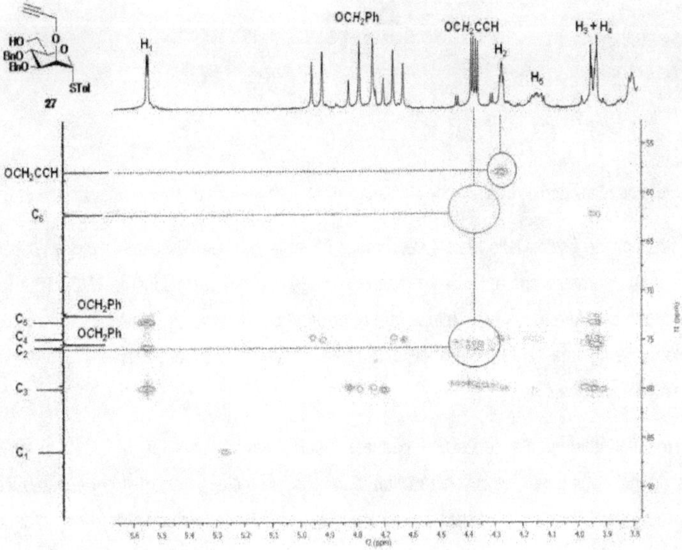

Figure 29 : Agrandissement de la carte HMBC du composé **27**.

La benzylation, non optimisée, de la position primaire du composé **27** en présence de NaH et de bromure de benzyle dans le DMF donne accès au 3,4,6-di-*O*-benzyl-2-*O*-propargyl-1-thio-α-D-mannopyranoside de *p*-méthylphényle **28** avec un rendement moyen de 46% car la totalité du produit de départ n'a pas été consommé lorsqu'un équivalent de chaque réactif est engagé dans la réaction.

De la même manière que pour le donneur **D4**, le composé **28** peut être converti en trichloroacétimidate. Nous n'avons cependant pas poursuivi les modifications sur ce synthon car les premiers essais de glycosylation entre l'accepteur **A3** et le donneur **D4** n'ont pas conduit au résultat escompté.

B.3. Synthèse des oligosaccharides.

B.3.1. Synthèse du disaccharide α(1,6).

La figure ci-dessous rappelle la structure du disaccharide Man-α-1,6-Man que nous souhaitons obtenir.

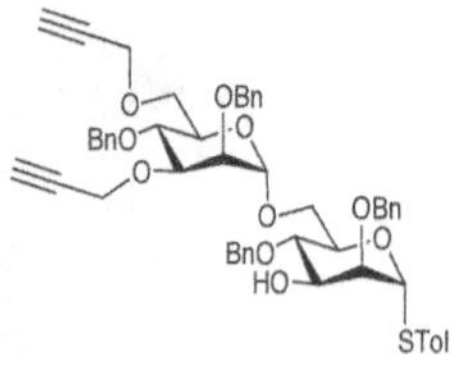

Figure 30 : Structure du disaccharide précurseur du pseudo-Man_8 et du trisaccharide α(1,3),α(1,6).

La réaction de glycosylation entre l'accepteur **A3** et le donneur **D4** a été réalisée à -80°C dans le dichlorométhane anhydre en présence d'une quantité catalytique de TMSOTf. A très basse température, nous présumions que la position primaire serait privilégiée à la position secondaire comme cela l'a été pour la synthèse précédente faisant intervenir des dérivés benzoylés (***Schéma 40***).

Le résultat attendu n'a cependant pas été celui observé. En effet, la CCM du milieu réactionnel nous a indiqué que la réaction fournissait un mélange difficilement séparable de plusieurs composés (4 à 6 tâches), que l'accepteur n'était pas totalement consommé et que le donneur était hydrolysé.

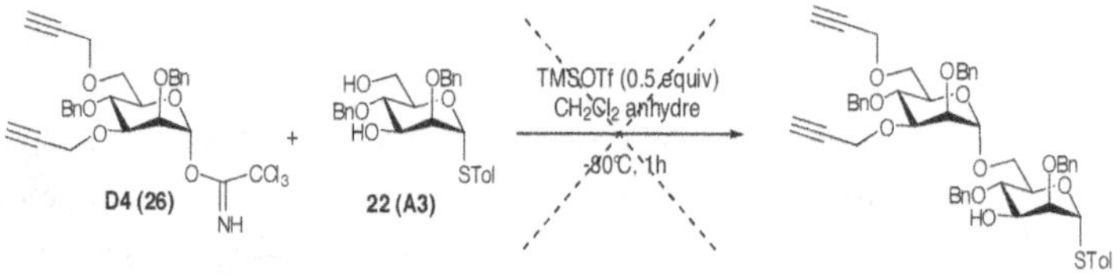

Schéma 40 : Glycosylation entre le donneur **D4** et l'accepteur **A3**.

Le spectre de masse du brut de la réaction, a confirmé la présence de l'accepteur et du donneur hydrolysé, mais indique aussi la présence d'un pic à $[M+Na^+]$ m/z = 907 correspondant à la formule brute d'un disaccharide (***Figure 31***). Enfin, les spectres RMN ^1H et ^{13}C très complexes sont en accord avec l'obtention de plusieurs disaccharides.

L'ensemble de ces observations laissent donc penser que la réaction de glycosylation entre **A3** et **D4** n'est ni régio ni stéréosélective. Les dérivés benzylés (activés) sont ici plus réactifs que les dérivés benzoylés (désactivés), la régiosélectivité de la réaction est donc plus difficile à contrôler même à basse température. De plus nous ne disposons pas sur nos substrats de groupements capables par assistance anchimérique d'orienter l'attaque du nucléophile vers la face α de la molécule. Les disaccharides α/β(1,6) et α/β(1,3) peuvent donc tous les quatre se former dans le milieu réactionnel (***Schéma 41***).

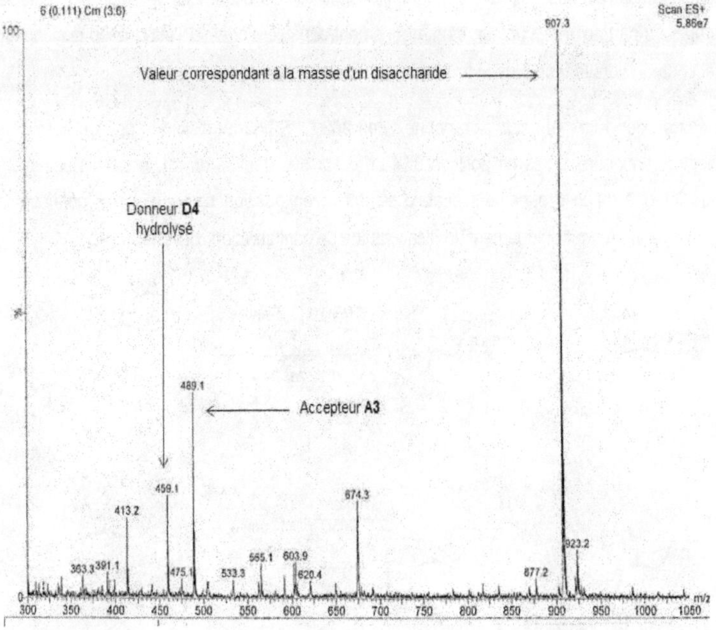

Figure 31 : Spectre de masse du suivi de la réaction de glycosylation entre **A3** et **D4**.

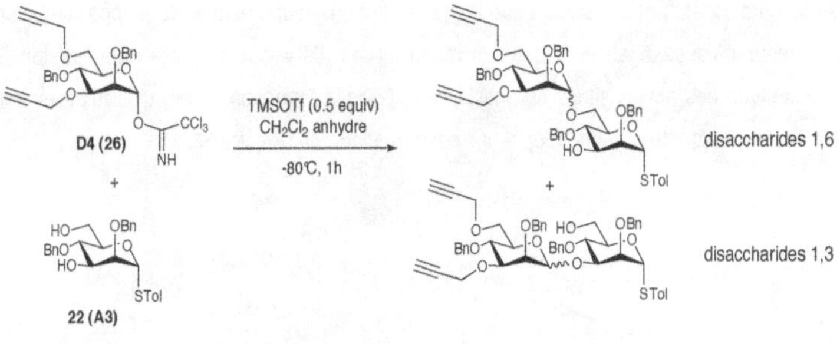

Schéma 41 : Glycosylation entre l'accepteur **A3** et le donneur **D4**.

Pour pallier au problème de la régiosélectivité de la réaction de glycosylation, il faut donc protéger la position 3 de l'accepteur. Celle-ci doit cependant pouvoir être déprotégée sélectivement par la suite afin de pouvoir introduire un propargyle, ou de réaliser une réaction de glycosylation permettant l'obtention du trisaccharide. La stéréosélectivité de la réaction pourrait quant à elle être améliorée par l'introduction sur le donneur, toujours préparé à partir d'un accepteur, d'un groupement capable d'orienter l'attaque du nucléophile (accepteur) vers la face α de la molécule.

L'étude de Kim et *coll.*[92] rapporte en 2009, l'effet participatif de groupements électro-attracteurs situés en position 3, 4 ou 6 sur des dérivés du mannose. Ils observent que lorsque qu'un groupement acétate se trouve en position primaire sur le donneur, la glycosylation fournit uniquement un disaccharide de configuration α (***Schéma 42***).

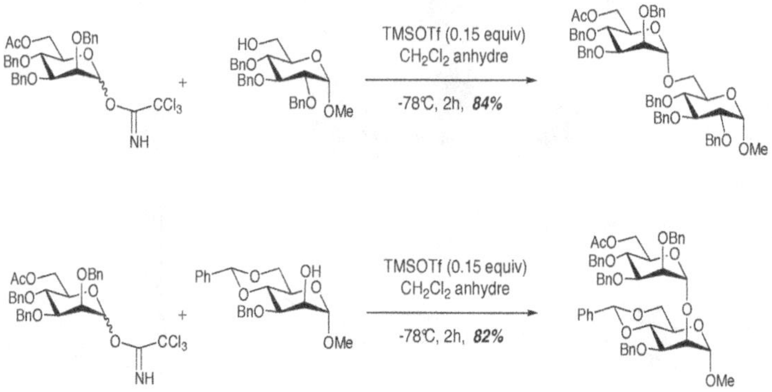

Schéma 42 : Glycosylations réalisées avec un donneur trichloroacétimidate portant un groupement acétate (EWG) en position 6.[92]

Les auteurs constatent par ailleurs que la présence d'un groupement acylé en position 3 sur le donneur favorise également cette stéréoséléctivité. Ils évoquent alors une assistance anchimérique des acyles situés en position 3 et 6 *via* la formation de bicycles relativement stables dans lesquels le sucre adopte une conformation $^{1}C_4$ (***Figure 32***)

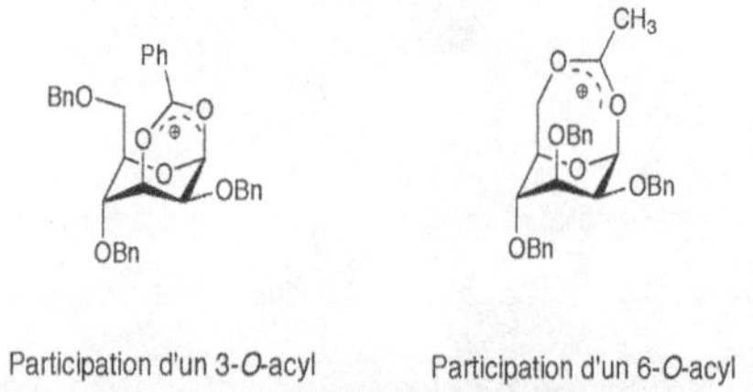

Figure 32 : Effet participatif de groupements acyles situés en position 3 ou 6.[92]

Au regard de ces résultats intéressants, nous avons alors choisi d'introduire en position 3 sur un accepteur, un groupement benzoyle et en position 6 sur un donneur un groupement acétate. Le schéma suivant illustre les modifications qui seront réalisés (***Schéma 43***).

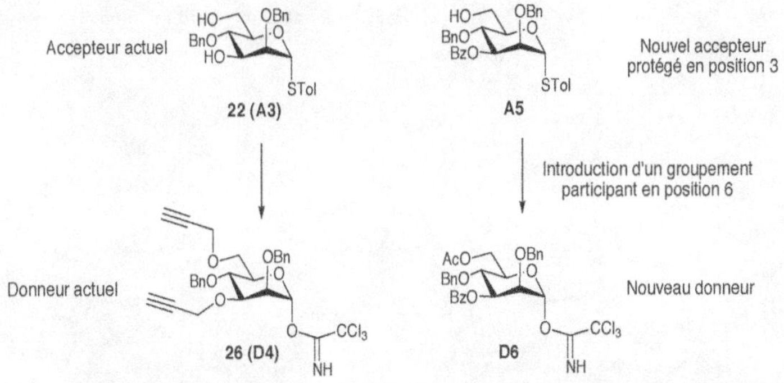

Schéma 43 : Changements à apporter sur les monosaccharides.

Par ailleurs, pour les mêmes raisons que pour les composés **A3** et **D4**, il est possible que le donneur **D5** ne soit plus correctement fonctionnalisé pour l'obtention du trisaccharide. En effet, l'absence sur sa structure de groupements protecteurs capables d'orienter la stéréochimie de la réaction pourrait conduire lors de la glycosylation à la formation des deux anomères α et β (***Schéma 44***). Une autre voie de synthèse permettant l'obtention d'un nouveau donneur **D5** n'a cependant pas été élaborée à ce stade de nos travaux.

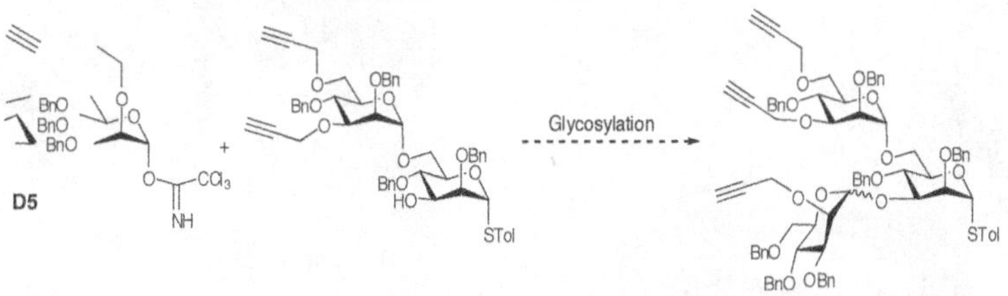

Schéma 44 : Rappel de la réaction de glycosylation permettant l'obtention du trisaccharide.

La synthèse qui vient d'être présentée, permettait d'accéder aux deux pseudo-oligosaccharides et valorisait tous les produits obtenus au cours de celle-ci. Elle doit cependant être améliorée afin de prendre en compte toutes les modifications nécessaires à la finalisation de ce projet.

C. Synthèse des pseudo-oligomannosides selon la voie 3.

C.1. Analyse rétrosynthétique.

Suite aux difficultés rencontrées au cours des deux précédentes stratégies, nous avons prioritairement axé nos travaux sur la synthèse du pseudo-Man_8, molécule moins complexe que le pseudo-Man_9. La stratégie de synthèse ainsi revisitée est présentée sur le schéma rétrosynthétique suivant (***Schéma 45***).

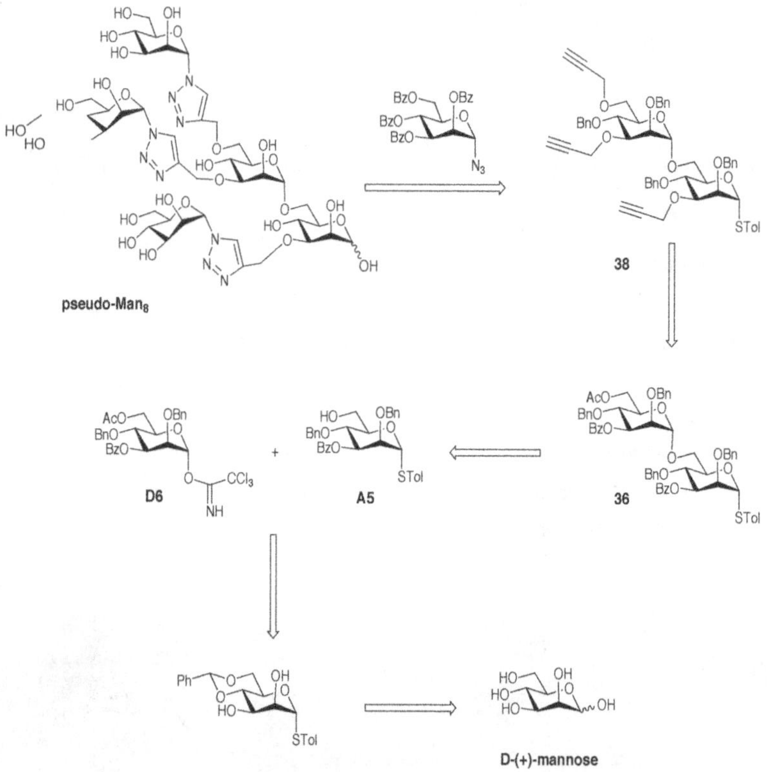

Schéma 45 : Schéma rétrosynthétique de la stratégie faisant intervenir un monobenzylidène.

Le schéma rétrosynthétique du pseudo-Man_8 est similaire à ceux proposés précédemment. Le disaccharide tripropargylé **38** est obtenu après déprotection sélective des benzoates et de l'acétate portés par le disaccharide **36** résultant lui-même de la réaction de glycosylation entre le donneur **D6** et l'accepteur **A5**. Ces derniers sont issus de l'ouverture du monobenzylidène dérivé du D-(+)-mannose commercial. Contrairement à la stratégie précédente, les groupements propargyles ne seront donc introduits qu'après la réaction de glycosylation.

Comme cela a été précisé dans le paragraphe **B.2.2**, l'ouverture du dibenzylidène **21-*endo***, n'avait pas permis l'obtention de l'accepteur **A3** parfaitement pur. C'est pour cette raison que l'obtention de l'accepteur **A5** a été envisagée *via* la formation d'un monobenzylidène et non plus d'un dibenzylidène.

C.2. Présentation et synthèses de l'accepteur et du donneur.

C.2.1. Présentation des monosaccharides choisis.

La figure ci-dessous rappelle la structure de l'accepteur **A5** et du donneur **D6** choisis pour la synthèse du pseudo-Man$_8$ (***Figure 33***).

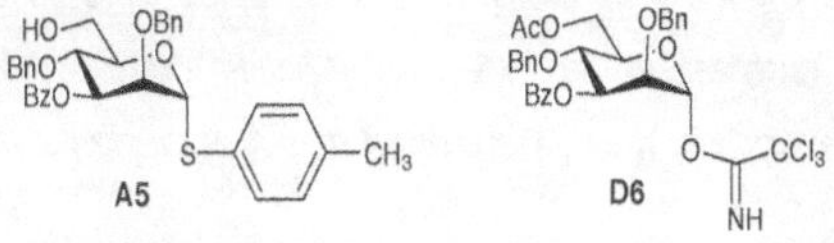

Figure 33 : Structure de l'accepteur **A5** et du donneur **D6**.

Le composé **A5** présente deux groupements benzyles en position 2 et 4 et un groupement benzoyle en position 3. L'hydroxyle primaire libre rendra possible une réaction de glycosylation avec le donneur **D6** orthogonalement protégé, activé sous la forme d'un trichloroacétimidate.

C.2.2. Synthèse de l'accepteur A5.

La synthèse de l'accepteur **A5** se déroule en 4 étapes à partir du thioglycoside **20** (***Schéma 46***).

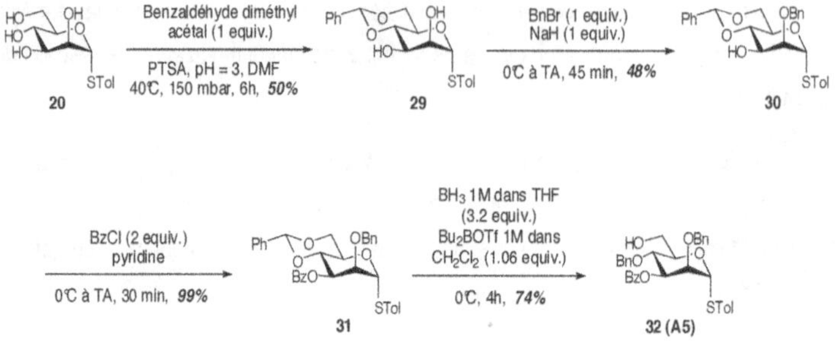

Schéma 46 : Synthèse de l'accepteur **A5**.

La première étape consiste à protéger les positions 4 et 6 du sucre afin de disposer des positions 2 et 3 libres. En présence de benzaldéhyde diméthyl acétal et d'acide *p*-toluènesulfonique dans le DMF, un groupement benzylidène est ainsi introduit régiosélectivement sur le composé **20**. La régiosélectivité est ici favorisée par la formation d'un cycle à 6 atomes et le 4,6-*O*-benzylidène-1-thio-α-D-mannopyranoside de *p*-méthylphényle **29** est obtenu avec un rendement de 50% en accord avec la littérature.[93]

La seconde étape est la protection de la position 2 par un groupement benzyle. De la même manière que précédemment, le composé **29** est traité par 1 équivalent de NaH et 1 équivalent de bromure de benzyle dans le DMF à 0°C. La réaction fournit après 45 min un mélange de 4 composés. Le 2-*O*-benzyl-4,6-*O*-benzylidène-1-thio-α-D-mannopyranoside de *p*-méthylphényle **30** est le produit majoritaire obtenu avec un rendement de 48%. Le produit monobenzylé en position 3 et le produit dibenzylé sont quant à eux obtenus avec des rendements respectifs de 7 et 8% (***Figure 34***). Enfin, le quatrième composé isolé est le produit de départ **29** qui n'a pas réagi à hauteur de **18%** et qui peut être réengagé dans les mêmes conditions.

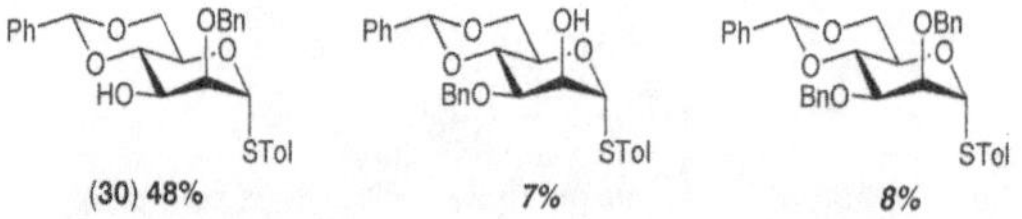

Figure 34 : Produits obtenus lors de la benzylation de la position 2.

La figure ci-dessous (***Figure 35***) présente un agrandissement de la carte HMBC du composé **30** et donne plusieurs informations permettant de confirmer la position du benzyle sur la molécule. Le spectre met en évidence des tâches de corrélation entre l'atome de carbone C-2 du monosaccharide et les protons CH_2 du groupement benzyle. Réciproquement, nous pouvons également observer la corrélation entre le CH_2 du benzyle et le proton H-2 du sucre (cercles noirs sur la ***Figure 35***).

L'absence de tâche de corrélation (cercle rouge sur la ***Figure 35***) entre l'atome de carbone C-3 du monosaccharide et les protons du groupement protecteur apporte une preuve supplémentaire quant à la régiosélectivité de la réaction.

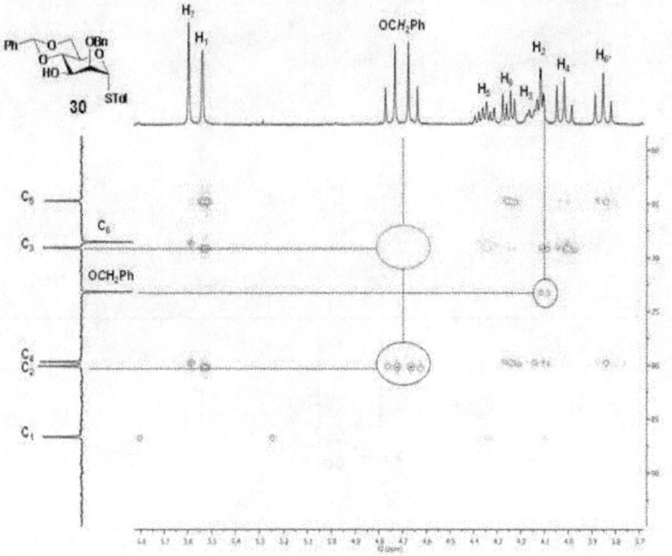

Figure 35 : Agrandissement de la carte HMBC du composé **30.**

Comme nous l'avons mentionné auparavant, afin d'améliorer la régiosélectivité de la réaction de glycosylation, la position 3 de l'accepteur doit être protégée, de préférence par un groupement orthogonal aux benzyles. Pour ce faire, le composé **30** est mis en présence de chlorure de benzoyle dans la pyridine. La réaction fournit facilement le 3-*O*-benzoyl-2-*O*-benzyl-4,6-*O*-benzylidène-1-thio-α-D-mannopyranoside de *p*-méthylphényle **31** avec un rendement de 99%.

La dernière étape permet l'obtention de l'accepteur **A5** par ouverture régiosélective du benzylidène en 4,6. Pour cela, le composé **31** est traité par une solution à 1M de BH_3 dans le THF en présence d'une solution à 1M de Bu_2BOTf dans le dichlorométhane à 0℃. Après 4 heures, l'accepteur **A5** (**32**) est obtenu avec un rendement de 74%.

L'obtention du composé **A5** benzylé en position 4 a été confirmée par RMN. Un agrandissement du spectre DEPT 135 de l'accepteur **A5** est représenté ci-dessous (***Figure 36***). Celui-ci confirme la présence de deux groupements benzyles et montre aussi que le déplacement chimique du carbone C-6 avoisinant les 62 ppm, correspond à celui d'une position primaire restée libre.

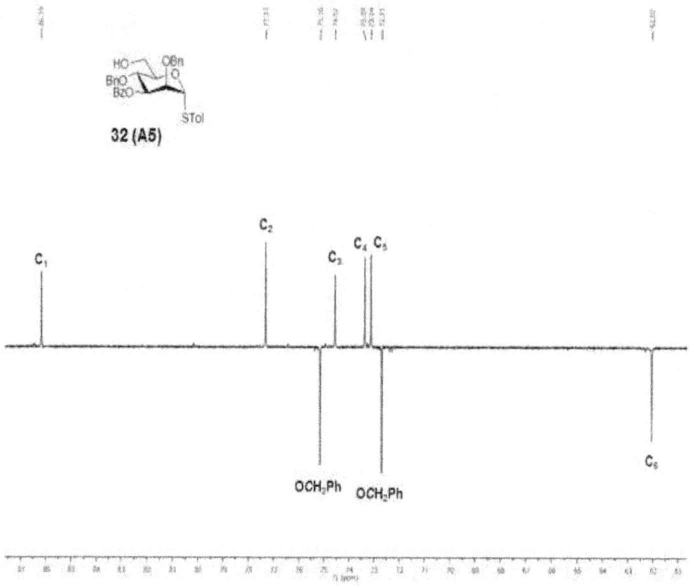

Figure 36 : Agrandissement du spectre DEPT 135 de l'accepteur **A5.**

La carte HMBC de l'accepteur **A5**, dont un agrandissement est représenté sur la figure suivante (***Figure 37***), confirme que l'ouverture régiosélective a permis l'obtention d'un dérivé benzylé en position 4 et non en position 6. En effet, nous pouvons observer sur le spectre la présence de tâches de corrélation entre l'atome de carbone C-4 du monosaccharide et les protons du CH_2 d'un groupement benzyle (cercle noir sur la ***Figure 37***). L'absence de tâches de corrélation entre ces derniers et le carbone C-6 de l'accepteur **A5** complète les informations permettant de conclure quant à la bonne régiosélectivité de la réaction (cercle rouge sur la ***Figure 37***).

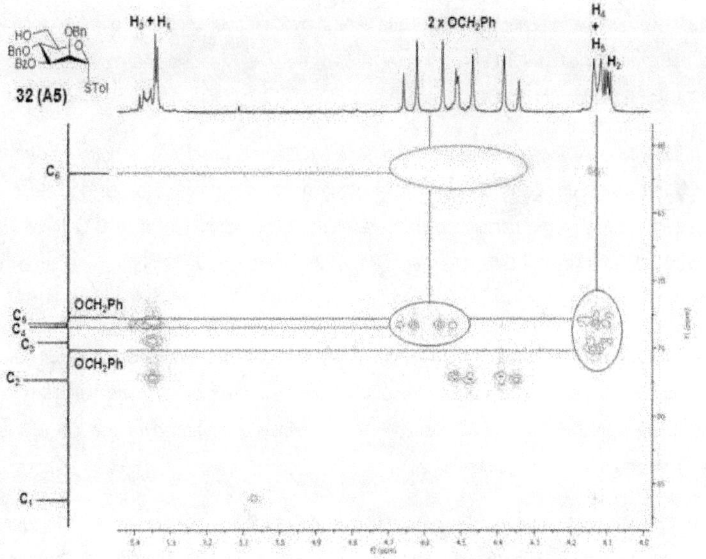

Figure 37: Agrandissement de la carte HMBC de l'accepteur **A5**.

C.2.3. Synthèse du donneur D6.

Le donneur **D6** est obtenu en 3 étapes à partir de **A5**. Après introduction d'un groupement participant en position primaire, le groupement thiocrésol est converti en trichloroacétimidate (***Schéma 47***).

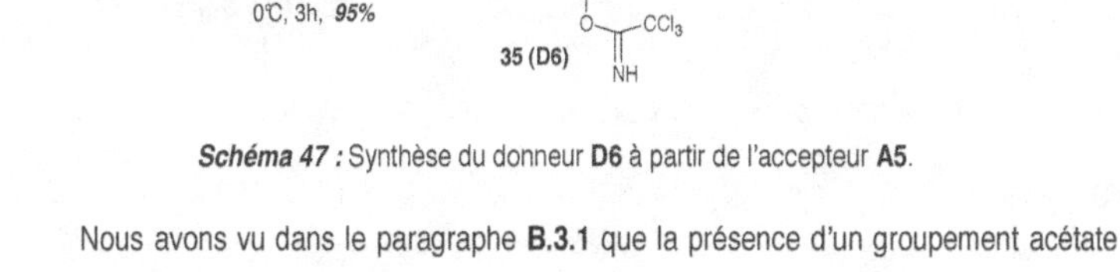

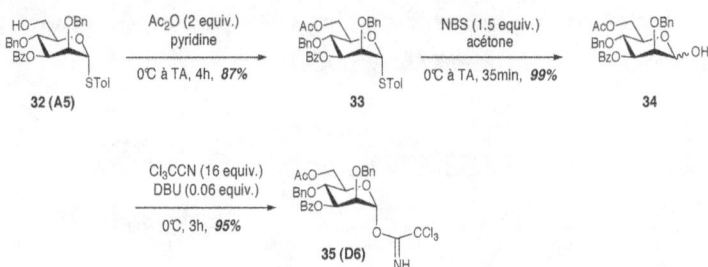

Schéma 47 : Synthèse du donneur **D6** à partir de l'accepteur **A5**.

Nous avons vu dans le paragraphe **B.3.1** que la présence d'un groupement acétate en position primaire sur un dérivé du mannose permettait une totale stéréospécificité de la réaction de glycosylation en faveur de l'anomère α. Le composé **A5** est donc traité classiquement par de l'anhydride acétique dans la pyridine pour conduire au le 6-*O*-acétyl-3-*O*-benzoyl-2-*O*-benzyl-4,6-*O*-benzylidène-1-thio-α-D-mannopyranoside de *p*-méthylphényle **33** avec un rendement de 87%.

La suite de la synthèse consiste à convertir le groupement thiocrésol de notre substrat en trichloroacétimidate. Dans un premier temps, le groupement thiocrésol est déprotégé en présence de *N*-bromosuccinimide dans l'acétone. La réaction fournit le 6-*O*-acétyl-3-*O*-benzoyl-2,4-di-*O*-benzyl-D-mannopyranose **34** en mélange d'anomères α/β avec un rendement de 99%.

Le groupement trichloroacétimidate est par la suite introduit en traitant le composé **34** par du trichloroacétonitrile en présence de DBU dans le dichlorométhane anhydre. Le trichloroacétimido-6-*O*-acétyl-3-*O*-benzoyl-2,4-di-*O*-benzyl-α-D-mannopyranose **D6** (**35**) est ainsi obtenu avec un rendement de 95%.

Nous pouvons remarquer que les rendements sont ici supérieurs à ceux observés lorsque le substrat porte des groupements propargyles. Cependant nous ne sommes pas en mesure pour le moment d'expliquer cette différence de réactivité.

C.3. Synthèse du pseudo-Man$_8$.

C.3.1. Synthèse du disaccharide Man-α-1,6-Man.

La réaction de glycosylation entre l'accepteur **A5** et le donneur **D6** est réalisée à -80℃ en présence d'une quantité catalytique de TMS OTf dans le dichlorométhane anhydre. La réaction est totalement stéréosélective et fournit le disaccharide **36** de configuration α avec un rendement de 87% (***Schéma 48***).

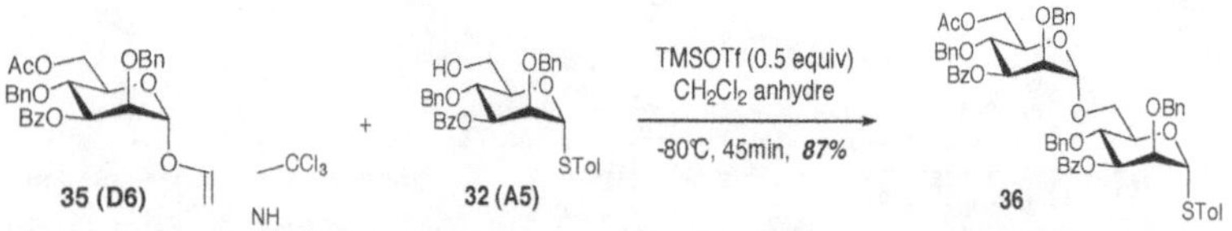

Schéma 48 : Réaction de glycosylation entre l'accepteur **A5** et le donneur **D6**.

La déprotection des groupements esters sur le disaccharide **36** permet l'obtention d'un triol sur lequel seront par la suite introduits les groupements propargyles. La méthanolyse de l'acétate situé en position primaire et des benzoates situés en position 3 et

3' est ainsi réalisée dans les conditions de Zemplén par traitement du composé **36** par une solution de méthanolate de sodium à 1M dans le méthanol. Le suivi de la réaction a été possible par spectrométrie de masse et après une nuit, le disaccharide **37** présentant 3 hydroxyles libres en position 3, 3' et 6' est obtenu avec un rendement de 82% (***Schéma 49***).

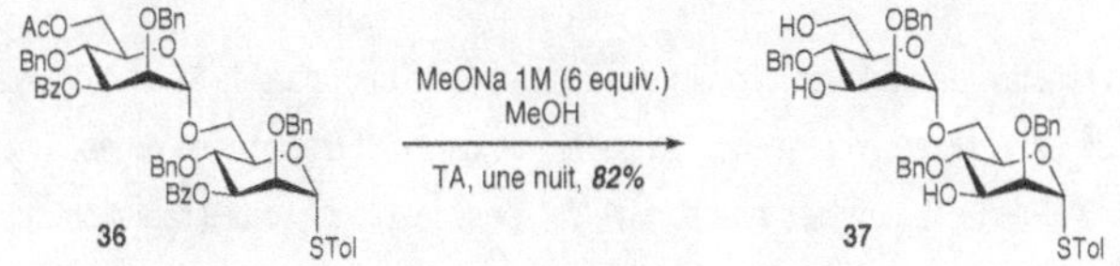

Schéma 49 : Déprotection sélective des esters du disaccharide **37.**

Afin de réaliser une triple réaction de cycloaddition catalysée par le cuivre, il reste à introduire les éthers de propargyles sur le disaccharide triol **37**. Ce dernier est donc mis en présence de bromure de propargyle et de NaH dans le DMF à 0℃. Après deux heures, la réaction conduit au disaccharide tripropargylé **38**, précurseur du pseudo-Man_8, avec un rendement de 96% (***Schéma 50***).

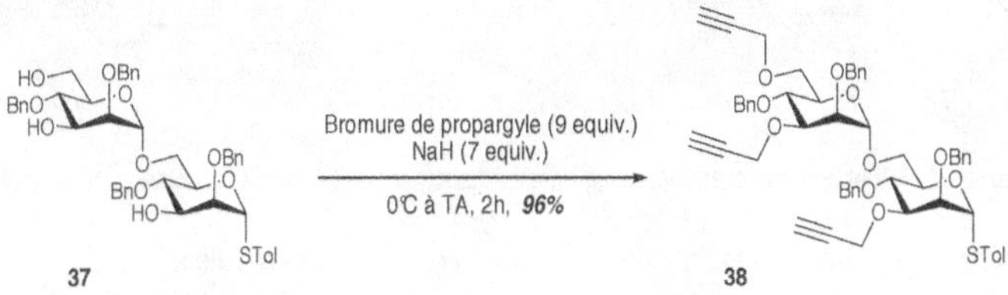

Schéma 50 : Introduction des alcynes terminaux *via* des groupements propargyles.

C.3.1.Obtention du pseudo-Man_8.

Disposant à présent d'un disaccharide possédant 3 alcynes terminaux, il est nécessaire pour achever la synthèse du pseudo-Man_8 de préparer le dérivé azidé qui sera par la suite « cliqué » sur le composé **38**. Celui-ci est obtenu à partir du mannose perbenzoylé **7** qui, mis en présence de tétrachlorure d'étain puis d'azoture de triméthylsilyle dans le dichlorométhane fournit après recristallisation dans l'éthanol l'azoture de 2,3,4,6-tétra-*O*-benzoyl-α-D-mannopyranosyle **39** avec un rendement de 75% (***Schéma 51***).

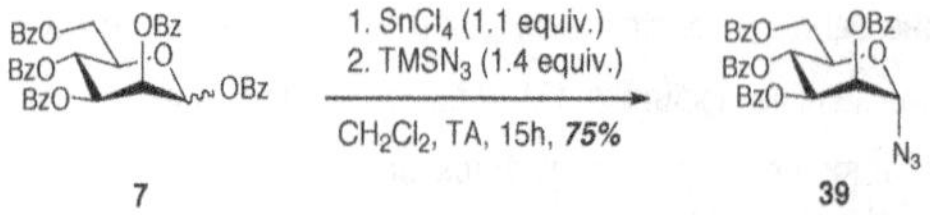

Schéma 51 : Préparation du dérivé azidé.

La réaction de cycloaddition entre le disaccharide tripropargylé **38** et 4 équivalents de l'azoture **39** est réalisée en présence de sulfate de cuivre et d'ascorbate de sodium dans un mélange DMF/H_2O. Le milieu réactionnel est ensuite placé sous irradiation micro-onde pendant 30 minutes à 100℃. La réaction fournit apr ès traitement et chromatographie rapide le pseudo-Man_8 **40** avec un rendement de 80% (***Schéma 52***).

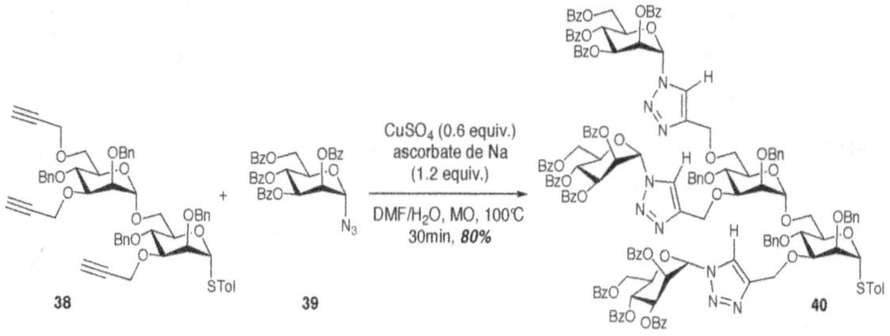

Schéma 52 : Obtention du pseudo-Man_8 par cycloaddition entre les alcynes terminaux et un azoture.

La même réaction a également été réalisée en plaçant le milieu réactionnel sous chauffage thermique classique. Après 3 heures à 100℃, le com posé **40** est obtenu avec un rendement légèrement inférieur de 71%. Le chauffage sous irradiation micro-onde n'augmente donc pas significativement le rendement de la réaction mais présente l'avantage de diminuer de manière non négligeable le temps de chauffage (***Tableau 3***).

Chauffage	**Température**	**Temps**	**Rendements**
Micro-onde	100℃	30min	***80%***
Thermique	100℃	3h	***71%***

Tableau 3 : Comparaison entre chauffage thermique et micro-onde.

La formation des groupements triazoles a été confirmée par RMN. Le spectre ^1H du pseudo-Man_8 réalisé sur un spectromètre 600 MHz est représenté sur la figure ci-dessous

(*Figure 38*). Un agrandissement de la zone des aromatiques permet de mettre en évidence la présence de 3 singulets à 7.66, 7.59 et 7.57 ppm, correspondants aux 3 protons des groupements triazoles (points verts sur la *Figure 38*).

La formation des hétérocycles est également confirmée par la présence sur le spectre ^{13}C du composé **40** de deux séries de trois pics (*Figure 39*). Trois d'entre eux sont caractéristiques et correspondent aux trois *C*H des triazoles, ils sont visibles sur le spectre à 123.50, 123.41 et 123.33 ppm (cercle bleu sur la *Figure 39*). Par ailleurs, les carbones quaternaires des groupements triazoles sont également facilement identifiables à 146.54, 146.35 et 145.95 ppm (cercle rouge sur la *Figure 39*). De plus, les valeurs des Δ (δ_{C4}-δ_{C5}) pour les trois triazoles sont comprises entre 22 et 23 ppm ce qui confirme que ce sont les régioisomères 1,4-disubstitués qui sont obtenus. Les valeurs de Δ (δ_{C4}-δ_{C5}) étant nettement plus faibles pour les régioisomères 1,5-disubstitués.[62]

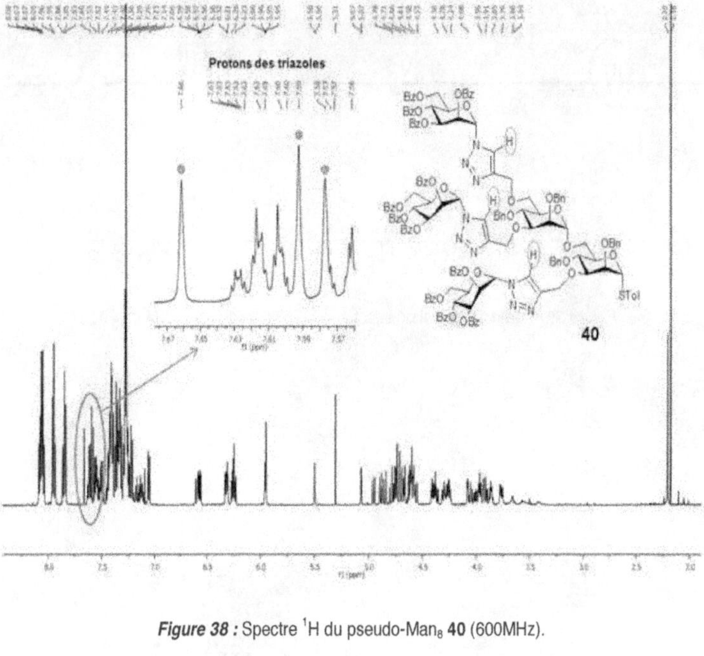

Figure 38 : Spectre ^{1}H du pseudo-Man_8 **40** (600MHz).

Le composé **40** a également fait l'objet d'une étude par spectrométrie de masse haute résolution. L'étude des spectres ESI haute résolution permet la comparaison entre les amas isotopiques théoriques et expérimentaux de l'ion moléculaire. La présence et l'intensité des signaux de l'ensemble de l'amas sont directement liées à la composition élémentaire du produit. Le spectre de masse représenté sur la ***Figure 40*** laisse ici apparaître les ions moléculaires mono et dichargé du pseudo-Man$_8$. La ***Figure 41*** permet quant à elle d'apprécier la similitude entre l'amas isotopique théorique et l'amas isotopique expérimental du composé **40**.

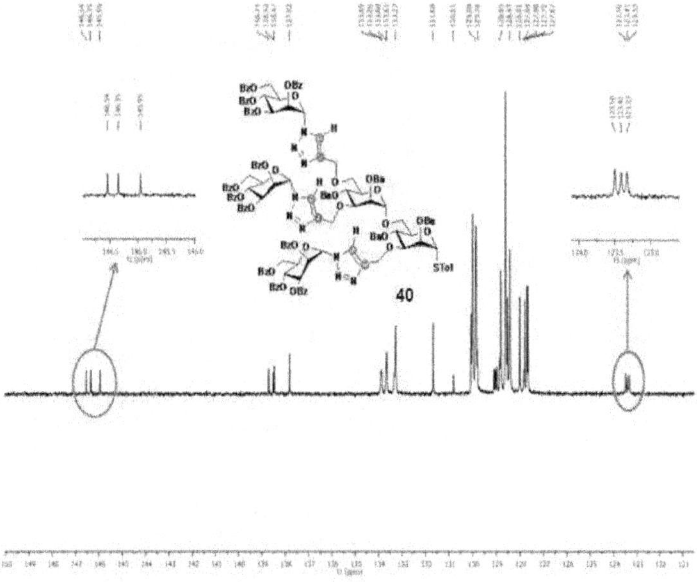

Figure 39 : Agrandissement du spectre ^{13}C (75 MHz) du pseudo-Man$_8$ **40.**

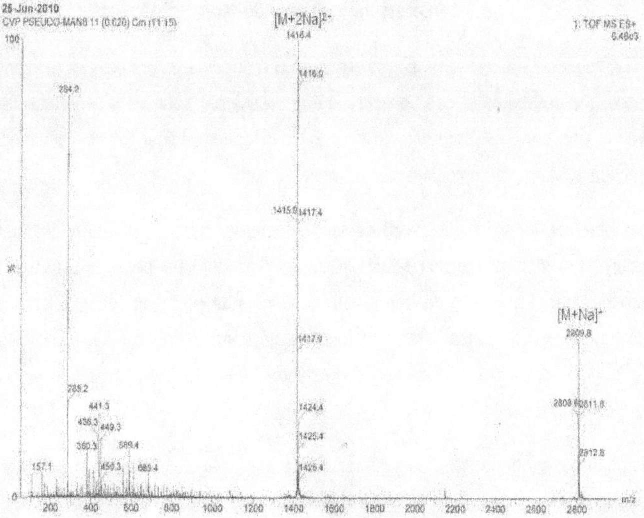

Figure 40 : Spectre ESI haute résolution du composé **40**. (*Q-Tof Micromass WATERS, ES+, Amiens)*

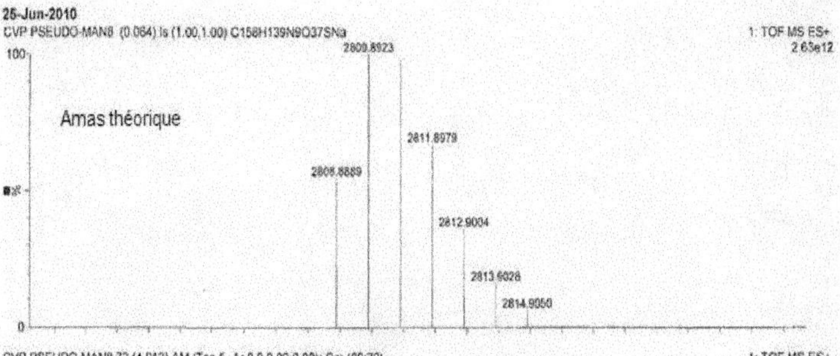

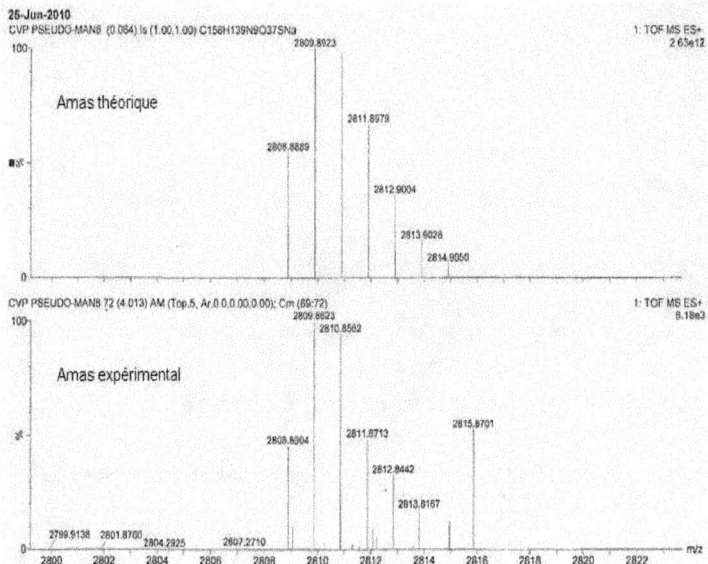

Figure 41 : Comparaison entre les amas isotopiques théoriques et expérimentaux de l'adduit sodium du composé **40** en spectrométrie de masse ESI. (*Q-Tof Micromass WATERS, ES+, Amiens)*

C.3.2.Déprotection du pseudo-Man_8.

Le pseudo-Man_8 présente sur sa structure 3 groupements protecteurs différents, un thiocrésol, des benzoyles et des benzyles, qui nécessiteront pour leurs déprotections trois conditions réactionnelles différentes. Il nous faut donc décider quelle séquence de déprotection adopter pour obtenir le pseudo-Man_8 libre.

Les méthodes de débenzylation classiquement rencontrées dans la littérature font intervenir des catalyseurs lors de réaction d'hydrogénation. Ces derniers peuvent cependant être empoisonnés par la présence dans le milieu réactionnel de soufre et devenir alors inactifs. Pour la future déprotection des quatre groupements benzyles du pseudo-Man_8 il semble donc préférable de débuter la séquence de déprotection par la libération de la position anomère du groupement thiocrésol.

Le composé **40** est donc dans un premier temps traité par du *N*-bromosuccinimide dans l'acétone et la réaction fournit le composé **41** avec un rendement de 77% (***Schéma 53***).

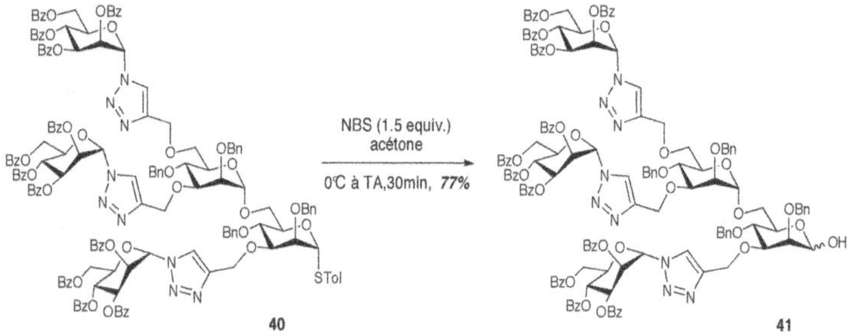

40 41

Schéma 53 : Libération de la position anomère du pseudo-Man_8.

Nous avons poursuivi la séquence de déprotection par la méthanolyse des groupements benzoyles. Pour cela, le composé **41** a été mis en présence d'une solution de méthanolate de sodium à 1M dans le MeOH et le suivi par spectrométrie de masse indique que la réaction est terminée après 4h. A ce stade de la séquence de déprotection, le composé **42** n'a pas été isolé mais directement engagé dans l'étape de débenzylation (***Schéma 54***).

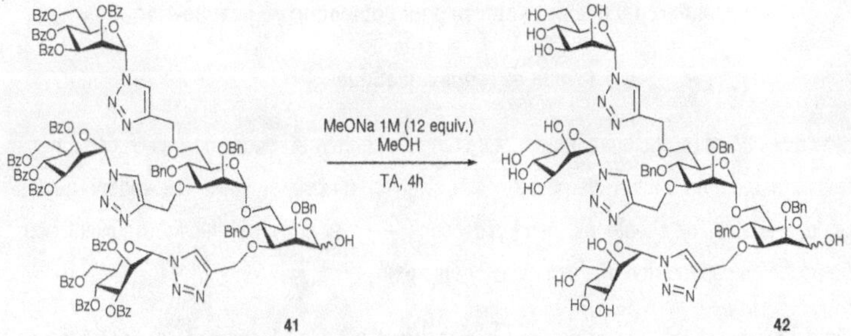

41 **42**

Schéma 54 : Méthanolyse des benzoyles du pseudo-Man_8.

Les méthodes classiques d'hydrogénation qui ont été appliqué pour la déprotection des groupements benzyles du pseudo-Man_8 se sont avérées infructueuses. Dans la littérature, ces difficultés sont également rapportées par plusieurs équipes lorsque qu'il s'agit de retirer les groupements benzyles de leurs glycoconjugués triazoles.[94,95]

Pour y parvenir, nous nous sommes alors intéressés à la méthode utilisée en 2004 par Gin et coll.[69] Les auteurs décrivent dans leurs travaux la déprotection quasi quantitative de 18 groupements benzyles portés par une pseudo-cyclodextrine *via* l'utilisation de formiate d'ammonium et de palladium sur charbon dans un mélange THF/MeOH/H_2O à 50℃.

Ces conditions réactionnelles appliquées au composé **42** ont permis l'obtention du pseudo-Man_8 libre **43** après 24h. Après filtration sur célite et purification par HPLC, le produit final **43** est obtenu avec un rendement très faible sur les deux dernières étapes de 10% (***Schéma 55***).

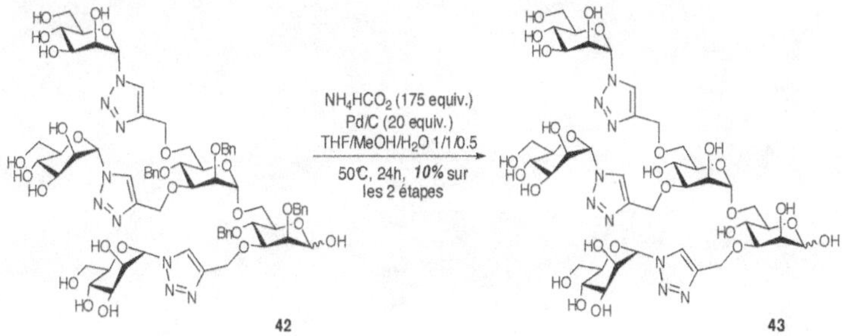

42 **43**

Schéma 55 : Déprotection des benzyles par transfert d'hydrogène avec le formiate d'ammonium.

La séquence de déprotection, et plus particulièrement l'étape de débenzylation, reste donc à optimiser.

C.4. Perspective de synthèse pour l'obtention du pseudo-Man_9.

C.4.1. Analyse rétrosynthétique

Suite aux obstacles auxquels nous nous sommes heurtés au cours de ces travaux, nous n'avons pas été en mesure de poursuivre la synthèse du pseudo-Man_9. Cependant, guidés par les résultats déjà obtenus, nous proposons le schéma rétrosynthétique suivant pour l'obtention du pseudo-nonamannoside (***Schéma 56***).

Afin de minimiser les étapes de déprotection sur le pseudo-oligosaccharide final, il paraît judicieux de réaliser la réaction de cycloaddition avec un dérivé azidé libre plutôt qu'avec un dérivé perbenzoylé. En effet, cela permettrait d'éviter la contamination du produit final par le benzoate de méthyle qui est libéré lors de la déprotection des groupements benzoyles.

La clé de ce travail réside toujours dans la préparation d'un trisaccharide tripropargylé. Toutefois, contrairement aux stratégies de synthèse précédemment exposées (*cf.* ***Schéma 18***, ***Schéma 32***), l'obtention du trisaccharide est envisagée par réaction de glycosylation entre un disaccharide $\alpha(1,3)$, et non plus $\alpha(1,6)$, et le donneur **D6**. Le composé **30**, intermédiaire préparé pour la synthèse du pseudo-Man_8, pourrait quant à lui être utilisé comme accepteur dans une première réaction de glycosylation avec un nouveau donneur (**D7**) qui donnerait accès au disaccharide $\alpha(1,3)$.

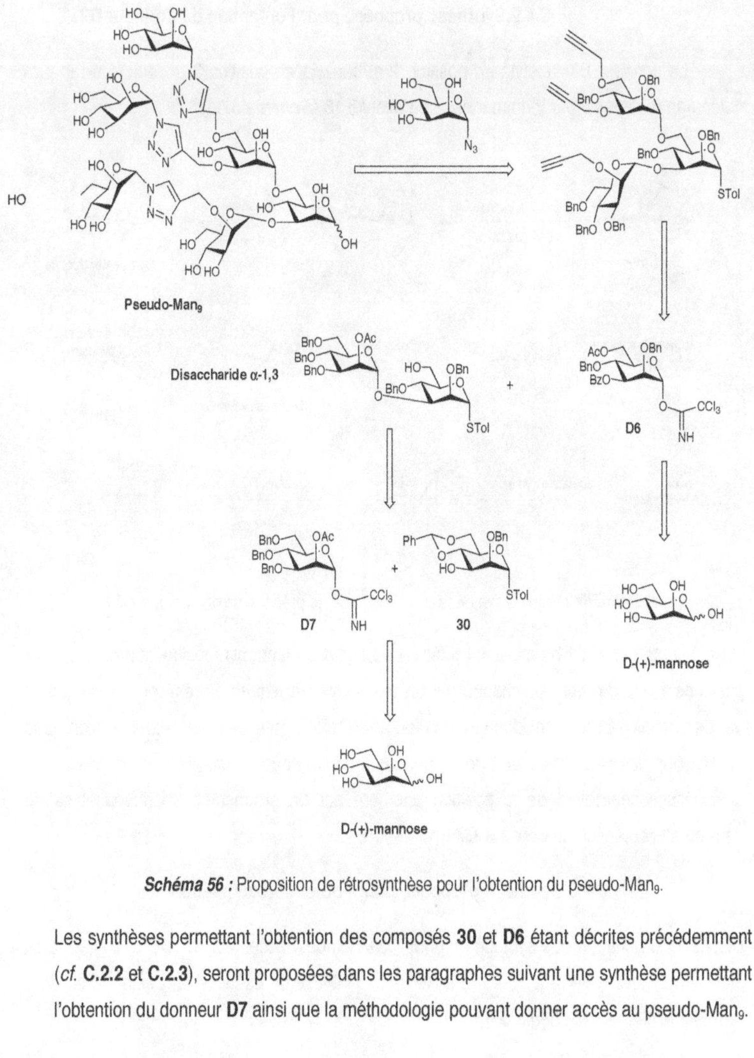

Schéma 56 : Proposition de rétrosynthèse pour l'obtention du pseudo-Man_9.

Les synthèses permettant l'obtention des composés **30** et **D6** étant décrites précédemment (*cf.* **C.2.2** et **C.2.3**), seront proposées dans les paragraphes suivant une synthèse permettant l'obtention du donneur **D7** ainsi que la méthodologie pouvant donner accès au pseudo-Man_9.

C.4.2. Synthèse proposée pour l'obtention du donneur D7.

Le donneur **D7**, acétylé en position 2 et benzylé en position 3, 4 et 6, pourrait être obtenu en 6 étapes à partir du mannose peracétylé **18** (***Schéma 57***).[96,97,98]

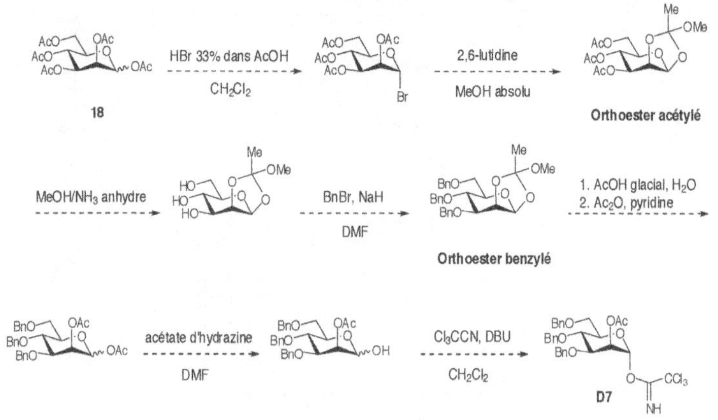

Schéma 57 : Voie de synthèse envisagée pour la préparation du donneur **D7**.

Suite à l'obtention du 1-bromo-2,3,4,6-tétra-*O*-acétyl-α-D-mannopyranoside, la protection des positions 1 et 2 du monosaccharide par un orthoester permettrait de réaliser une séquence de déprotection-protection donnant accès à un orthoester benzylé. La libération puis l'acétylation des positions 1 et 2 de ce dernier conduirait par la suite à un intermédiaire qui après fonctionnalisation de la position anomère par un groupement trichloroacétimidate permettrait l'obtention du donneur **D7**.

C.4.3. Synthèse proposée pour l'obtention du pseudo-Man$_9$.

Disposant de chacun des synthons monosaccharidiques (accepteur **30**, **D6** et **D7**), il serait alors envisageable de procéder à la suite de la synthèse du pseudo-Man$_9$ selon le schéma représenté ci-après (***Schéma 58***).

Une première étape de glycosylation entre le donneur **D7** et l'accepteur **30** conduirait à un disaccharide α-(1,3) qui après ouverture régiosélective de son groupement benzylidène donnerait un disaccharide accepteur libre en position 6. Après une seconde réaction de glycosylation de ce dernier avec le donneur **D6**, le trisaccharide présentant le cœur α-(1,3)-α-(1,6) pourrait alors être obtenu. S'en suivrait une étape de déprotection sélective des esters afin d'accéder à un triol sur lequel seraient par la suite introduits les groupements propargyles. Enfin, il resterait à réaliser la réaction de cycloaddition 1,3-dipolaire catalysée par le cuivre entre le trisaccharide tripropargylé et un dérivé azidé puis à déprotéger la molécule pour obtenir le pseudo-Man$_9$ sous sa forme libre.

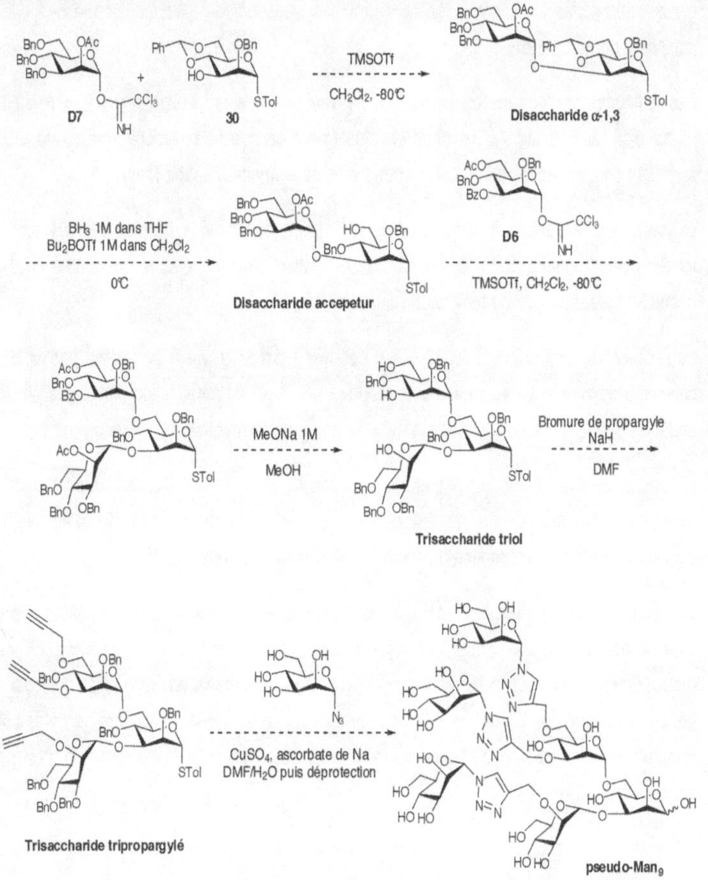

Schéma 58 : Une des synthèses envisagée pour l'obtention du pseudo-Man$_9$.

Conclusion

L'objectif de ce travail était de réaliser la synthèse de deux nouvelles glycostructures. Nous souhaitions parvenir à l'obtention de ces dernières *via* l'utilisation de la réaction de glycosylation classique combinée à l'attractive réaction de cycloaddition 1,3-dipolaire catalysée par le Cuivre.

Les difficultés rencontrées au cours de ces travaux nous ont obligé à revoir à plusieurs reprises la méthodologie mais nous ont finalement conduites à élaborer une stratégie de synthèse donnant accès au pseudo-octamannoside souhaité (pseudo-Man_8).

Grâce à la préparation en quelques étapes de monosaccharides simples et correctement fonctionnalisés, nous sommes parvenus à réaliser en 17 étapes la synthèse d'un pseudo-oligosaccharide de type haut-mannose.

La réaction de cycloaddition 1,3-dipolaire catalysée par le cuivre a permis de passer d'un disaccharide simple à une molécule présentant un degré de ramification plus élevé en une seule étape et sans avoir recours à la mise au point de multiples réactions de glycosylation.

Au cours de la synthèse du pseudo-Man_8 selon la ***voie 3***, de bons rendements pour la majeure partie des étapes ont été observés. L'étape de benzylation régiosélective en position 2 permettant l'obtention du composé **30** resterait toutefois à optimiser.

La séquence de déprotection s'est avérée particulièrement difficile à réaliser. Même si la déprotection du groupement thiocrésol n'a pas posé de difficultés, la déprotection des groupements benzoates a quant à elle provoqué la contamination du produit final par le benzoate de méthyle libéré lors de cette dernière. De plus, les groupements benzyles sont apparus très résistants et à l'heure actuelle, cette étape délicate de déprotection n'est pas encore optimisée.

La synthèse du pseudo-Man_9 n'a malheureusement pas pu être achevée. Cependant, guidé par les difficultés de parcours et les derniers résultats encourageants, nous proposons une nouvelle voie de synthèse pour l'obtention de cette molécule attractive. Les synthèses de deux des trois synthons monosaccharidiques (accepteur **30** et donneur **D6**) nécessaires à l'aboutissement de ce projet sont d'ores et déjà mises au point. La synthèse d'un second donneur (**D7**) resterait donc à réaliser. Enfin, la faisabilité de la séquence de glycosylation et cycloaddition serait également à confirmer.

Il serait désormais intéressant d'évaluer dans un premier temps l'affinité du pseudo-Man_8 avec la concanavaline A, lectine spécifique des mannoses, et d'établir ensuite une comparaison avec l'affinité que présenterait un octamannoside naturel avec cette même lectine (***Figure 42***). Nous pourrions alors déterminer si le remplacement de plusieurs unités mannosidiques, au cœur de la molécule, par des groupements triazoles perturbe ou non le phénomène de reconnaissance du sucre par la lectine.

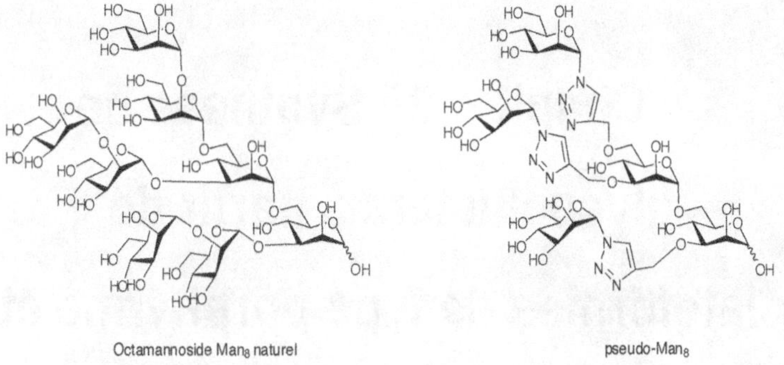

Figure 42 : Représentation d'un Man_8 naturel et de son homologue triazole.

Chapitre 2 : Synthèse de glycoclusters à partir de plateformes de type porphyrine et calixarène

Introduction

Les interactions sucre-protéine jouent un rôle crucial dans de nombreux processus biologiques et pathologiques tels que la réponse immunitaire, l'inflammation, l'apoptose, la migration des cellules, la métastase de tumeurs ou bien encore les infections virales et bactériennes.[9,99] Cependant, la plupart des ligands saccharidiques monovalents présentent pour leurs récepteurs de faibles affinités dont les constantes d'association (K_a) se situent typiquement dans la gamme du millimolaire.[100] Ce phénomène peut toutefois être compensé : en effet, dans la nature, une augmentation de l'affinité est observée quand la multi-présentation de ligands saccharidiques conduit à la formation simultanée de plusieurs complexes sucre-protéine. Ce phénomène est rapporté pour la première fois par Lee et coll. qui introduisent le concept d'« *effet cluster* ».[23,101]

L'identification de ce phénomène complexe a dès lors contribué à l'élaboration d'architectures multivalentes dont certaines d'entre elles sont nommées glycoclusters. Ces derniers s'articulent classiquement autour d'un cœur multi-fonctionnalisable sur lequel est greffé plusieurs fois le même motif saccharidique. Les cœurs peuvent être d'origines différentes. Parmi les plus rencontrés dans la littérature, nous retrouvons des mono[102,103] ou oligosaccharides[99], des cyclodextrines[100,104,105], des porphyrines[106,107,108,109] ou encore des calixarènes[110,111].

Ainsi, dans le cadre d'une collaboration avec le Dr. Sébastien Vidal, Chargé de Recherche à l'Institut de Chimie et Biochimie Moléculaire et Supramoléculaire (ICBMS) de l'Université de Lyon 1 (UMR 5246), nous avons développé la synthèse de glycoclusters présentant des cœurs de type porphyrine ou calixarène sur lesquels a été couplé un motif oligosaccharidique par réaction de cycloaddition catalysée par le cuivre.

Au cours de ce projet, *via* un bras espaceur de longueur variable, le trimannoside α(1,3),α(1,6) précédemment synthétisé au Laboratoire des Glucides[6] a été couplé par réaction de click chemistry aux cœurs multivalents fournis par le Dr. Sébastien Vidal et ses collaborateurs (***Schéma 59***).[112]

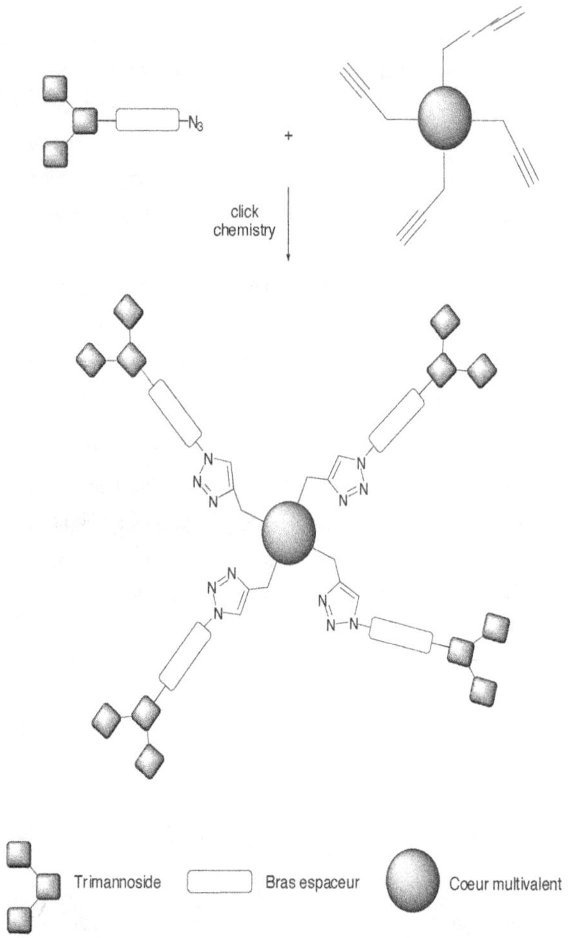

Schéma 59 : Représentation schématique du couplage entre le trimannoside et un cœur multivalent.

Après un rappel bibliographique concernant la synthèse de glycoclusters nous rappellerons les résultats obtenus au Laboratoire des Glucides avec le trimannoside α(1,3),α(1,6), motif oligosaccharidique retrouvé dans les *N*-glycanes. Nous décrirons et discuterons ensuite du travail de synthèse effectué au cours de ce projet.

I.Rappels bibliographiques.

A.Synthèse de glycoclusters par cycloaddition 1,3-dipolaire catalysée par le cuivre.

Il a été mentionné dans le paragraphe **I.B.2** du chapitre 1, que la réaction de cycloaddition 1,3-dipolaire catalysée par le cuivre s'illustrait dans la chimie des sucres et dans la synthèse de pseudo-oligosaccharides. Cette réaction, régiosélective et facile à mettre en œuvre, présente l'avantage de fournir avec de bons rendements les produits de couplage souhaités. Cette dernière spécificité la rend donc attractive pour la synthèse de glycoclusters. En effet, pour obtenir ce type de structures multivalentes, il faut que le rendement de chaque réaction de couplage soit suffisamment élevé afin que le rendement final de la réaction ne soit pas trop affecté.

Au travers d'exemples issus de la littérature seront exposées dans cette partie les synthèses de glycoclusters présentant des cœurs de type saccharidique, porphyrine et calixarène.

A.1.A partir d'un cœur saccharidique.

En 2007, Santoyo-Gonzalez et coll.[103] décrivent la synthèse par click chemistry de nouveaux glycoconjugués. L'objectif des auteurs est d'obtenir de nouveaux analogues du LPS (lipopolysaccharide), constituant majoritaire de la membrane extérieure de bactéries à Gram négatif. Celui-ci par activation des monocytes et macrophages permettrait la production de cytokines spécifiques qui contribueraient au contrôle efficace de la croissance et de la dissémination de pathogènes invasifs.

L'une des structures décrite présente un cœur multivalent de type glucose polyfonctionnalisé par des groupements propargyles (**1**). La réaction de cycloaddition de ce dernier avec le 2,3,4,6-tétra-*O*-acétyl-β-D-galactopyranoside d'azidoéthyle **2** est ici conduite en présence de $(EtO)_3P.CuI$, un catalyseur organo-soluble, dans le toluène à reflux. Après traitement et chromatographie le glycocluster **3** est obtenu avec un rendement de 93% (***Schéma 60***).

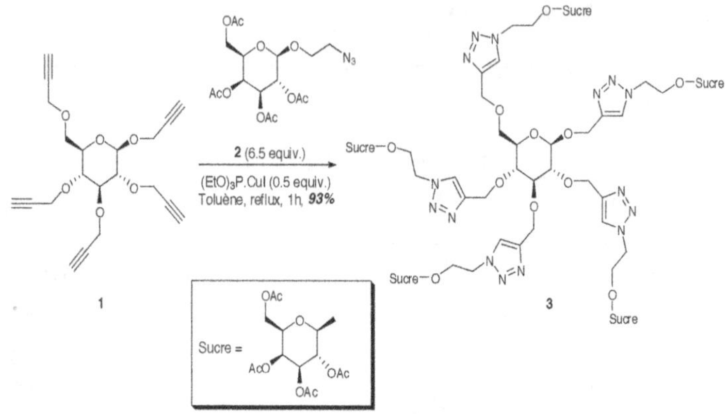

Schéma 60 : Synthèse d'un glycocluster à partir d'un cœur glucose penta-propargylé.[103]

La même année, Gouin et coll.[99] propose la synthèse de glycoconjugués multi-mannosides qu'ils obtiennent à partir de glucose, maltose ou maltotriose régiosélectivement fonctionnalisés. Dans l'exemple suivant, le maltotriose protégé **4** présentant quatre groupements azotures est couplé au 2,3,4,6-tétra-*O*-acétyl-α-D-mannopyranoside de but-3-ynyle **5** en présence du système $CuSO_4$-ascorbate de sodium dans un mélange DMF/H_2O. La réaction fournit le multi-mannosides **6** avec un rendement de 64% (***Schéma 61***). Les auteurs précisent par ailleurs que le DMF est ici préféré aux alcools plus communément utilisés comme le *t*-butanol pour des raisons de solubilité.

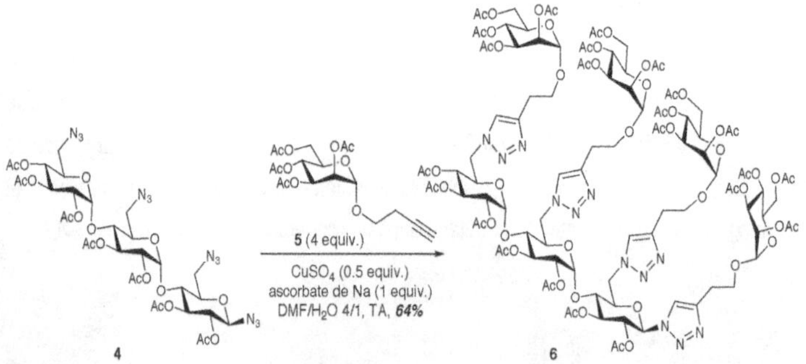

Schéma 61 : Synthèse d'un multi-mannosides à partir d'une charpente oligosaccharidique.[99]

A.2. A partir d'un cœur porphyrine.

Les porphyrines sont des macrocycles aromatiques à 18 électrons π constitués de quatre unités pyrroliques liées entre elles par des ponts méthynes (***Figure 43***). La forte conjugaison que présentent ces molécules leur confère une bonne stabilité et la particularité d'être colorées. Le mot porphyrine provient d'ailleurs du grec *porphura* signifiant pourpre.

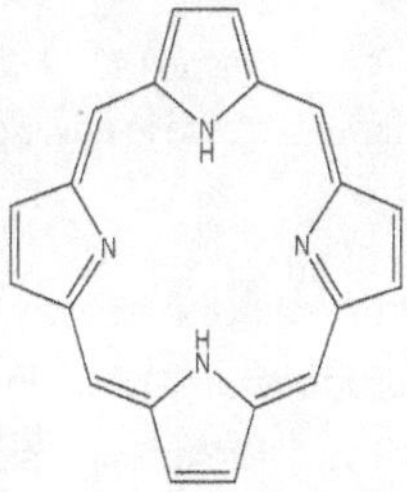

Figure 43 : Représentation de la plus simple des porphyrines.

Les porphyrines ont été largement étudiées depuis le milieu des années 70 et particulièrement en tant que photosensibilisant pour la thérapie photodynamique (PDT).[106] Cette technique, notamment utilisée en oncologie, est basée sur l'administration aux patients d'un sensibilisant de type porphyrine qui sera photoactivé suite à l'exposition de la tumeur (où se sera préférentiellement accumulé le photosensibilisant) à une lumière colorée visible de type laser. Suite à cela, les espèces générées de type oxygène singulet contribuent à la nécrose et à l'apoptose des cellules cancéreuses.[113] Précisons que la thérapie photodynamique est également utilisée en imagerie (diagnostic) et dans le traitement de maladies cardiovasculaire, dermatologique, ophtalmologique et infectieuse.[106]

Du fait de leurs structures, les porphyrines sont hydrophobes. Cette caractéristique les rend donc insolubles dans les milieux physiologiques dans lesquels elles trouvent leurs applications. Pour surmonter cet inconvénient, des formulations spécifiques sont utilisées comme leurs incorporations dans des liposomes[114], des biopolymères[115] ou encore des cyclodextrines.[116]

Le couplage de sucres à une porphyrine est également une alternative intéressante. En effet, en plus d'améliorer la solubilité de la porphyrine dans un environnement aqueux (ce qui est important pour sa biodistribution), la présence de structures saccharidiques judicieusement choisies permet, au travers d'interactions sucres-lectines, une meilleure spécificité ainsi qu'une meilleure association du glycoconjugué aux cibles visées. Si, de plus, la glycoporphyrine présente un caractère multivalent, l'affinité de cette dernière pour une lectine ne s'en verra qu'augmentée.

Plusieurs approches peuvent être envisagées pour la synthèse de glycoporphyrines. La première d'entre elles consiste à introduire les sucres sur une porphyrine issue de ressources naturelles[117] (algue bleue *Tolypothrix nodosa*), la seconde consiste à réaliser le couplage des sucres sur une porphyrine obtenue par synthèse et préalablement fonctionnalisée (*cf.* ***Schéma 63***). Enfin, la troisième approche consiste également à réaliser la synthèse chimique de la porphyrine, mais cette fois avec des réactifs déjà glycosylés (*cf.* ***Schéma 62***).[106]

De nombreuses méthodes permettant la fonctionnalisation de porphyrines par des sucres ont été décrites. Parmi elles, le couplage de Sonogashira[118], la réaction de métathèse[119] ou la réaction de glycosylation avec des trichloroacétimidates[107] sont quelques-unes des techniques utilisées. A ce jour, il n'y a dans la littérature que quelques exemples qui décrivent la réaction de click chemistry entre les sucres et les porphyrines.

En 2009, Vicente et coll.[109] décrivent la préparation de glycoporphyrines présentant un seul ou quatre motifs galactose ou lactose. Ces sucres sont choisis par les auteurs car ils se lient préférentiellement aux galectines, protéines souvent surexprimées par les cellules tumorales. Ils espèrent ainsi améliorer l'efficacité de ces glycoconjugués pour leur application en tant que photosensibilisants en thérapie photodynamique.

Pour la synthèse de la glycoporphyrine **10**, Vicente et coll. mettent en œuvre l'une des méthodes les plus utilisée pour la préparation des porphyrines. Celle-ci consiste, selon les conditions de Lindsey[120], à réaliser la condensation acido-catalysée du pyrrole sur un aldéhyde puis à oxyder le produit obtenu. Dans l'exemple suivant (***Schéma 62***), la réaction de cycloaddition catalysée par le cuivre est utilisée pour fonctionnaliser l'aldéhyde qui sera par la suite condensé sur le pyrrole. La réaction de click chemistry ne s'effectue donc pas directement sur la porphyrine. En présence du système CuI-DIPEA dans l'acétonitrile, l'azoture de 2,3,4,6-tétra-*O*-acétyl-β-D-glucopyranosyle **8** est couplé au 4-éthynyl-benzaldéhyde **7** pour conduire au composé **9** avec un rendement de 93%. La réaction de condensation avec le pyrrole en présence de $BF_3.OEt_2$ permet ensuite l'obtention de la glycoporphyrine protégée avec un rendement faible mais en accord avec la littérature de 21%. Une fois déprotégée par une solution de méthanolate de sodium dans le méthanol, la glycoporphyrine est métallée par du Zinc pour fournir le composé tétravalent **10** avec un rendement de 91%.

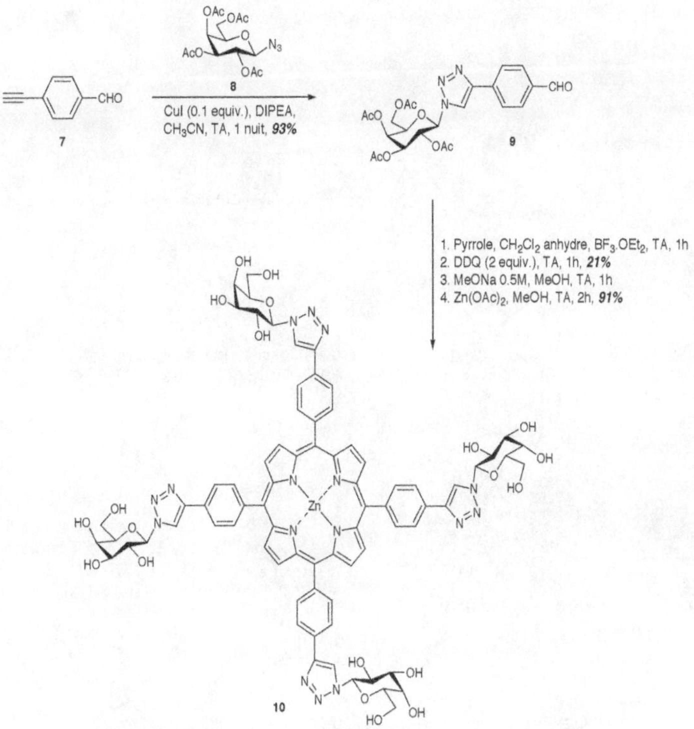

Schéma 62 : Synthèse d'une galacto-porphyrine par Vicente et coll.[109]

La même année, Hasegawa et coll.[121] proposent une stratégie en deux étapes donnant accès à une porphyrine octaglycosylée (***Schéma 63***). Après une première étape permettant l'obtention de la porphyrine **11** portant 8 groupements propargyles, la réaction de cycloaddition est effectuée avec l'azoture de β-lactosyle **12** en présence de $CuBr_2$, d'acide ascorbique et de propylamine dans le DMSO. Ces conditions permettent l'obtention de la porphyrine octaglycosylée **13** avec un rendement de 14%. Notons que la porphyrine qui est à l'origine sous sa forme base libre, forme au cours de la réaction de cycloaddition un complexe métallé avec le cuivre.

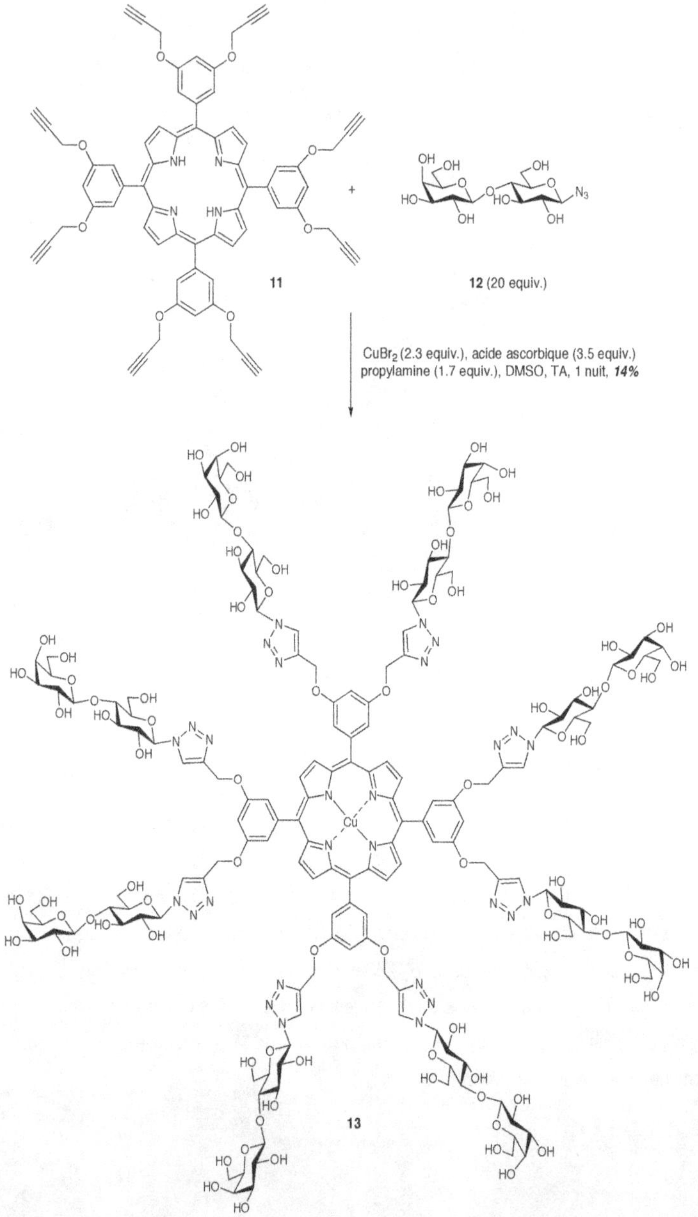

Schéma 63 : Synthèse d'une porphyrine octaglycosylée par Hasegawa et coll.[121]

En 2010, Scanlan et coll.[122] proposent une méthodologie permettant l'obtention de porphyrines mono-, di-, tri- et tétraglycosylées (***Schéma 64***). Contrairement à l'exemple présenté précédemment, le groupement azoture est cette fois porté par la porphyrine et le groupement propargyle par le sucre. En présence de CuCl dans un mélange toluène/H_2O, la réaction assistée au micro-onde entre la porphyrine métallée **14** et le 2,3,4,6-tétra-*O*-acétyl-β-D-glucopyranoside de propargyle **15** donne accès à la glycoporphyrine **16** avec un rendement de 50%.

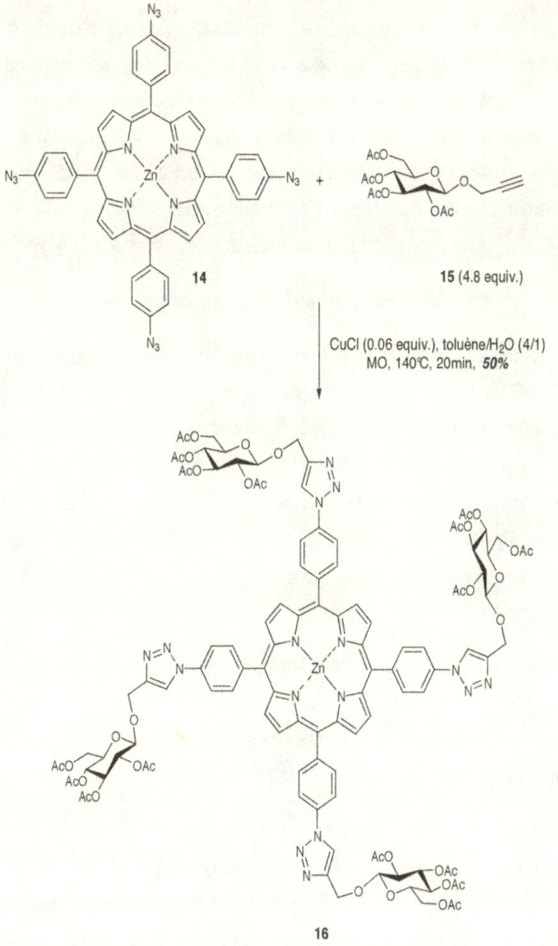

Schéma 64 : Synthèse d'une porphyrine tétraglycosylée par Scalan et coll.[122]

Nous pouvons remarquer que le rendement de la réaction de cycloaddition est meilleur lorsque la porphyrine est métallée. En effet, Scanlan et coll.[122] précisent, après optimisation des conditions de synthèse, qu'il est préférable de métaller la porphyrine avec du Zinc par exemple avant la réaction de click chemistry afin d'éviter la formation d'un complexe avec le cuivre provenant du catalyseur.

A.3.A partir d'un cœur calixarène.

Les calixarènes sont des molécules macrocycliques issues de la réaction d'un phénol avec un aldéhyde en milieu basique. Le nom calixarène trouve son origine dans la contraction des mots calice, du grecque *kulix*, désignant un type de vase, forme qu'adoptent généralement les calixarènes, et arènes, faisant référence aux cycles aromatiques formant la paroi de ce vase. Les calixarènes, communément composés de 4, 6 ou 8 unités, possèdent une cavité ; ces molécules hôtes sont ainsi capables d'accueillir des « invités » tels que des petites molécules ou encore des cations.[123] Les calixarènes présentent également l'avantage de pouvoir être utilisés comme plateforme multivalente pour la synthèse de glycoconjugués.

A.3.1.Synthèse de *O*-glycoside calixarènes.

De nombreuses synthèses de glycocalixarènes sont rapportées dans la littérature[123] et les *O*-glycosides calixarènes en particulier peuvent être obtenus de multiples façons. Depuis les premiers travaux de Dondoni[124] permettant le couplage, par réaction de Mitsunobu, d'un mélange α/β du glucose acétylé à un calix[4]arène, de nombreuses autres méthodes ont été développées. Ainsi, le couplage de parties saccharidiques au calixarène a été décrit par *O*-glycosylation[125], par formation d'une liaison amide[126,127], par couplage de Suzuki[128], ou de Sonogashira[129] et plus récemment par cycloaddition 1,3-dipolaire entre un alcyne terminal et un groupement azoture.

Ainsi, Santoyo-González et coll.[130] décrivent pour la première fois en 2000, la synthèse de *O*-glycoside calix[4]arène par cycloaddition 1,3-dipolaire. Toutefois, sans catalyse au cuivre la réaction ne conduit qu'à un mélange, par la suite non séparé, des deux régioisomères 1,4- et 1,5-triazole.

En 2007, Bew et coll.[131] décrivent la synthèse de deux *O*-glycoside calix[4]arènes dont les réactions de cycloaddition sont cette fois catalysées par le cuivre. Dans l'exemple illustré ci-après (***Schéma 65***), le 2,3,4,6-tétra-*O*-acétyl-β-D-glucopyranoside de propargyle **7** est couplé au *O*-n-propoxy-1,3-diazidométhylencalix[4]arène **8** sur sa grande couronne en présence du système $CuSO_4$-ascorbate de sodium dans le DMF. Dans ces conditions, seul le régioisomère 1,4 du 1,2,3-triazole se forme et le *O*-glycoside calix[4]arène **9** est ainsi obtenu avec un rendement de 74%.

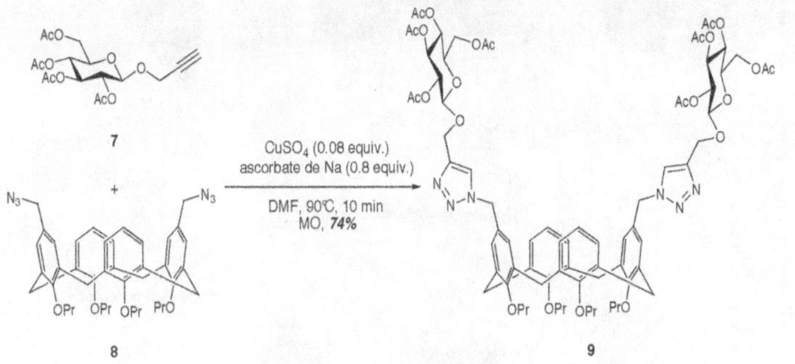

Schéma 65 : Synthèse d'un *O*-glycoside calix[4]arène par Bew et coll.[131]

Vidal et coll.[110] décrivent en 2009 l'utilisation de mono-, di-, tri- ou tétrapropargyloxycalix[4]arènes bloqués en conformation cône, cône partiel ou 1,3-alterné, pour la synthèse d'une série de glycoconjugués multivalents (***Figure 44***). Les glycoclusters synthétisés ont ensuite été évalués en tant que ligands pour la lectine à galactose PA-IL, issue de la bactérie *Pseudomonas aeruginosa*, agent pathogène responsable des infections du poumon chez les patients atteints de mucoviscidose.

Les auteurs constatent les résultats suivants : alors que le ligand monovalent (1:0) n'a pas pu être testé pour des raisons de solubilité, les ligands divalents (2 :0) ne présentent pas d'affinité pour PA-IL. Les mesures d'ITC indiquent de plus que l'affinité de la lectine pour le ligand tétravalent (4:0) de conformation cône est 5 fois supérieure à celle de l'analogue trivalent (3:0) et même 360 fois supérieure à celle du modèle monovalent utilisé pour l'étude. Par ailleurs, les ligands tétravalents de conformation 1,3-alternée (2:2) et cône partiel (3:1) présentent respectivement une affinité pour la lectine 750 fois et 850 fois supérieures à celle observée pour le modèle monovalent.

Grâce à ces résultats, les auteurs démontrent ainsi que la multivalence et l'aspect tridimensionnel des glycoclusters gouvernent l'intensité de l'interaction entre les ligands sucres et la lectine.

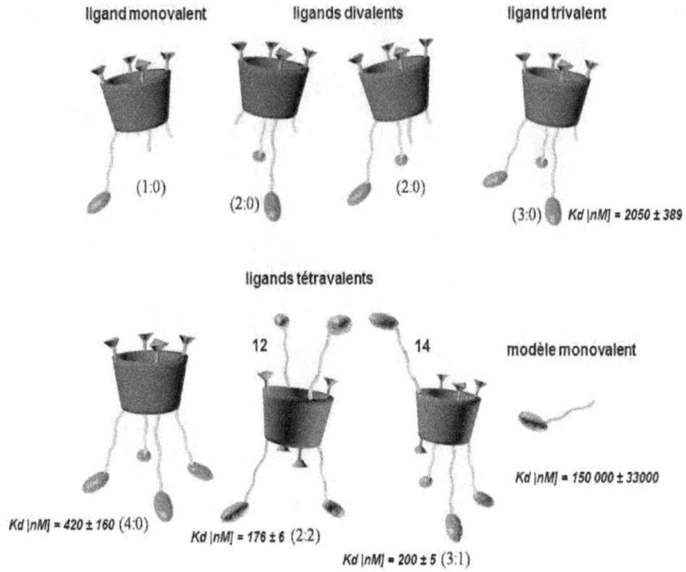

Figure 44 : Représentation schématique des 7 glycoconjugués calix[4]arène synthétisés.[110] (*Légende* : Pyramides = *t*Bu, vagues = bras triéthylèneglycol, ellipses = épitopes galactosyles. Les nombres entre parenthèses représentent le nombre d'épitopes sucres sur la grande et la petite couronne du calixarène.)

L'obtention par click chemistry des deux ligands tétravalents (**12** et **14**) présentant les propriétés biologiques les plus intéressantes, est représentée ci-dessous (***Schéma 66***). La cycloaddition catalysée par le cuivre entre les tétrapropargyloxycalix[4]arènes **10** et **13** et le galactoside portant le bras TEG azidé **11** est conduite dans les conditions de Meldal et coll.[54] en utilisant le CuI et la DIPEA. Après 15 min à 110°C sous irradiation micro-ondes, les glycoconjugués acétylés, précurseurs des composés **12** et **14**, sont obtenus respectivement avec des rendements de 79 et 73%. L'hydrolyse des esters en présence du mélange $Et_3N/MeOH/H_2O$ permet par la suite l'obtention des glycoclusters **12** et **14** sous leurs formes libres avec des rendements respectifs de 95 et 99%.

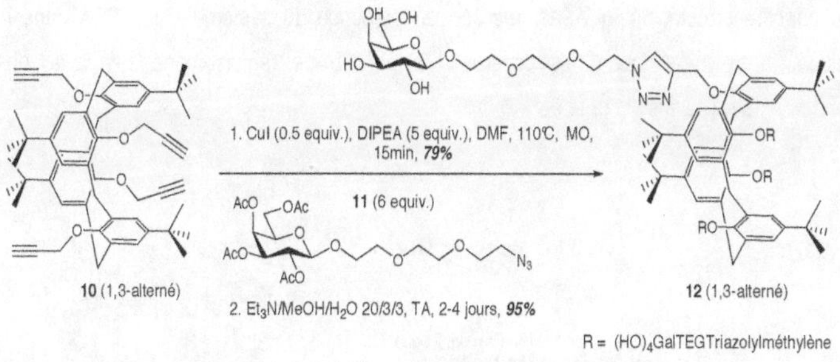

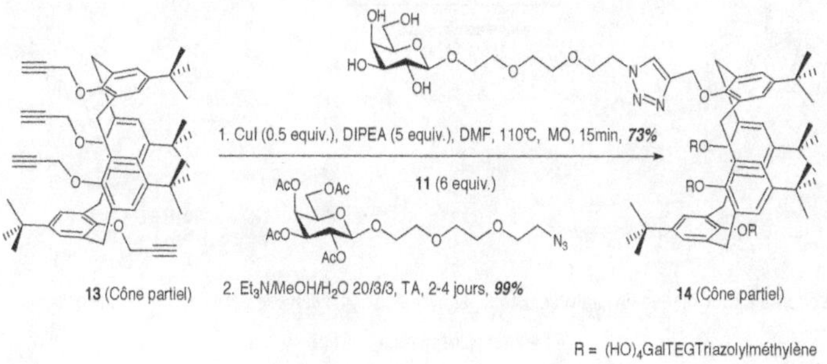

Schéma 66 : Synthèse de glycoconjugués calix[4]arènes par cycloaddition catalysée par le cuivre assistée au micro-onde.

A.3.2.Synthèse de *C*-glycosides calixarènes.

Dans le but d'obtenir des *C*-glycosides, moins sensibles aux dégradations chimiques et enzymatiques que leurs homologues *O*-glycosides, Dondoni et Marra[111] décrivent plusieurs méthodes permettant la synthèse de *C*-glycosides calix[4]arènes par cycloaddition 1,3-dipolaire catalysée par le cuivre.

En 2006[95], deux approches sont envisagées par les auteurs. La première consiste à faire porter par la plateforme multivalente les groupements azotures, et par le *C*-glycoside la triple liaison. L'hétérocycle triazole sera alors relié à la partie sucre par son atome de carbone C-4 (***Schéma 67***). Dans la seconde approche, la plateforme multivalente porte les triples liaisons et le *C*-glycoside porte le groupement azoture. Ainsi, l'hétérocycle triazole sera relié à la partie sucre par son atome d'azote N-1 (***Schéma 68***).

L'exemple suivant (***Schéma 67***) illustre la première approche envisagée. La cycloaddition entre le bis-azidopropyltétrapropoxy-calix[4]arène **15** et le *C*-glycoside **16a** ou **16b**[132] introduit en quantité stœchiométrique, est réalisée en présence du système CuI-DIPEA dans le toluène anhydre et fournit les dimères **17a** et **17b** de régioisomérie 1,4- avec des rendements respectifs de 73 et 96%.

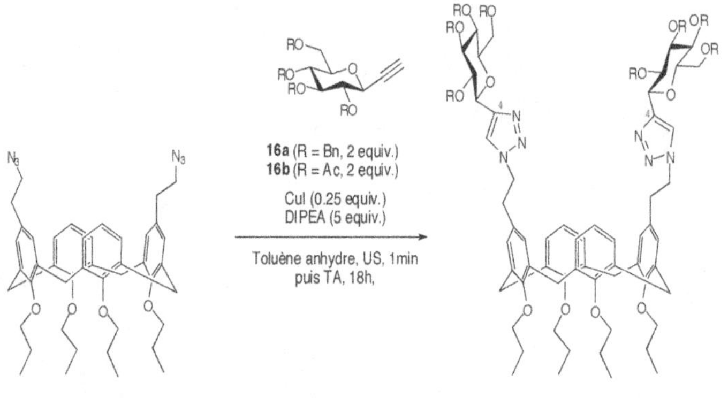

15

17a (R = Bn) ***73%***
17b (R = Ac) ***96%***

Schéma 67 : Synthèse de *C*-glycoclusters par cycloaddition catalysée par le cuivre d'un *C*-glycoside sur un calix[4]arène bi-azidé.

La seconde approche est illustrée par l'exemple suivant (***Schéma 68***). En utilisant le même système catalytique que précédemment, le tétraéthynyle-calix[4]arène **18** est couplé au *C*-glycoside **19a** ou **19b**, introduit en excès, pour conduire aux glycoclusters tétravalents **20a** et **20b** avec des rendements respectifs de 61 et 83%. Les conditions réactionnelles sont dans ce cas plus poussées. En effet, le ligand sucre est d'une part, non plus introduit en quantité stœchiométrique mais en excès dans le milieu réactionnel. D'autre part, la température est élevée jusqu'à 80℃ et enfin le temps de la réaction est augmenté afin de s'assurer que chacune des quatre réactions de cycloaddition soit menée à son terme.

Dondoni et Marra observent par ailleurs que les rendements sont meilleurs lorsque le sucre est protégé par des groupements acétates plutôt que par des groupements benzyles et pour expliquer cela, les auteurs avancent des considérations stériques. En effet, les groupements acétates, moins volumineux que les groupements benzyles, engendreraient moins d'encombrement autour du « petit » dipolarophile éthynyle lors de la réaction de cycloaddition.

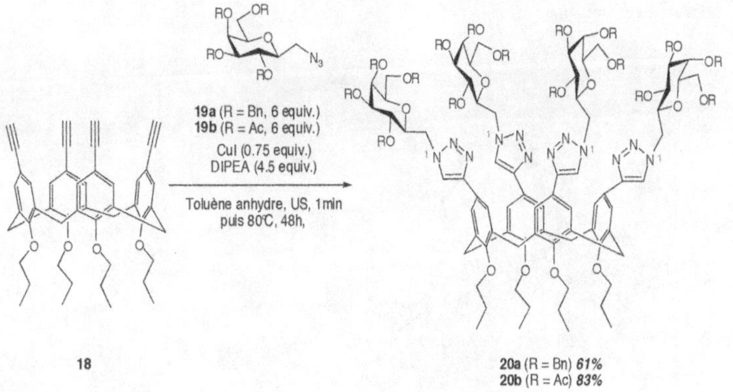

Schéma 68 : Synthèse de *C*-glycoclusters par cycloaddition catalysée par le cuivre d'un *C*-glycoside sur un tétraéthynyle-calix[4]arène.

B.Rappels des résultats obtenus au laboratoire avec les trimannosides.

Comme cela a été mentionné précédemment dans ce manuscrit (*cf.* **Chapitre 1**, **II.A.1**), au sein du Laboratoire des Glucides, une stratégie de synthèse directe et originale basée sur des étapes de multiglycosylation et de déprotections sélectives a permis d'accéder rapidement à des oligomannosides complexes s'articulant autour d'un cœur α(1,3),α(1,6) ou α(1,3),α(1,4).[6,70] Dans le but de synthétiser de nouveaux vecteurs pour le transport d'agents thérapeutiques, ces oligomannosides ont été greffés par couplage peptidique à une cyclodextrine *via* un bras espaceur de structure et de longueur variable (***Figure 45***). Des études de complexation avec des molécules invitées ainsi que des études d'affinités avec la concanavaline A ont ensuite été réalisées.[5]

Les études de complexation des cyclodextrines glycosylées avec l'anthraquinone-2-sulfonate de sodium (ASANa) et l'adamantane 1-carboxylate de sodium (ACNa) ont montré que les propriétés d'inclusion de la cyclodextrine étaient préservées malgré la présence des oligosaccharides.

Enchaînement non naturel

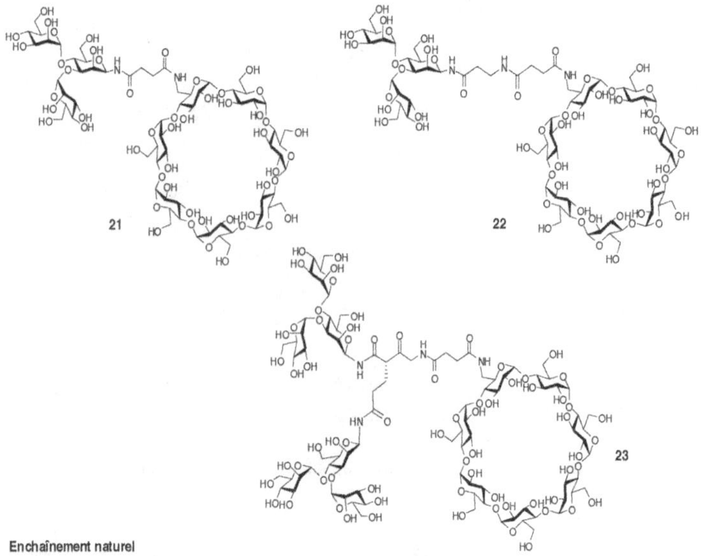

21 22 23

Enchaînement naturel

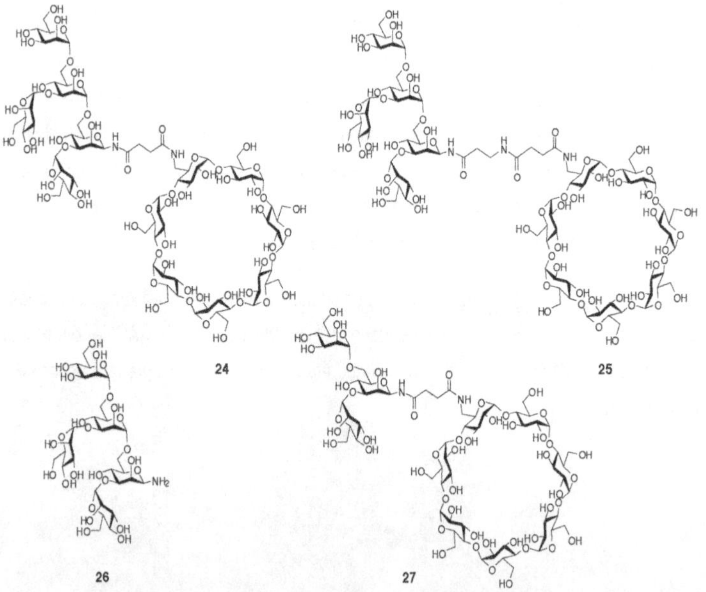

24 25 26 27

Figure 45 : Cyclodextrines glycosylées par des oligomannosides déjà décrites au Laboratoire.

Les études d'affinité des composés **21** à **27** ont été réalisées par ELLA (Enzyme Linked Lectin Assay) en utilisant la lectine HRP-ConA (Horseradish peroxidase Concanavalin A) comme modèle. Les valeurs d'IC_{50} mesurées, permettant d'inhiber 50% de l'association ConA-levure de mannan, sont reportées sur la ***Figure 46*** et sont donc inversement proportionnelles aux affinités correspondantes des composés **21** à **27** pour la lectine.

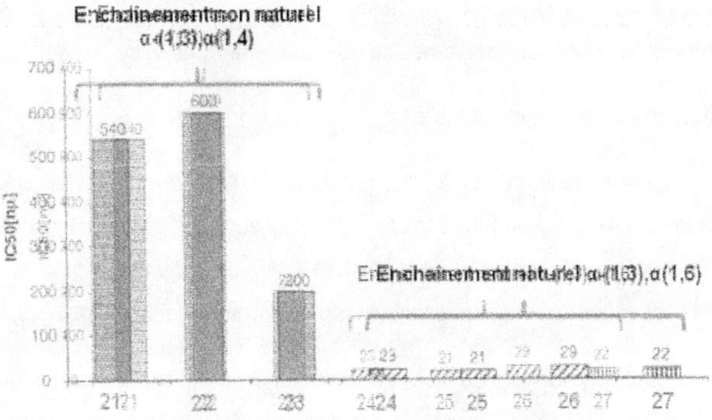

Figure 46 : Résultats des tests ELLA menés avec les composés **21** à **27**.

Ces résultats ont permis d'émettre des conclusions quant aux interactions sucre-lectine. D'une part, les valeurs d'IC_{50} déterminées pour les composés **22** et **23** confirment l'importance majeure de la densité des ligands ce qui est en accord avec le concept d'effet cluster. En effet, l'inhibition est trois fois plus efficace, donc l'affinité pour la lectine trois fois plus importante, quand deux motifs trisaccharidiques sont présentés plutôt qu'un seul. D'autre part, au regard des valeurs obtenues pour les couples de composés **21/22** et **24/25**, il apparait que la longueur du bras espaceur n'influence que très peu les phénomènes de reconnaissance mis en jeu. Par ailleurs, le fait que l'oligosaccharide **26**, dépourvu de cyclodextrine, présente une valeur d'IC_{50} presque identique à celle des composés **24** et **25** permet d'avancer l'hypothèse que la cyclodextrine n'interfère pas dans le processus de reconnaissance. Enfin, il a été constaté que les composés dont l'enchaînement des liaisons interglycosidiques est de type $\alpha(1,3),\alpha(1,4)$ dit « non naturel » inhibent moins l'association ConA-levure que les composés dont l'enchaînement des liaisons interglycosidiques est de type $\alpha(1,3),\alpha(1,6)$ dit « naturel ». A densité de ligands égale, le composé **27** portant le trisaccharide « naturel » des *N*-glycanes présente une affinité nettement supérieure à celle qui est observée pour le composé **21**, dérivé portant le trisaccharide « non naturel ».

Nous pouvons remarquer, au regard de la littérature, l'intérêt croissant qui se porte sur la synthèse et les applications biologiques de nouvelles structures à caractère multivalent. Des exemples récents montrent que l'accès à de tels composés est facilité par la mise en œuvre de réactions de click chemistry entre des plateformes diverses et des sucres.

C'est dans ce contexte que nous avons choisi de développer, en collaboration avec le Dr. Sébastien Vidal, la synthèse de nouveaux glycoclusters multivalents, Au cours de ce projet, le savoir-faire du Laboratoire de Chimie Organique 2 (UMR 5246) de l'ICBMS a été mis en commun avec celui du Laboratoire des Glucides (UMR 6219) de l'UPJV.

II. Synthèse des glycoclusters.

En utilisant la réaction de cycloaddition catalysée par le cuivre, l'équipe du Dr. Vidal a développé le couplage, *via* un bras espaceur, de monosaccharides sur des plateformes de type porphyrines ou calixarènes.[110] Le laboratoire des glucides dispose pour sa part d'un savoir-faire concernant la synthèse du trimannoside d'enchaînement naturel $\alpha(1,3),\alpha(1,6)$.

La synthèse du trisaccharide ainsi que les réactions de couplage de celui-ci à des bras espaceurs ont été réalisés au laboratoire des glucides. Deux bras espaceurs de longueur différentes ont été synthétisés afin d'étudier l'influence de la longueur du bras sur le phénomène de reconnaissance du glycocluster par une lectine. Les réactions de click chemistry entre les ligands saccharidiques et les plateformes de type calixarènes/porphyrines ont été effectuées à l'ICBMS selon la méthode utilisée par l'équipe du Dr. Vidal

A. Analyse rétrosynthétique.

Le schéma suivant illustre les grandes lignes de la stratégie de synthèse qui a été utilisée (***Schéma 69***). Selon cette approche, les glycoporphyrines et glycocalix[4]arènes sont obtenus par réaction de cycloaddition catalysée par le cuivre entre un trimannoside, fonctionnalisé en position anomère par un bras espaceur, et une porphyrine ou un calix[4]arène présentant chacun quatre groupements propargyles.[110,133] L'insertion d'un bras espaceur, de longueur variable, sur la position anomère du dérivé amino du trisaccharide est quant à elle réalisée par couplage peptidique. L'oligosaccharide d'une part et les bras espaceurs d'autre part sont respectivement obtenus à partir du D-(+)-mannose et de l'acide 5-bromo-valérique.

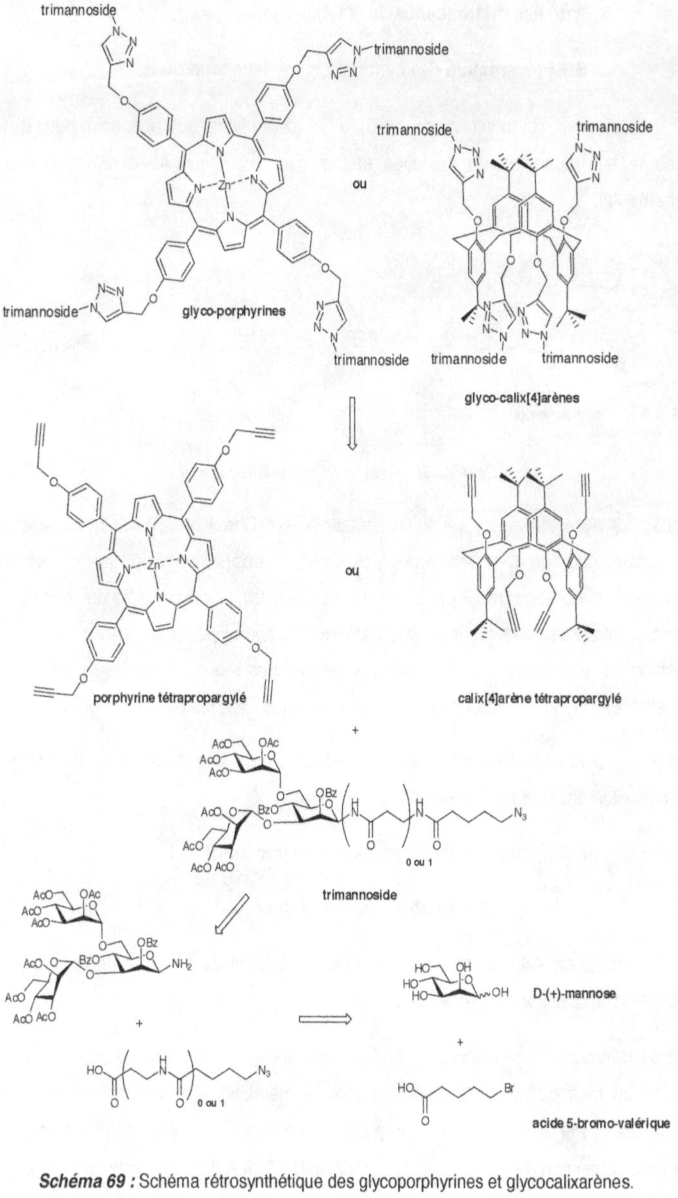

Schéma 69 : Schéma rétrosynthétique des glycoporphyrines et glycocalixarènes.

B.Synthèse du trimannoside α(1,3),α(1,6).

B.1.Présentation des synthons monosaccharidiques.

La synthèse du trimannoside α(1,3),α(1,6), déjà décrite au Laboratoire des Glucides, nécessite la préparation en quelques étapes d'un accepteur **A6** et d'un donneur **D8** (***Schéma 70***).[70]

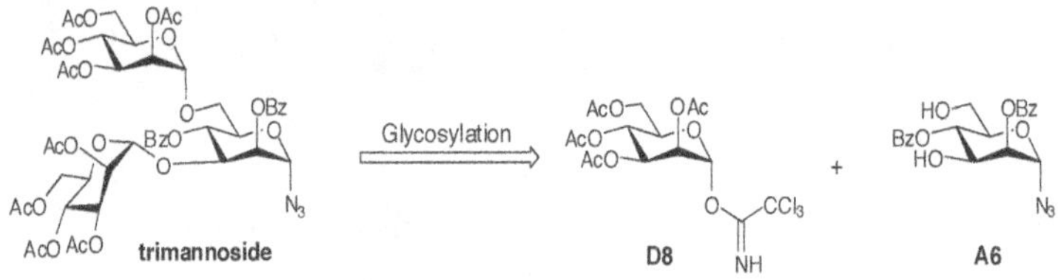

Schéma 70 : Rétrosynthèse du trisaccharide.

L'accepteur **A6** est un analogue de l'accepteur **A1** (*cf.* **Chapitre 1**, **II.A.3.2**). Il présente sur sa structure deux groupements hydroxyles libres en positions 3 et 6, qui permettront de réaliser une réaction de glycosylation avec le donneur **D8**. Les hydroxyles des positions 2 et 4 sont protégés par des groupements benzoates. L'hydroxyle de la position anomère est substitué par un groupement azido qui permettra après réduction de disposer d'un dérivé aminé nécessaire aux réactions de couplage peptidique avec les bras espaceurs.

Le donneur peracétylé **D8** est fonctionnalisé sous la forme d'un trichloroacétimidate et sera obtenu facilement en quelques étapes.

B.2.Synthèses de l'accepteur et du donneur.

B.2.1.Synthèse de l'accepteur A6.

L'accepteur **A6** est obtenu en trois étapes à partir de l'azoture de 2,3,4,6-tétra-*O*-benzoyl-α-D-mannopyranosyle **38** (***Schéma 71***).

Afin de déprotéger les positions 2, 3, 4 et 6 du sucre, le composé **39** est traité par une solution de méthanolate de sodium 1M dans le méthanol. Après lyophilisation, l'azoture d'α-D-mannopyranosyle **44** est obtenu avec un rendement de 94%. De la même manière que pour l'obtention de l'accepteur **A1** (*cf.* **Chapitre 1**, **II.A.3.2**), le composé **44** est mis en présence de triéthylorthobenzoate et d'acide camphor-10-sulfonique dans l'acétonitrile à 45℃. Après hydrolyse de l'intermédiaire de type di-orthoester l'azoture de 2,4-di-*O*-benzoyl-α-D-mannopyranosyle **45** (**A6**) et l'azoture de 2,6-di-*O*-benzoyl-α-D-mannopyranosyle **46** (**A7**) sont obtenus avec des rendements respectifs de 36 et 31%.[72]

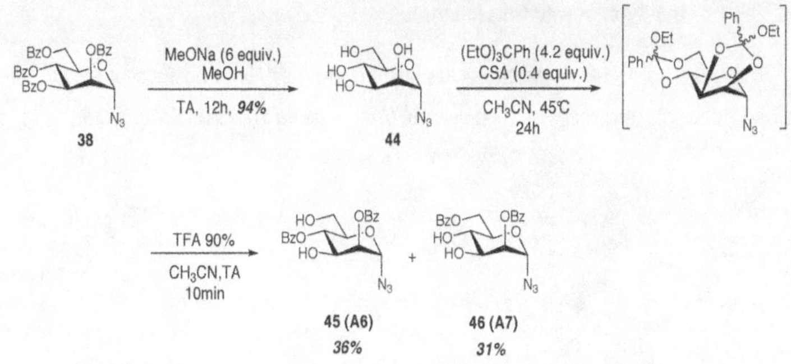

Schéma 71 : Synthèse de l'accepteur **A6**.

L'accepteur **A7**, formé au cours de la réaction ne sera pas utilisé dans la suite de ces travaux. De la même façon que pour l'accepteur **A2**, **A7** peut être recyclé par déprotection des benzoates puis de nouveau traité par du triéthylorthobenzoate pour obtenir **A6**. L'obtention de ce produit secondaire peut néanmoins être valorisée, comme cela a déjà été précisé, puisque l'accepteur **A7** a permis l'obtention au laboratoire d'un trisaccharide présentant l'enchaînement non naturel α(1,3),α(1,4).[5]

B.2.2. Synthèse du donneur D8.

Le donneur **D8** est préparé en 3 étapes à partir du 1,2,3,4,6-penta-*O*-acétyl-D-mannopyranose **18** selon les conditions décrites pas Liptak (***Schéma 72***).[134]

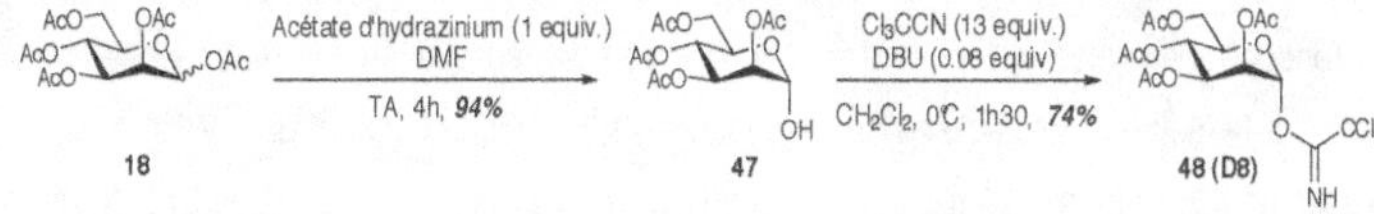

Schéma 72 : Synthèse du donneur **D8**.

La première étape de cette séquence consiste à déprotéger sélectivement l'ester de la position anomère. Le composé **18** est donc traité par de l'acétate d'hydrazinium dans le DMF pour conduire au 2,3,4,6-tétra-*O*-acétyl-α-D-mannopyranose **47** avec un rendement de 94%. Pour introduire le groupement trichloroacétimidate, le composé **47** est mis en présence de trichloroacétonitrile et de DBU dans le dichlorométhane anhydre. La réaction permet l'obtention du trichloroacétimido-2,3,4,6-tétra-*O*-acétyl-α-D-mannopyranoside **48** avec un rendement de 74%.

B.3.Synthèse du trisaccharide.

La réaction de glycosylation sur les deux hydroxyles libres de l'accepteur **A6** est réalisée « one pot » en présence d'une quantité catalytique de TMSOTf (***Schéma 73***).

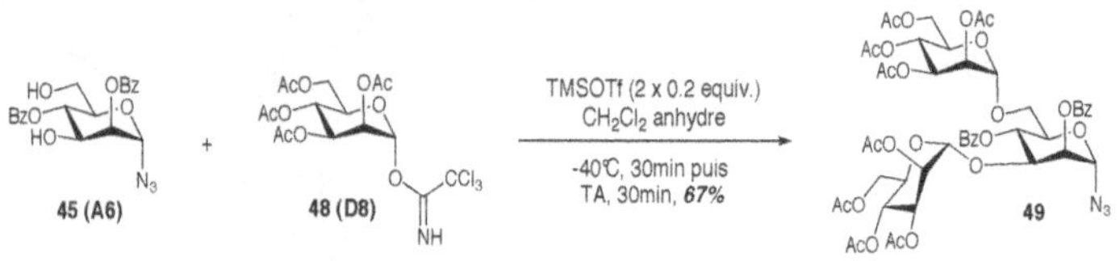

Schéma 73 : Réaction de glycosylation entre **A6** et **D8** donnant accès au trisaccharide **49**.

Lors de cette étape, à -40°C en présence de 1.5 équivalent de donneur **D8** et d'une quantité catalytique de TMSOTf, seule la position primaire de l'accepteur **A6** est glycosylée. A cette température, même en présence d'un excès de donneur, la glycosylation en position 3 n'est pas observée. Le trisaccharide est obtenu lorsque la température est remontée jusqu'à température ambiante, que 1.5 équivalents du donneur **D8** et une nouvelle quantité catalytique de TMSOTf sont ajoutés au milieu réactionnel. Dans ces conditions, la réaction conduit à l'azoture de 2,4-di-*O*-benzoyl-3,6-di-*O*-(2,3,4,6-tétra-*O*-acétyl-α-D-mannopyranosyl)-α-D-mannopyranosyle **49** avec un rendement de 67%.

Afin de réaliser une réaction de type couplage peptidique entre un bras espaceur et le trisaccharide, le groupement azoture du composé **49** doit être réduit pour disposer d'un dérivé aminé. Au laboratoire, les tentatives de réduction de ce groupement par hydrogénation catalysée au palladium sur charbon se sont avérées infructueuses. La réduction a finalement été réalisée en présence de 1,3-propanedithiol et de DIPEA mais le dérivé amino **50** (***Schéma 75***) n'a été obtenu qu'avec un rendement modeste de 37%.[70]

En 2002, Oscarson et coll.[135] rapportent l'utilisation du système $NaBH_4$-$NiCl_2.6H_2O$ pour la réduction d'un azoture en position 2. Après acétylation de l'amine obtenue, ils ont montré que l'oligosaccharide souhaité était obtenu avec un rendement de 72% (***Schéma 74***).

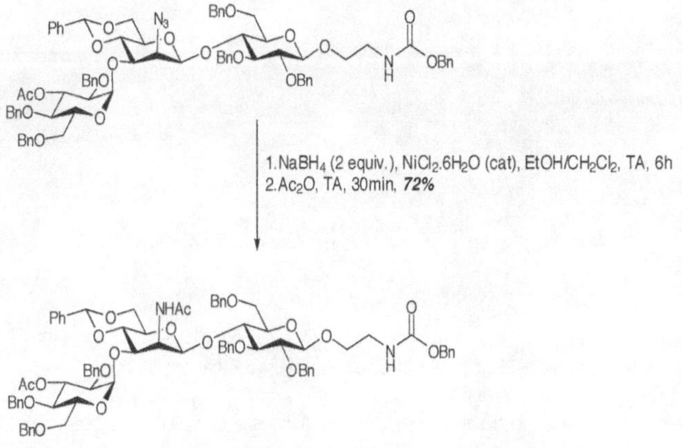

Schéma 74 : Réduction d'un azoture par le système $NaBH_4$-$NiCl_2.6H_2O$.[135]

Cette méthode a donc été appliquée au composé **49** et, après 1h30, le dérivé amino **50** du trisaccharide est obtenu avec un rendement de 75% (***Schéma 75***).

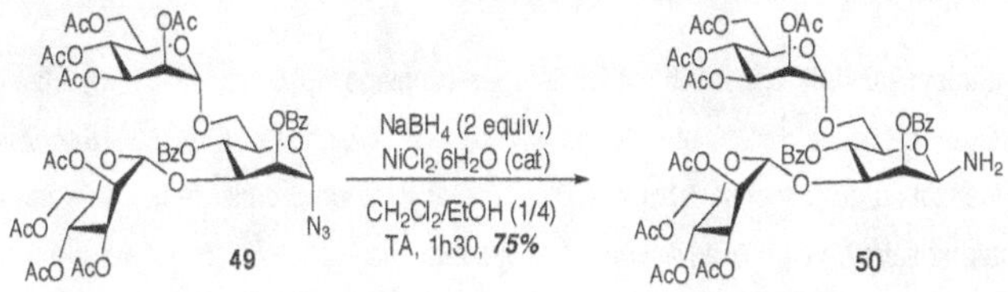

Schéma 75 : Réduction de l'azoture du trimannoside **49** par le système $NaBH_4$-$NiCl_2.6H_2O$.

C. Synthèse des bras espaceurs.

Pour permettre la réaction de cycloaddition avec les plateformes tétrapropargylées, les bras espaceurs qui seront couplés au trisaccharide doivent présenter à leurs extrémités un groupement azoture. L'acide 5-bromovalérique commercial a été choisi comme substrat de départ. Il permet, en une seule étape, l'obtention du bras espaceur **51** que nous qualifierons de « bras court ». A partir de ce dernier, le bras espaceur **53** que nous qualifierons de « bras long » est obtenu en deux étapes (***Schéma 76***).

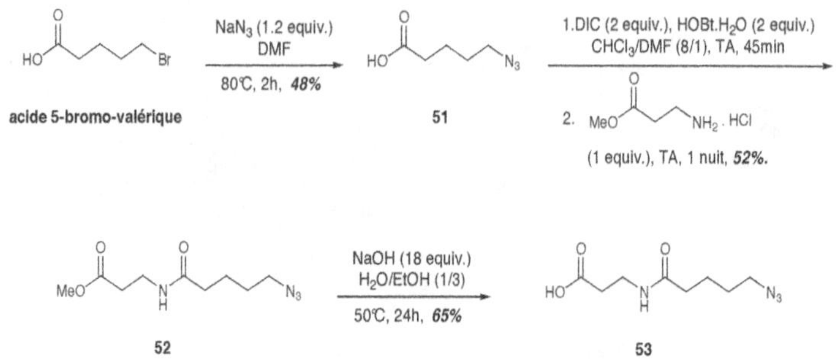

Schéma 76 : Synthèse des bras espaceurs court et long **51** et **53**.

La première étape de cette synthèse consiste à substituer l'atome de brome de l'acide 5-bromo-valérique par un groupement azoture. Ce dernier est donc traité par de l'azoture de sodium dans le DMF à 80°C. La réaction permet l'obt ention de l'acide 5-azido-pentanoïque **51** (bras espaceur court) avec un rendement moyen de 48%. Ce résultat peut être expliqué par la perte probable d'une quantité de produit lors du traitement de la réaction ainsi que lors de l'évaporation sous vide des fractions de colonne.

L'allongement du bras espaceur est réalisé par couplage du composé **51** à la β-alanine estérifiée en présence de DIC et de $HOBt.H_2O$ dans un mélange $CHCl_3/DMF$ (***Schéma 77***). La condensation du composé **51** sur le DIC conduit dans un premier temps à la formation d'un intermédiaire de type *O*-acylisourée.[136] L'attaque nucléophile de l'HOBt sur le carbonyle de l'intermédiaire libère par la suite dans le milieu réactionnel de la N,N'-diisopropylurée. L'amine se condense alors au niveau du carbonyle, le HOBt est régénéré dans le milieu et le bras espaceur **52** est obtenu avec un rendement non optimisé de 52%. La force motrice de cette réaction est la formation de la N,N'-diisopropylurée, inerte et facilement éliminable.

Le système NHS/EDC a également été utilisé pour réaliser cette réaction de couplage mais les résultats obtenus ont été moins concluants puisque le composé **52** n'a été obtenu qu'avec un rendement de 40%.

La dernière étape est l'hydrolyse de l'ester du composé obtenu. Celle-ci est réalisée en présence de soude dans un mélange $H_2O/EtOH$ et conduit au bras espaceur long **53** avec un rendement de 51%.

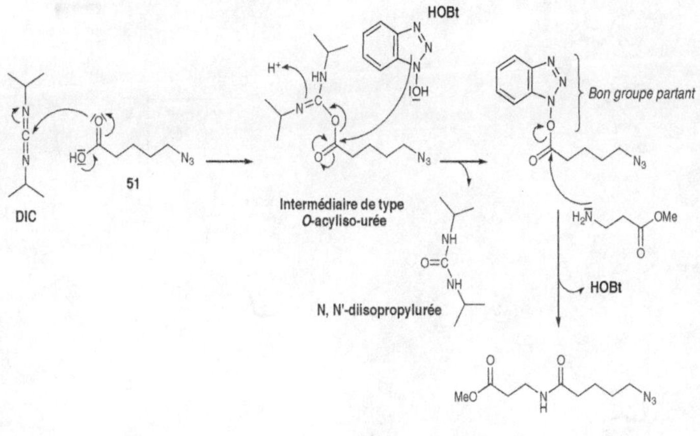

Schéma 77 : Mécanisme de la réaction de couplage faisant intervenir le système DIC/HOBt.H_2O.

Disposant à présent des bras espaceurs, la suite de la synthèse consiste à les greffer par couplage de type peptidique sur le trisaccharide.

D.Couplage des bras espaceurs au trisaccharide.

Pour les réactions de couplage peptidique entre le trisaccharide **50** et les bras espaceurs **51** et **53**, le système HATU/DIPEA, utilisé avec succès par les équipes de Crich[137], Kovàč[138], Seeberger[139], Boons[140] et Djedaïni-Pilard[91], a été préféré au système DIC/HOBt qui ne donnait pas de résultats avec ces substrats.

Les réactions sont donc conduites en présence de 2-(1H-7-Aza-benzotriazol-1-yl)-1,1,3,3-tétraméthyluronium hexafluorophosphate (HATU) et de DIPEA dans un mélange de dichlorométhane et de DMF. Elles ont permis dans ces conditions l'obtention des composés **54** et **55** avec des rendements respectifs de 79 et 57%.

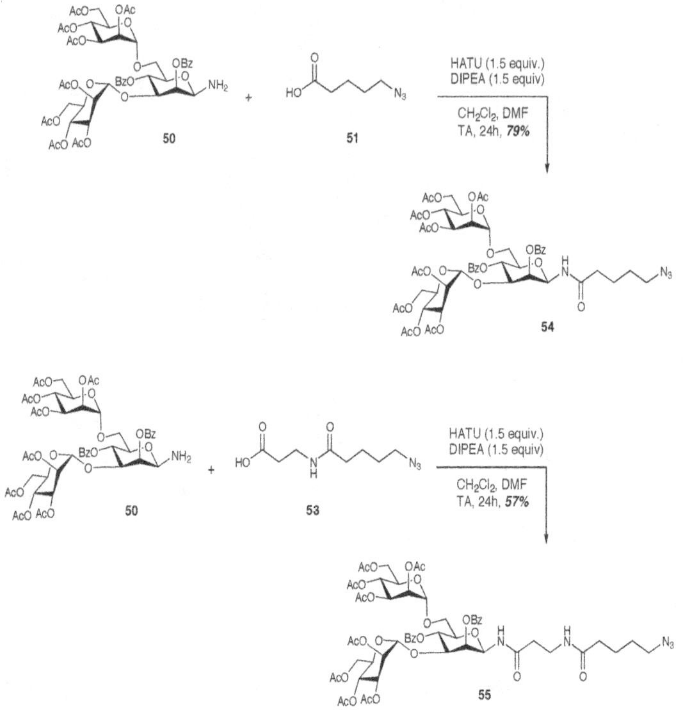

Schéma 78 : Couplage des bras espaceurs **51** et **53** au trisaccharide **50**.

E.Couplage par click chemistry des trimannosides sur les plateformes.

E.1.Couplage sur la porphyrine.

La synthèse de la porphyrine fournie par le Dr. Vidal est représentée sur le schéma ci-après (***Schéma 79***).[133] Elle résulte de la condensation, en présence d'acide propionique, du (prop-2-ynyloxy) benzaldéhyde sur le pyrrole. La métallation de la porphyrine, obtenue avec un rendement de 13%, est ensuite réalisée par traitement avec de l'acétate de zinc dans le méthanol à reflux.

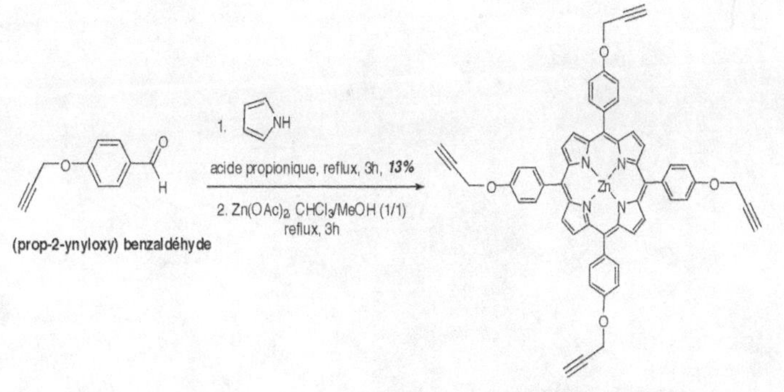

porphyrine 5,10,15,20-tétrakis(4'-propargyloxyphényl)-Zn(II)

Schéma 79 : Synthèse de la porphyrine tétrapropargylée.[133]

Les réactions de cycloaddition, catalysées par le cuivre et assistées par micro-onde, entre la porphyrine et les trisaccharides **54** et **55** sont réalisées en présence du système CuI/DIPEA dans le DMF et permettent l'obtention des glycoclusters **56** et **57** avec des rendements respectifs de 98 et 67% (***Schéma 80***, ***Schéma 81***)

En plus de leurs caractérisations par RMN, les composés **56** et **57** ont fait l'objet d'une étude par spectrométrie de masse haute résolution qui a permis de confirmer leurs obtentions (***Figure 47***, ***Figure 48***). La présence de sous-produits mono, di ou tri fonctionnalisés n'a par ailleurs pas été détectée.

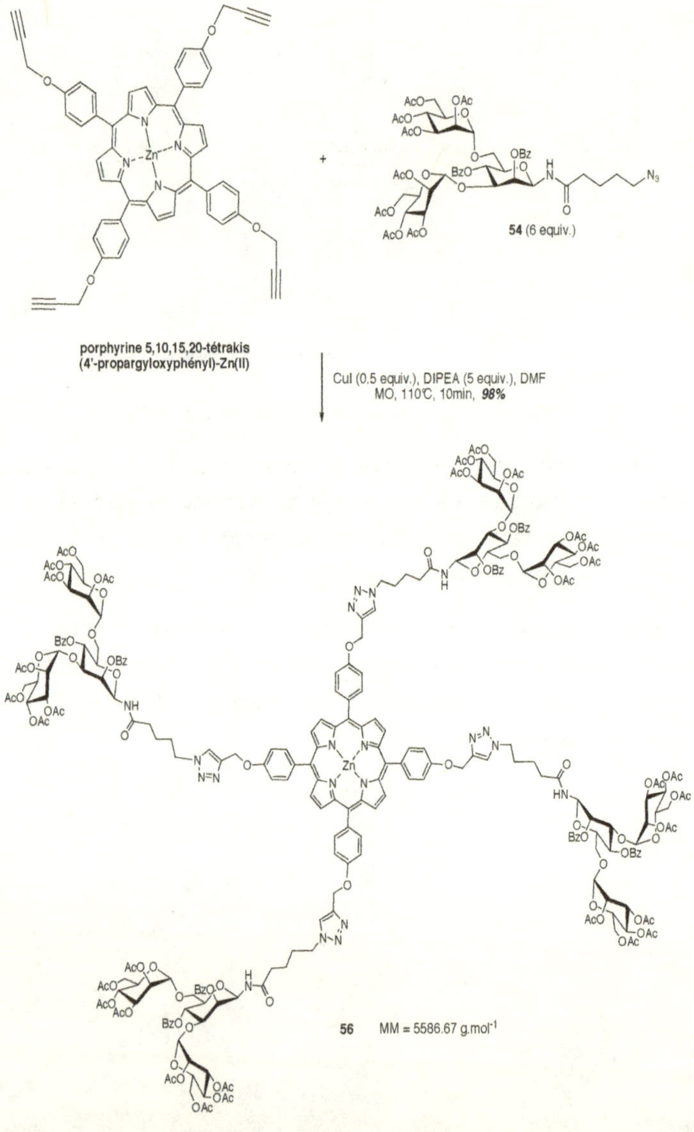

Schéma 80 : Cycloaddition assistée aux micro-ondes entre la porphyrine et le trisaccharide **54**.

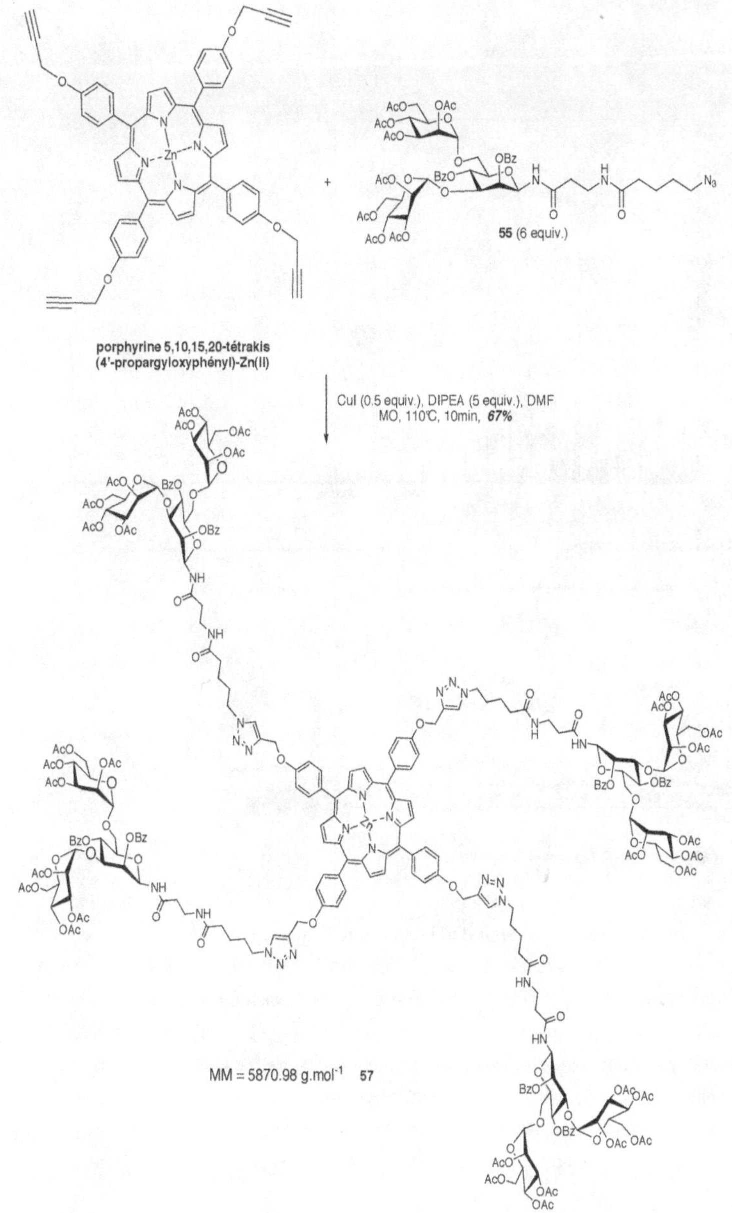

Schéma 81 : Cycloaddition assistée aux micro-ondes entre la porphyrine et le trisaccharide **55**.

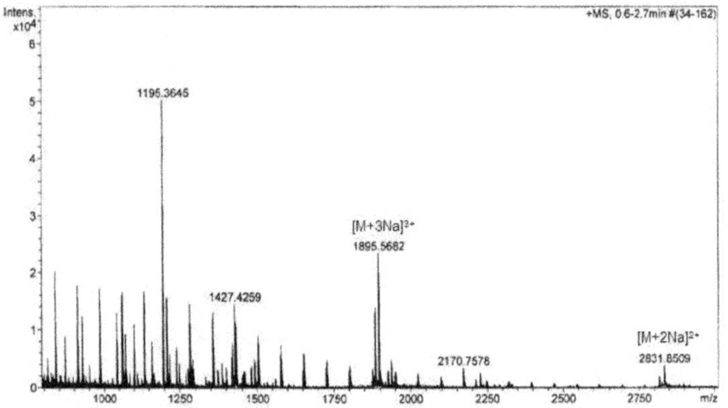

Figure 47 : Spectre haute résolution du composé **56**. (*MicroTOF-Q II* Bruker, *ES+, Lyon*)

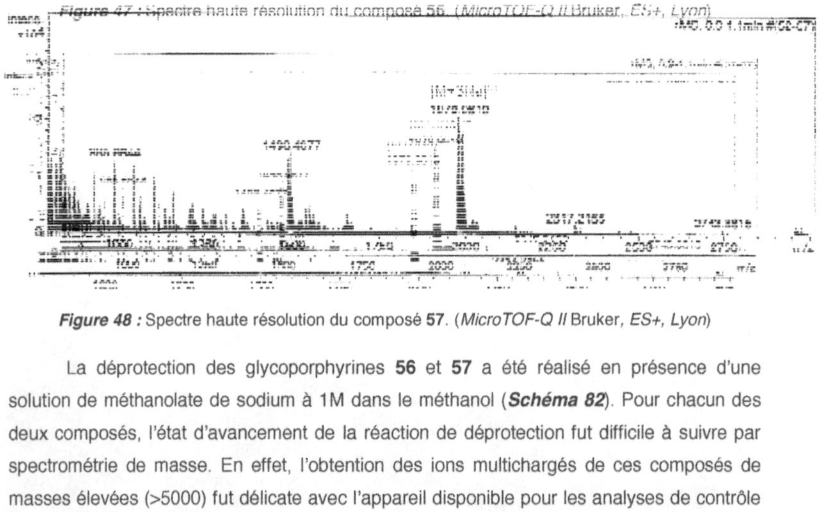

Figure 48 : Spectre haute résolution du composé **57**. (*MicroTOF-Q II* Bruker, *ES+, Lyon*)

La déprotection des glycoporphyrines **56** et **57** a été réalisé en présence d'une solution de méthanolate de sodium à 1M dans le méthanol (***Schéma 82***). Pour chacun des deux composés, l'état d'avancement de la réaction de déprotection fut difficile à suivre par spectrométrie de masse. En effet, l'obtention des ions multichargés de ces composés de masses élevées (>5000) fut délicate avec l'appareil disponible pour les analyses de contrôle au laboratoire. Après 3 jours et une purification sur Sephadex les produits obtenus ont donc fait l'objet d'une étude par RMN ^{1}H (600 MHz) et par spectrométrie de masse haute résolution. Les spectres ^{1}H, difficilement interprétables, nous ont permis de supposer que les produits **56'** et **57'**, issus des déprotections respectives des composés **56** et **57**, ne sont pas purs. L'analyse des spectres de masse a confirmé l'obtention des composés **56'** et **57'** mais a aussi révélé la présence de produits contaminants dans les deux échantillons (***Figure 49***, ***Figure 50***).

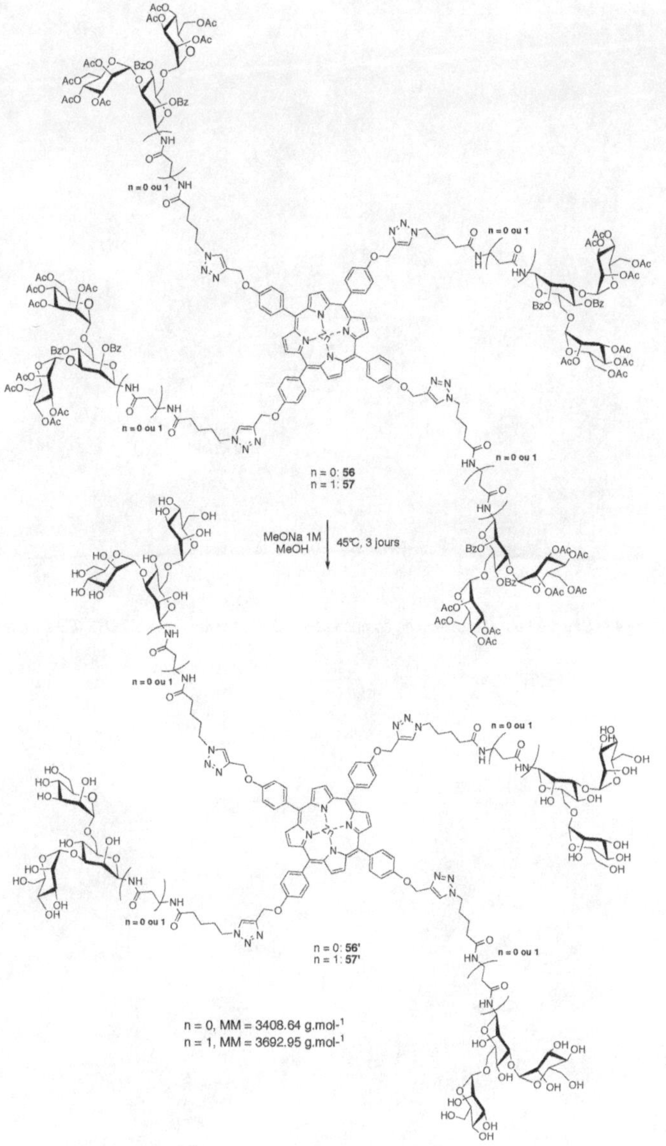

Schéma 82 : Déprotections par méthanolyse des glycoporphyrines **56** et **57**.

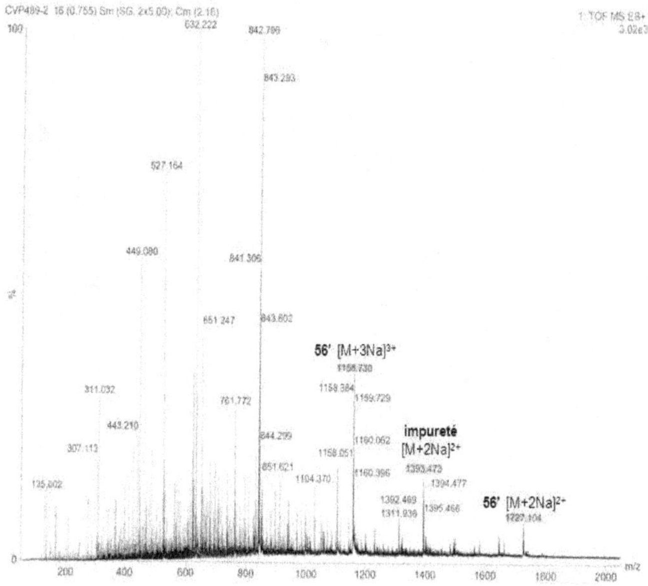

Figure 49 : Spectre haute résolution du composé **56'**. (*Q-Tof Micromass WATERS, ES+, Amiens*).

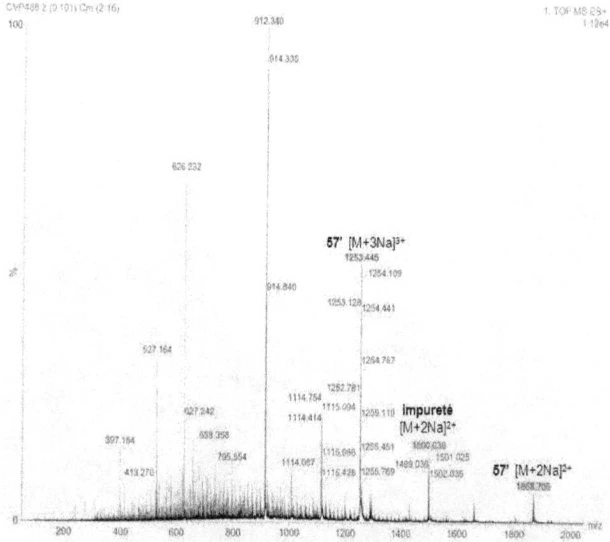

Figure 50 : Spectre haute résolution du composé **57'**. (*Q-Tof Micromass WATERS, ES+, Amiens*).

Pour s'affranchir, sur les produits finaux, de l'étape de déprotection difficile à suivre et entraînant la formation de produits secondaires, il convient alors de déprotéger le trisaccharide avant de le coupler à la porphyrine.

Pour le moment, cette séquence n'a été réalisée qu'avec le composé **54**, disponible en plus grande quantité au laboratoire. Celui-ci a donc été traité par une solution de méthanolate de sodium à 1M dans le méthanol pour fournir le produit libre **58** avec un rendement de 69% (***Schéma 83***).

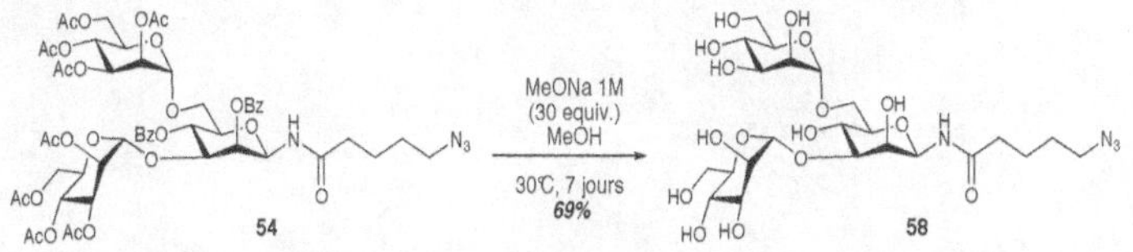

Schéma 83 : Déprotection du trisaccharide avant le couplage à la porphyrine.

La réaction de click chemistry entre le dérivé libre **58** et la tétra-propargyloxyphénylporphyrine est réalisée dans les mêmes conditions que précédemment. En présence du système CuI/DIPEA dans le DMF à 110℃ sous irradiation micro-onde, la réaction fournit le composé tétravalent **59** (***Schéma 84***).

Une étape de dialyse est par la suite réalisée afin d'éliminer le composé **58**, introduit en excès dans le milieu réactionnel. La comparaison des spectres de masse haute résolution, réalisés avant et après dialyse, permet de visualiser que le dérivé trisaccharidique **58** n'est plus présent dans l'échantillon après cette étape de purification. Cependant, la présence d'un pic à m/z = 840 a été détectée, les analyses sont actuellement en cours pour déterminer si celui-ci est un ion fils du composé **59** ou s'il correspond à un contaminant (***Figure 51***, ***Figure 52***). Dans l'optique ou le composé **59** serait pur, le rendement de la réaction serait de 83%.

Les résultats de la réaction de cycloaddition entre le tétra-propargyloxycalix[4]arène et les dérivés trisaccharidiques **54** et **55** seront présentés dans le paragraphe suivant. Toutefois, au regard des résultats préliminaires obtenus, la séquence déprotection-click chemistry semble être l'approche la plus appropriée. La manipulation du produit déprotégé lors de la préparation de la réaction de click chemistry ne pose pas de difficultés particulières et le rendement de la réaction reste tout à fait satisfaisant.

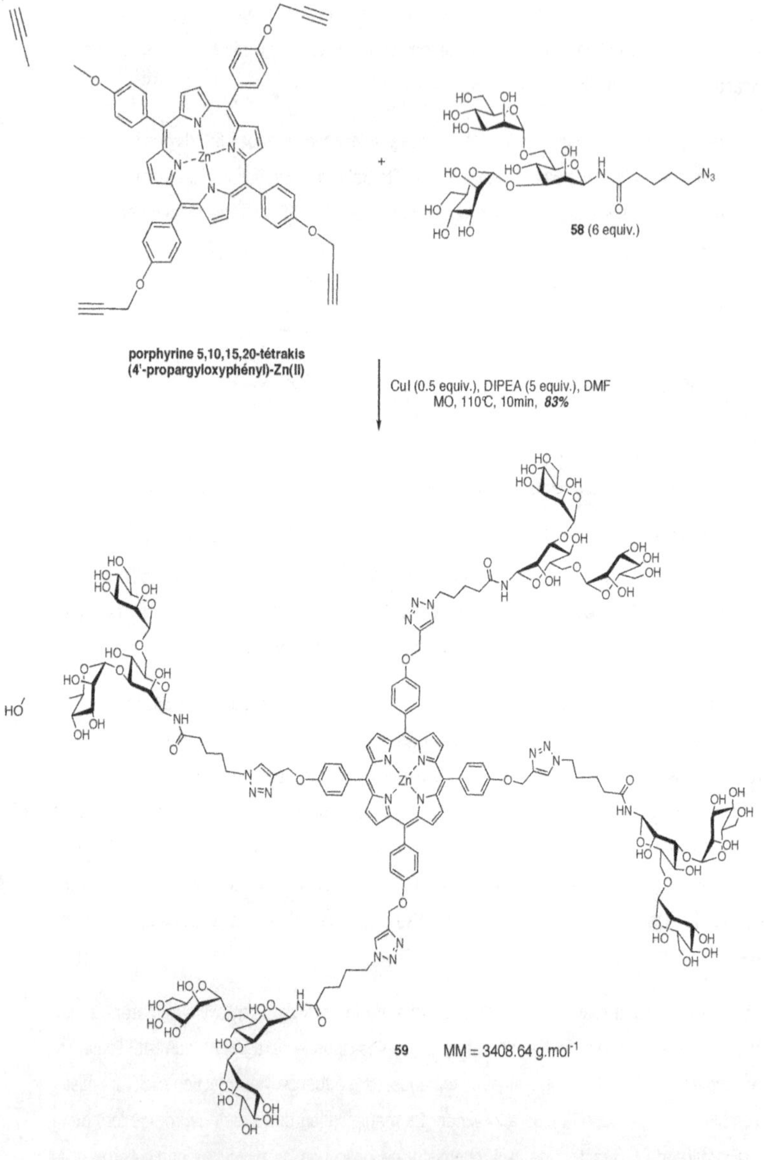

Schéma 84 : Click chemistry entre la porphyrine et le dérivé trisaccharidique libre **58**.

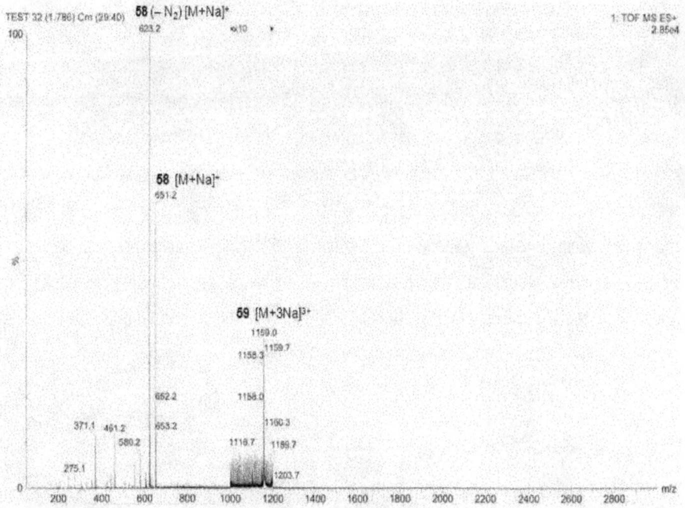

Figure 51 : Spectre haute résolution de la glycoporphyrine **59** avant dialyse (*Q-Tof Micromass WATERS, ES+, Amiens*).

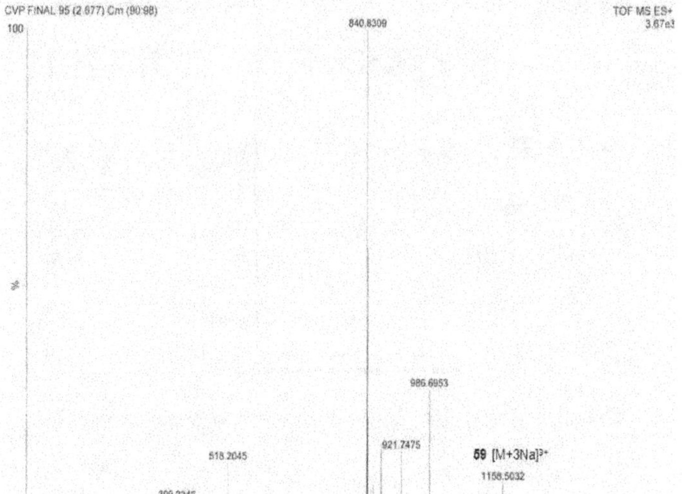

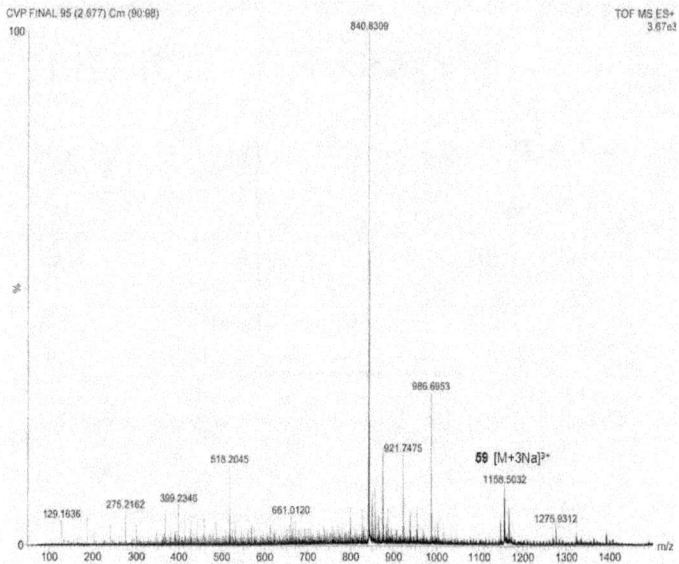

Figure 52 : Spectre haute résolution de la glycoporphyrine **59** après dialyse. (*Q-Tof Micromass WATERS, ES+, Amiens*).

E.2.Couplage sur le calix[4]arène.

Le cœur calixarène utilisé lors de ces travaux est issu d'une collaboration entre le Dr. Sébastien Vidal et le Dr. Susan E. Matthews de l'Université d'East Anglia. Le conformère 1,3-alterné est obtenu en 2 étapes à partir du *p-tert*-Butyl-calix[4]arène commercial (***Schéma 85***). Le traitement de celui-ci par du bromure de propargyle en présence de carbonate de potassium conduit dans un premier temps au dérivé di-propargyloxycalix[4]arène avec un rendement de 23%.[141] Ce composé est par la suite traité par un excès de bromure de propargyle en présence de carbonate de césium pour conduire aux tétra-propargyloxycalix[4]arènes séparables de conformations 1,3-alternée et cône partiel avec des rendements respectifs de 40 et 26%.[110]

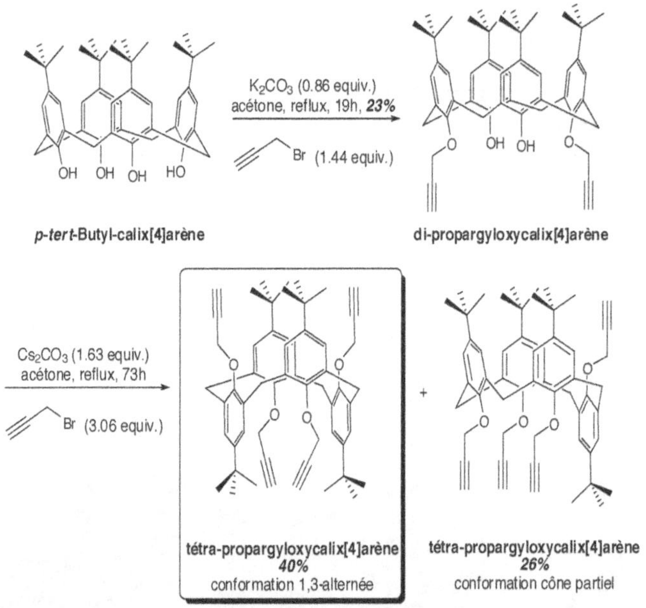

Schéma 85 : Synthèse de deux conformères calix[4]arènes tétrapropargylés.[110,141]

Le couplage au cœur calixarène, par click chemistry, des composés trisaccharidiques **54** et **55** est réalisé dans les mêmes conditions réactionnelles que le couplage à la porphyrine.

En présence du système CuI/DIPEA, dans le DMF, à 110℃ et sous irradiation micro-onde, la réaction avec le composé **54** permet l'obtention du glycocalix[4]arène **60** avec un rendement de 39% (***Schéma 86***). Le rendement de la réaction de couplage permettant l'obtention du glycocalix[4]arène **61**, entre le composé **55** et le calixarène, est quant à lui difficile à évaluer, l'analyse du produit obtenu révélant la présence d'un produit secondaire dans l'échantillon (***Schéma 87, Figure 54***).

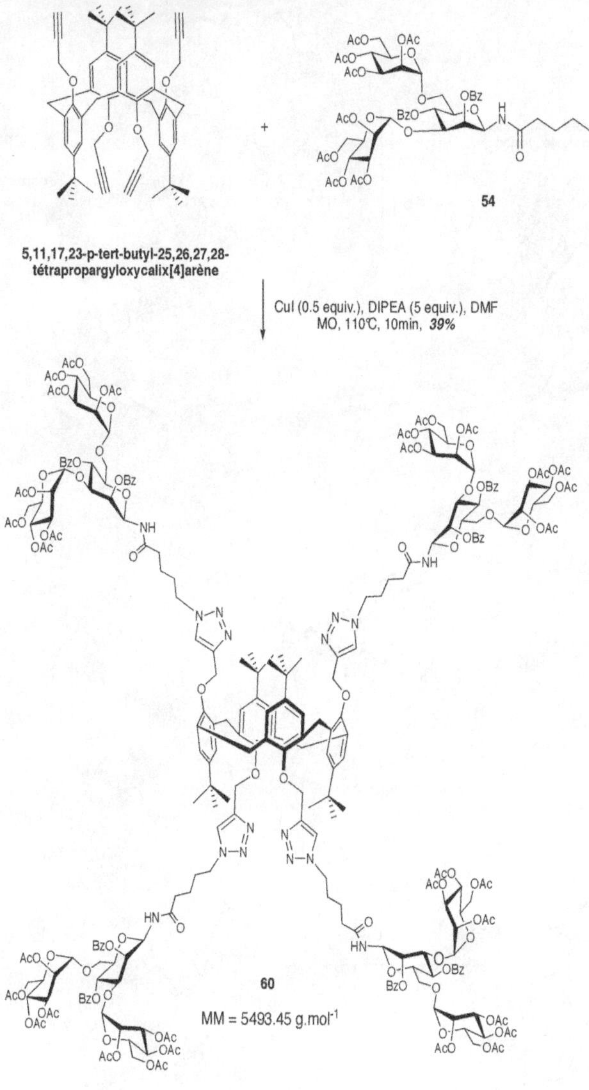

Schéma 86 : Cycloaddition assistée aux micro-ondes entre le calix[4]arène et le trisaccharide **54**.

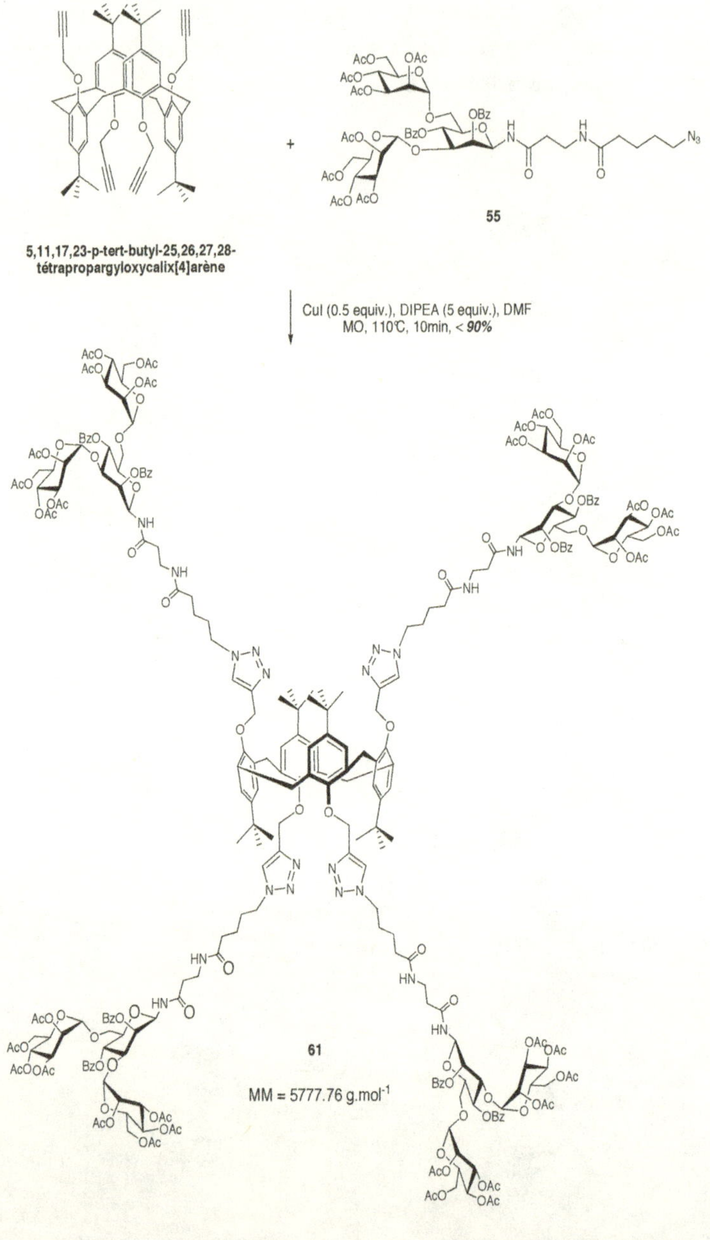

Schéma 87 : Cycloaddition assistée aux micro-ondes entre le calix[4]arène et le trisaccharide **55**.

Tout comme pour les glycoporphyrines, les glycocalix[4]arènes **60** et **61** ont fait l'objet d'une étude par RMN et par spectrométrie de masse haute résolution. L'étude des spectres ESI indique que le produit **60** est bien obtenu seul (***Figure 53***) alors que le produit **61** est en mélange. En effet, le spectre de celui-ci indique la présence d'un produit secondaire dont la masse correspond au calix[4]arène tri-fonctionnalisé (***Figure 54***).

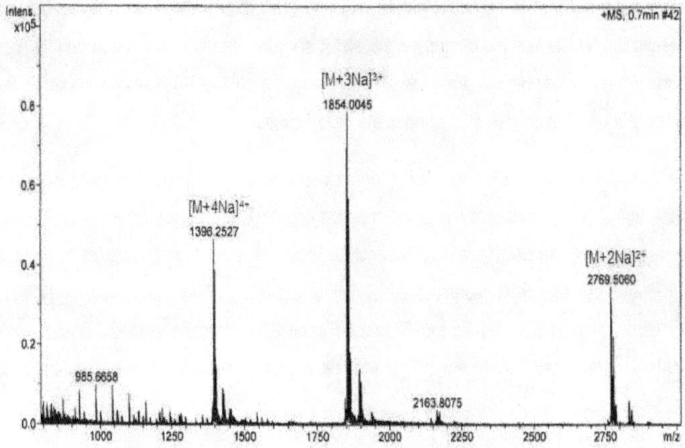

Figure 53 : Spectre haute résolution du composé **60**. (*MicroTOF-Q II* Bruker, *ES+, Lyon*)

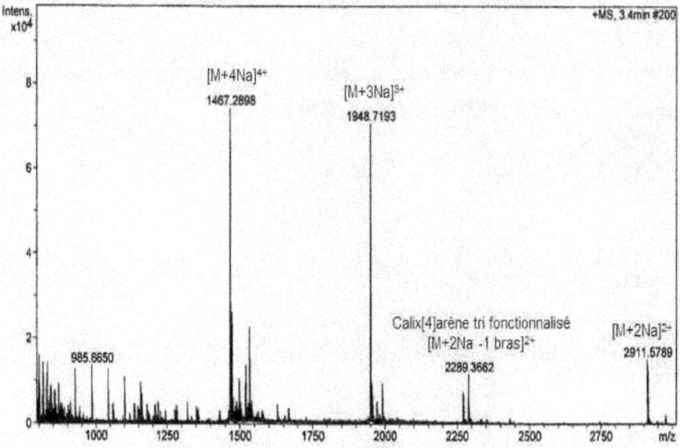

Figure 54 : Spectre haute résolution du composé **61**. (*MicroTOF-Q II* Bruker, *ES+, Lyon*)

Conclusion

Au cours de ces travaux préliminaires, les synthèses de deux dérivés trisaccharidiques (**54** et **55**) ont été achevées. Le couplage, par réaction de cycloaddition catalysée par le cuivre, de ces derniers à des plateformes de type porphyrine et calixarène, a permis l'obtention de quatre nouvelles glycostructures multivalentes protégées : deux glycoporphyrines (**56** et **57**) et deux glycocalixarènes (**60** et **61**). Cependant, les essais de déprotections réalisés sur les composés **56** et **57** se sont avérés peu encourageants. Les réactions de déprotections des glycocalixarènes ont quant à elles été réalisées, toutefois les produits obtenus n'ont pour le moment pas été caractérisés.

Pour s'affranchir des difficultés liées à l'étape de déprotection des produits finaux, celle-ci a alors été anticipée et réalisée avant la réaction de couplage par click chemistry. Les essais préliminaires réalisés avec le dérivé trisaccharidique **58** sont prometteurs et tendent à confirmer que cette approche semble être la plus appropriée pour l'obtention, sous leurs formes libres, des glycoconjugués multivalents. L'application de cette stratégie devrait alors permettre d'obtenir prochainement la gamme de glycoporphyrines et glycocalix[4]arènes souhaitée.

Des études d'affinités menées par Vidal et coll.[110] ont d'ores et déjà montré que la structure tridimensionnelle des cœurs multivalents des glycoconjugués calix[4]arènes joue un rôle important dans l'interaction avec la lectine testée (PA-IL). Au laboratoire des Glucides, nous espérons par la suite pouvoir tester biologiquement nos glycoconjugués et évaluer l'influence de la longueur du bras espaceur ainsi que celle de la nature du cœur (porphyrine ou calixarène) sur les phénomènes de reconnaissance mis en jeu.

Conclusion générale

Les oligosaccharides de type haut-mannose constituent des cibles intéressantes et font l'objet d'études visant à établir des relations entre leurs structures et leurs activités. Cependant, pour ces recherches, l'accès à ces molécules complexes n'est pas toujours aisé.

C'est dans ce contexte que nous avons développé une méthodologie originale donnant accès plus rapidement à des structures similaires à celles des hauts-mannoses dans lesquelles l'enchaînement des liaisons interglycosidiques des *N*-glycanes est respecté. Ainsi, dans le but de simplifier les synthèses, nous avons pris l'initiative, en associant la réaction de glycosylation classique à une réaction de click chemistry, de remplacer plusieurs unités mannosidiques situées au cœur des oligosaccharides par des groupements triazoles. Notre objectif fût donc dans un premier temps de réaliser la synthèse d'un pseudo-octasaccharide et d'un pseudo-nonasaccharide.

Pour ce projet, trois voies de synthèses ont été envisagées. La première qui a été explorée semblait être la plus directe car elle s'appuyait directement sur de précédents travaux du laboratoire. Malheureusement, à un stade avancé de la synthèse, les tentatives d'introduction des groupements propargyles sur nos substrats se sont avérées infructueuses. Aussi bien en milieu acide qu'en milieu basique, les groupements protecteurs utilisés, uniquement de type esters, n'étaient pas appropriés et la stratégie a donc été revisitée.

Dans la seconde voie envisagée, nous nous sommes orientés vers l'utilisation de groupements benzylidènes pour obtenir, suite à l'ouverture contrôlée de ces derniers, des précurseurs régiosélectivement benzylés. Grâce à ces modifications, les groupements propargyles nécessaires pour la réaction de click chemistry ont pu être introduits facilement. Cependant, les premiers essais de glycosylation permettant l'obtention du disaccharide clé α(1,6) (***Figure 55***) n'ont pas conduit au résultat escompté. Avec les substrats utilisés, la réaction s'est avérée n'être ni régio ni stéréosélective.

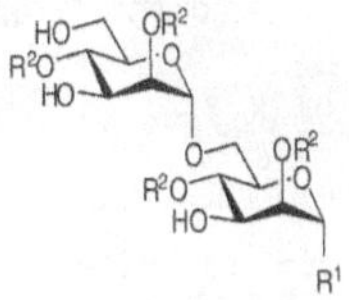

Figure 55 : Structure du disaccharide clé α(1,6).

Au vue de ces résultats, nous avons donc reconsidéré la fonctionnalisation du donneur et de l'accepteur qui permettent l'obtention du disaccharide et choisi de concentrer nos travaux uniquement sur la synthèse du pseudo-octasaccharide.

Dans la troisième voie, l'utilisation d'un seul groupement benzylidène et l'introduction sur les monosaccharides de groupements protecteurs participants ont permis l'obtention du disaccharide clé α(1,6) (***Figure 55***) avec une bonne stéréosélectivité. Une étape de déprotection sélective a par la suite permis l'obtention d'un triol sur lequel ont été introduits les groupements propargyles. La réaction de click chemistry a finalement conduit avec un bon rendement au pseudo-octamannoside souhaité (***Figure 56***). Toutefois, la séquence de déprotection de ce produit fut particulièrement difficile à réaliser. Les groupements benzyles en particulier sont apparus très résistants vis-à-vis des méthodes de débenzylation classiquement utilisées et à ce jour cette étape n'est pas encore optimisée.

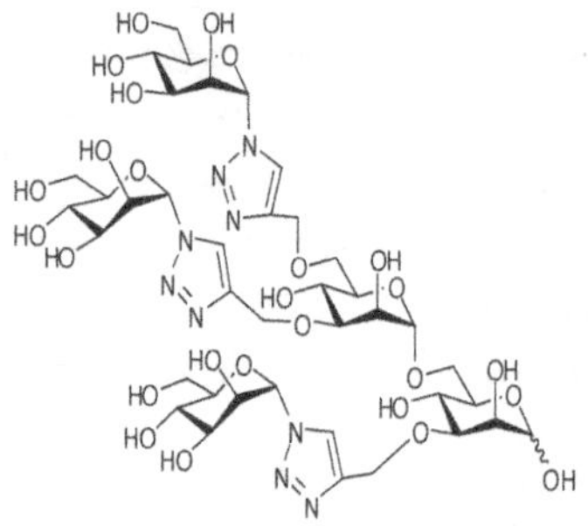

Figure 56 : Structure du pseudo-octamannoside.

Pour s'affranchir de ces difficultés nous envisageons dans un premier temps de réaliser la réaction de cycloaddition avec un dérivé azidé libre (*cf.* ***Schéma 58***). Pour la déprotection des benzyles, une des solutions également envisageables serait de les déprotéger avant de réaliser la réaction de click chemistry. Pour cela, il nous faudra trouver une méthode de déprotection sélective des benzyles qui ne réduit pas les triples liaisons.[142,143]

En raison des différents problèmes rencontrés au cours de ce projet, la synthèse du pseudo-Man_9 n'a pas pu être achevée. Guidés par nos résultats encourageants, nous proposons cependant une nouvelle voie de synthèse pour l'obtention de cette molécule attractive (*cf.* ***Schéma 58***).

Par ailleurs, au moment où se termine l'écriture de ce manuscrit, les premières études d'affinité du pseudo-man_8 avec la concanavaline A sont sur le point de débuter. Elles permettront d'évaluer les propriétés biologiques de ce composé en tant que mime de *N*-glycanes de type haut-mannose.

Notre second objectif était de réaliser, en collaboration avec le Dr. Sébastien Vidal, la synthèse de nouveaux glycoclusters multivalents. Au cours de ce projet, un trimannoside dont la synthèse fut réalisée sans difficultés particulières au Laboratoire des Glucides a été couplé *via* à un bras espaceur de longueur variable sur des cœurs de type porphyrine et calixarène par réaction de click chemistry. Deux glycoporphyrines et deux glycocalixarènes protégés ont ainsi été obtenus (*cf.* ***Schéma 80***, ***Schéma 81***, ***Schéma 86***, ***Schéma 87***).

Pour chacune des deux glycoporphyrines, les étapes de déprotection ont été délicates et les produits libres n'ont pas été obtenus purs mais en mélange. Un travail préliminaire de synthèse a donc été effectué en couplant à la porphyrine tétrapropargylée, le motif oligosaccharidique sous sa forme libre (***Schéma 84***). Les premiers résultats sont encourageants et suggèrent que cette approche est la plus appropriée pour l'obtention des glycoclusters. Ce travail de synthèse doit désormais être complété dans le but d'obtenir dans un premier temps les glycoclusters désirés et dans un second temps de les évaluer biologiquement.

A l'issue des évaluations biologiques, nous pourrons conclure quant à l'importance du respect de l'enchainement des liaisons interglycosidiques et de la densité de ligand dans le processus de reconnaissance sucres-lectines. D'autre part, nous pourrons valider ou infirmer l'hypothèse que des analogues de hauts-mannoses, obtenues par des voies de synthèses simplifiées, conservent au moins partiellement les propriétés de reconnaissance de leurs analogues naturels.

Partie 3

Partie expérimentale

I.Matériels et méthodes.

A.Produits chimiques et solvants.

Les réactifs et les solvants de réaction proviennent des sociétés Sigma-Aldrich (Belgique), Acros (Belgique), Fluka Chemie GmbH (Allemagne), et TCI Europe. Ils ont été utilisés sans traitement spécifique. Le dichlorométhane et la DMF utilisé sont préalablement distillés sous argon (sur hydrure de calcium pour le dichlorométhane). Le DMF anhydre est conservé sur tamis moléculaire. Les autres solvants sont de qualité HPLC (Acétone, MeOH, EtOH). Les solvants utilisés pour les purifications sont distillés préalablement. Les solvants deutériés employés ($CDCl_3$, D_2O, Pyridine-*d*5, DMSO-*d*6) proviennent de chez Eurisotop (Gif-sur-Yvette, France).

B.Chromatographie.

Chromatographie sur couche mince (CCM) *:* Les réactions sont suivies par chromatographie sur couche mince réalisées sur plaques de verre recouvertes de silice 60 F_{254} (épaisseur 0.2 mm, Merck, Allemagne). Les éluants utilisés sont des mélanges Cyclohexane/Acétate d'éthyle (V/V) ; les proportions sont précisées dans chaque cas dans la partie expérimentale. Les produits sont révélés par observation à la lumière UV (λ = 254 nm) puis par immersion dans une solution de vanilline-H_2SO_4 suivie d'une étape de chauffage.

Chromatographie flash : Les séparations chromatographiques sont effectuées dans des colonnes en verre remplies de gel de silice (Kieselgel, 230-400 mesh, Merck, Allemagne). Le brut est déposé sur silice ou dissous dans un minimum de solvant puis déposé en tête de colonne. L'élution est réalisée par passage d'un éluant ou gradient d'éluant sous pression d'air comprimé. La composition de l'éluant est précisée pour chaque composé dans la partie expérimentale.

HPLC : Le composé **43** a été purifié par Chromatographie Liquide Haute Performance (HPLC) sur un système WATERS PREP LC 4000 équipé d'un split 10/1 avec une partie pour la collecte et l'autre partie pour la détection à l'aide d'un détecteur à diffusion de lumière (DEDL) PL-ELS 1000 (Polymers Laboratories, U.S.A) (débit de l'azote : 1 $mL.min^{-1}$, température de nébulisation : 40℃, température d e vaporisation : 70℃).

La colonne chromatographique employée pour la purification du composé **43** est une colonne semi-préparative Prevail Carbohydrate ES 5u 250 mm x10 mm. Les conditions sont précisées dans la partie expérimentale.

C.Spectrométrie de masse.

Préparation des échantillons : Les produits à analyser sont solubilisés (environ 0.01 mg.mL^{-1}) dans du méthanol, de l'acétonitrile ou de l'eau. Les solutions obtenues sont directement injectées dans la source électrospray (5µL.mm^{-1} pour le Q-TOF et 20µL.mm^{-1} pour le ZQ) par infusion directe *via* une pompe à seringue.

Appareillage : Le contrôle des réactions est réalisé sur un spectromètre de masse ZQ 4000 (Waters-Micromass, Manchester, U.K) composé d'un quadrupole et équipé d'une source d'ionisation électrospray (Z-spray). Les températures de la source et de désolvatation sont respectivement de 80° et 150℃. L'azote est ut ilisé comme gaz de désolvatation et de nébulisation avec un débit respectif de 350 et 50 L.h^{-1}. Le voltage du capillaire est d'environ 3.5 kV et le voltage du cône varie de 20 à 100 V suivant les produits à analyser. Les spectres sont accumulés à une vitesse de 2s/scan pour une gamme de masse allant de 50 à 2000 Da.

Les mesures de masse exacte ont été réalisées sur un spectromètre Waters-Micromass (Manchester, U.K) composé d'un quadrupole et d'un temps de vol (Q-TOF) équipée d'une source d'ionisation électrospray assistée pneumatiquement (Z-spray). Les températures de la source et de désolvatation sont respectivement de 80° et 120℃. L'azote est utilisé comme gaz de désolvatati on et de nébulisation avec un débit respectif de 350 et 50 L.h^{-1}. Le voltage du capillaire est d'environ 3.5 kV et le voltage du cône varie de 50 à 250 V suivant les produits à analyser. Avant toute mesure de masse exacte, une calibration est effectuée avec le NaICs ou l'acide orthophosphorique. Les spectres sont accumulés à une vitesse de 2s/scan pour une gamme de masse allant de 50 à 2000 Da pour une résolution de 10000.

Pour les deux appareils, l'acquisition et le traitement des données sont réalisés *via* le logiciel MassLynx 4.1.

D.Résonnance Magnétique Nucléaire (RMN).

Les expériences RMN sont effectuées sur les spectromètres AVANCE DPX300 (Brüker) à la fréquence de 300.16 MHz pour le ^{1}H et 75.48 MHz pour le ^{13}C et AVANCE III IPSO600 (Brüker) à la fréquence de 600.13 MHz pour le ^{1}H équipés d'une unité Z-gradient et respectivement d'une sonde quadrupole résonance 5mm et d'une sonde TXI gradient Z 5 mm. Les déplacements chimiques (δ) sont exprimés en ppm par rapport à une référence externe, le tétraméthylsilane (TMS, $\delta = 0$ ppm) et la calibration interne est réalisée à l'aide du signal résiduel du solvant. Les spectres sont enregistrés à 298 K. La durée de l'impulsion 90° est approximativement de 7 μs pour le ^{1}H et 10 μs pour le ^{13}C.

Les spectres sont traités à l'aide du logiciel MestRenova 6.0.2 (de MestRelab) sur PC.

E. Pouvoirs rotatoires et points de fusion.

Les pouvoirs rotatoires spécifiques ($[\alpha]_D$) sont mesurés à 20°C à l'aide d'un polarimètre digital PERKIN-Elmer modèle 343. La longueur d'onde utilisée pour les mesures est de λ = 589 nm (raie du sodium). Les solutions sont préparées par dissolution des différents composés dans 2 mL de solvant de qualité HPLC. Elles sont ensuite disposées dans une cuve de 1 dm de longueur. Les valeurs des concentrations sont exprimées en gramme pour 100 mL de solvant et précisées pour chaque composé dans la partie expérimentale.

Les points de fusion sont déterminés à l'aide d'un appareil automatique Büchi 535 et sont donnés sans correction. Ils ne sont précisés que pour les composés qui ont été cristallisés. L'échantillon est déposé dans un capillaire et la température de chauffe est élevée progressivement (5°C/min) jusqu'à fusion du produit.

II.Partie expérimentale du chapitre 1.

A.Composés synthétisés selon la voie 1.

- **methyl 2,4-di-*O*-benzoyl-α-D-mannopyranoside A1 (1)[6]**

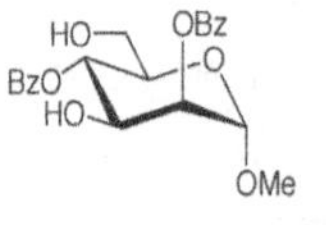	- $C_{21}H_{22}O_8$ - 402,39 g.mol^{-1} - White powder - Rf : 0,34 (Cyclohexane/EtOAc 6/4) - $[\alpha]^{20}_D$: -30°(c = 0.2; $CHCl_3$)

- **methyl 2,6-di-*O*-benzoyl-α-D-mannopyranoside A2 (2)[6]**

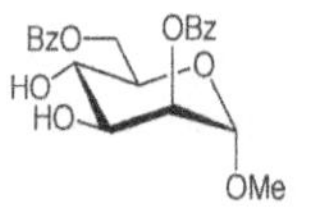	- $C_{21}H_{22}O_8$ - 402,39 g.mol^{-1} - White powder - Rf : 0,16 (Cyclohexane/EtOAc 6/4)

Camphor-(10)-sulfonic acid (2.39 g; 10.29 mmol; 0.4 equiv.) and triethylorthobenzoate (24.55 mL; 108.14 mmol; 4.2 equiv.) were added at 45°C to a solution of α-methyl-D-mannopyranoside (5 g; 25.74 mmol) in dry CH_3CN (230 mL). The mixture was stirred for 24 h under argon atmosphere at 45°C then the reaction was neutralized with triethylamine and evaporated. The residue was dissolved in CH_3CN (200 mL) and a solution of aqueous trifluoroacetic acid 90% (11.1 mL) was added. Stirring was continued for exactly 10 min then the mixture was diluted with toluene (50 mL) and concentrated. The residue was dissolved in CH_2Cl_2 (250 mL) then successfully washed with saturated aq. $NaHCO_3$ (2 x 200 mL), and water (200 mL), dried over sodium sulfate, filtered, and concentrated. The crude product was purified by column chromatography (Cyclohexane/EtOAc, 70:30) to afford the compound **1** (1.73 g, 16%) and **2**(1.96 g; 19%).

A1: ***^{1}H NMR ($CDCl_3$, 300 MHz)* δppm** 8.08-8.01, 7.56-7.39 (10H; m; C_6H_5COO); 5.47 (1H; t; $J_{4\text{-}3} = J_{4\text{-}5}$ = 10.1 Hz; H-4); 5.38 (1H; dd; $J_{2\text{-}3}$ = 3.5 Hz, $J_{2\text{-}1}$ = 1.7 Hz; H-2); 4.89 (1H; d; $J_{1\text{-}2}$ = 1.7 Hz; H-1); 4.38 (1H; dd; $J_{3\text{-}2}$ = 3.5 Hz, $J_{3\text{-}4}$ = 10.1 Hz; H-3); 3.87 (1H;m; H-5); 3.79-3.67 (2H; m; H-6, H-6'); 3.41 (3H; s; OCH_3). ***^{13}C NMR ($CDCl_3$, 75 MHz)* δppm** 167.2, 166.1 (C_6H_5COO); 133.6-128.5 (C_6H_5COO); 98.6 (C-1); 72.8 (C-2); 70.5 (C-5); 70.4 (C-4); 68.5 (C-3); 61.5 (C-6); 55.4 (OCH_3).

A2: ^{1}H NMR ($CDCl_3$, 300 MHz) δppm 8.11-7.94, 7.57-7.24 (10H; m; C_6H_5COO); 5.37 (1H; m; H-2); 4.84 (1H; s; H-1); 4.77 (1H; dd; $J_{6\text{-}5}$ = 3.9 Hz; $J_{6\text{-}6'}$ = 12.0 Hz; H-6); 4.58 (1H; m; H-6'); 4.15 (1H; dd; $J_{3\text{-}2}$ = 3.1 Hz, $J_{3\text{-}4}$ = 9.2 Hz; H-3); 3.99 (1H; t; $J_{4\text{-}3}$ = 9.2, $J_{4\text{-}5}$ = 9.6 Hz; H-4); 3.92-3.85 (1H; m; H-5); 3.41 (3H; s; OCH_3). ***^{13}C NMR ($CDCl_3$, 75 MHz)* δppm** 167.1, 166.1 (C_6H_5COO); 133.3-126.3 (C_6H_5COO); 98.8 (C-1); 72.4 (C-2); 70.3 (C-5); 70.0 (C-3); 67.9 (C-4); 63.7 (C-6); 55.2 (OCH_3).

♦ **methyl 3,6-di-*O*-acetyl-2,4-di-*O*-benzoyl-α-D-mannopyranoside (3)**

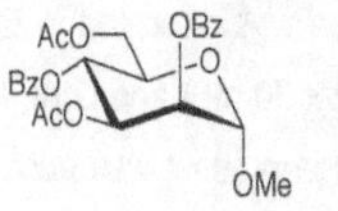

- $C_{25}H_{26}O_{10}$
- 486,17 g.mol^{-1}
- White powder
- Rf : 0,74 (Cyclohexane/EtOAc 7/3)
- $[\alpha]^{20}_D$: -50°(c = 0.19; $CHCl_3$)

Acetic anhydride (1.1 mL; 11.62 mmol; 4 equiv.) was added dropwise to a solution of **1** (1.16 g; 2.90 mmol) in pyridine (17 mL) at 0°C. The mixtu re was warmed up to room temperature and after 15 h the reaction was quenched by the addition of MeOH (10 mL) at 0°C and evaporated. The residue was dissolved in CH_2Cl_2 (30 mL) then successively washed with saturated aq. $KHSO_4$ (2 x 30 mL), $NaHCO_3$ (2 x 30 mL), and water (30 mL), dried over sodium sulfate, filtered, and concentrated. The crude product was purified by column chromatography (Cyclohexane/EtOAc, 80:20) to afford the compound **3** (1.41 g; 100%).

***^{1}H NMR ($CDCl_3$, 300 MHz)* δppm** 8.13-7.98, 7.59-7.41 (10H; m; C_6H_5COO); 5.72 (1H; t; $J_{4\text{-}3}$ = 9.8, $J_{4\text{-}5}$ = 10.1 Hz; H-4); 5.64 (1H; dd; $J_{3\text{-}2}$ = 3.1 Hz, $J_{3\text{-}4}$ = 9.8 Hz; H-3); 5.53 (1H; dd; $J_{2\text{-}3}$ = 3.1 Hz, $J_{2\text{-}1}$ = 1.7 Hz; H-2); 4.91 (1H; d; $J_{1\text{-}2}$ = 1.7 Hz; H-1); 4.35-4.27 (2H; m; H-6, H-6'); 4.24-4.18 (1H;m; H-5); 3.48 (3H; s; OCH_3); 2.03, 1.86 (6H; 2s; CH_3COO). ***^{13}C NMR ($CDCl_3$, 75 MHz)* δppm** 170.6, 170.1, 165.5 (C_6H_5COO; CH_3COO); 133.6-128.6 (C_6H_5COO); 98.6 (C-1); 70.1 (C-2); 69.1 (C-3); 68.6 (C-5); 67.1 (C-4); 62.9 (C-6); 55.5 (OCH_3); 20.7 (CH_3COO).

• **1,3,6-tri-*O*-acetyl-2,4-di-*O*-benzoyl-α-D-mannopyranose (4)**

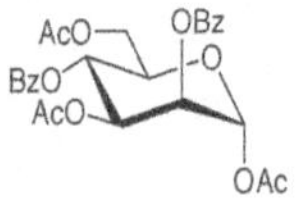	- $C_{26}H_{26}O_{11}$ - 514,48 g.mol^{-1} - White powder - Rf : 0,62 (Cyclohexane/EtOAc 8/2) - $[\alpha]^{20}_{D}$: -39°(c = 0.21; $CHCl_3$)

To compound **3** (1.31 g; 2.69 mmol) were added acetic anhydride (11.38 mL; 121.2 mmol; 45 equiv.), acetic acid (3.25 mL; 56.5 mmol; 21 equiv.) and sulfuric acid (82.3 μL; 1.53 mmol; 0.57 equiv.). The mixture was stirred for 3 days at 60°C then the reaction was neutralized with $AcONa.3H_2O$ (317 mg) and evaporated. The residue was dissolved in EtOAc (50 mL) then successively washed with saturated aq.$NaHCO_3$ (2 x 30 mL) and brine (30 mL), dried over sodium sulfate, filtered, and concentrated. The crude product was purified by column chromatography (Cyclohexane/EtOAc, 90:10) to afford the compound **4** (542.4 mg; 39%).

***^{1}H NMR ($CDCl_3$, 300 MHz)* δppm** 8.20-7.92, 7.58-7.19 (10H; m; C_6H_5COO); 6.28 (1H; d; $J_{1\text{-}2}$ = 1.9 Hz; H-1); 5.79 (1H; t; $J_{4\text{-}3}$ = $J_{4\text{-}5}$ = 10.1 Hz; H-4); 5.62 (1H; dd; $J_{3\text{-}2}$ = 3.1 Hz, $J_{3\text{-}4}$ = 10.1 Hz; H-3); 5.55 (1H; dd; $J_{2\text{-}3}$ = 3.1 Hz, $J_{2\text{-}1}$ = 1.9 Hz; H-2); 4.31-4.21 (3H; m; H-5, H-6, H-6'); 2.23, 2.05, 1.88 (9H; 3s; CH_3COO). ***^{13}C NMR ($CDCl_3$, 75 MHz)* δppm** 170.5, 170.1, 168.1, 165.3, 165.2 (C_6H_5COO; CH_3COO); 133.8-128.6 (C_6H_5COO); 90.6 (C-1); 70.7 (C-5); 69.0 (C-2); 68.8 (C-3); 66.5 (C-4); 62.5 (C-6); 20.9, 20.6 (CH_3COO).

• **3,6-di-*O*-acetyl-2,4-di-*O*-benzoyl-α-D-mannopyranose (5)**

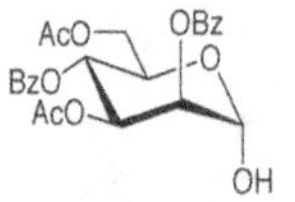	- $C_{24}H_{24}O_{10}$ - 472,44 g.mol^{-1} - White powder - Rf : 0,42 (Cyclohexane/EtOAc 7/3) - $[\alpha]^{20}_{D}$: -69°(c = 1,3; $CHCl_3$)

To a solution of compound **4** (522.4 mg; 1.01 mmol) in dry DMF (3 mL) was added hydrazine acetate (103 mg; 1.11 mmol; 1.1 equiv.). The mixture was stirred for 4 h at room temperature then diluted with EtOAc (20 mL). The organic layer was successfully washed with brine (2 x 10 mL) and water (2 x 10 mL), dried over sodium sulfate, filtered, and concentrated. The crude product was purified by column chromatography (Cyclohexane/EtOAc, 70:30) to afford the compound **5** (333 mg; 70%).

***¹H NMR (CDCl₃, 300 MHz)* δppm** 8.12-7.99, 7.60-7.42 (10H; m; C_6H_5COO); 5.77-5.75 (2H; m; H-3, H-4); 5.57-5.55 (1H; m; H-2); 5.43 (1H; dd; $J_{1\text{-}2}$ = 1.7 Hz, $J_{1\text{-}OH}$ = 4.1 Hz; H-1); 4.48-4.39 (2H; m; H-5, O*H*); 4.28-4.27 (2H; m; H-6, H-6'); 2.06, 1.98 (6H; 2s; CH_3COO). ***^{13}C NMR (CDCl₃, 75 MHz)* δppm** 171.1, 170.4, 165.7, 165.6 (C_6H_5*C*OO; CH_3*C*OO); 133.7-128.6 (*C*$_6H_5$COO); 92.2 (C-1); 70.8 (C-2); 69.0 (C-3 or C-4); 68.5 (C-5); 67.2 (C-3 or C-4); 63.1 (C-6); 20.78 (*C*H_3COO).

• 3,6-di-*O*-acetyl-2,4-di-*O*-benzoyl-α-D-mannopyranosyl trichloroacétimidate D1 (6)[6]

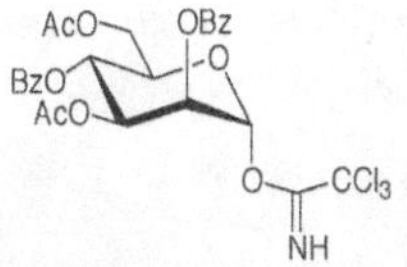	- $C_{26}H_{26}Cl_3NO_{10}$ - 616,83 g.mol^{-1} - white solid - Rf : 0,69 (Cyclohexane/AcOEt 7/3) - $[\alpha]^{20}_D$: -23,7°(c = 1.; $CHCl_3$)

To a solution of compound **5** (313 mg, 0.66 mmol) in dry CH_2Cl_2 (1 mL) were added trichloroacetonitrile (1.06 mL, 10.60 mmol, 16 equiv.) at room temperature and 1.8-diazabicyclo-[5,4,0]-undec-7-ene (6 µL,39 µmol, 0.06 equiv.) at 0℃. The reaction mixture was stirred for 1h at 0℃ then the solvent was evaporated. The crude product was purified by column chromatography (Cyclohexane/EtOAc, 70:30 with 2% of Et_3N) to afford the compound **6** (370 mg, 90%).

***¹H NMR (CDCl₃, 300 MHz)* δppm** 8.86 (1H; s; OCN*H*CCl₃); 8.16-8.00, 7.64-7.43 (10H; m; C_6H_5COO); 6.48 (1H; d; $J_{1\text{-}2}$ = 1.7 Hz; H-1); 5.85 (1H; t; $J_{4\text{-}3}$ = $J_{4\text{-}5}$ = 9.8 Hz; H-4); 5.78-5.71 (2H; m; H-2, H-3); 4.44-4.38 (1H; m; H-5); 4.31-4.29 (2H; m; H-6, H-6'); 2.06, 1.89 (6H; 2s; CH_3COO). ***^{13}C NMR (CDCl₃, 75 MHz)* δppm** 170.5, 170.0, 165.4, 165.1 (C_6H_5*C*OO; CH_3*C*OO); 159.9 (O*C*NHCCl₃); 133.9-128.7 (C_6H_5*C*OO); 94.6 (C-1); 71.4 (C-5); 68.8, 68.6 (C-2, C-3); 66.3 (C-4); 62.4 (C-6); 20.7 (*C*H_3COO).

- **1,2,3,4,6-penta-*O*-benzoyl-D-mannopyrannose (7)**[6]

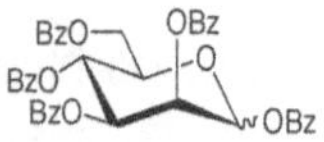	- $C_{41}H_{32}O_{11}$ - 700 g.mol^{-1} - White crystal - Rf : 0,64 (7/3Cyclohexane/EtOAc) - $[\alpha]^{20}_{D}$: -36,5° (c = 1.2; $CHCl_3$) - Pf : 143-145°C

Benzoyl chloride (48 mL; 416 mmol; 7.5 equiv.) was added dropwise to a solution of D-(+)-mannose (10 g; 55 mmol) in pyridine (200 mL) at 0°C. The mixture was warmed up to room temperature and after 15 h the reaction was quenched by the addition of MeOH (50 mL) at 0°C and evaporated. The residue was dissolve d in CH_2Cl_2 (200 mL) then successfully washed with saturated aq. $KHSO_4$ (2 x 200 mL), $NaHCO_3$ (2 x 200 mL), and water (200 mL), dried over sodium sulfate, filtered, and concentrated. The residue was crystallised in EtOH (500 mL) then filtrated to afford the compound **7** (35.46 g; 91%).

^{1}H NMR ($CDCl_3$, 300 MHz) **δppm** 8.12-7.27 (25H; m; C_6H_5COO); 6.65 (1H; d; $J_{1\alpha\text{-}2}$ = 1.9 Hz; H-1α); 6.46 (1H; d; $J_{1\beta\text{-}2}$ = 1,0 Hz; H-1β); 6.30 (1H; t; $J_{4\text{-}5}$ = 5,8 Hz; H-4); 6.12 (1H; dd; $J_{3\text{-}4}$ = 5.8 Hz; H-3); 5.94 (1H; dd; $J_{2\text{-}3}$ = 3.2 Hz; H-2); 4.75 (1H; dd; $J_{6\text{-}6'}$ = 12.3 Hz; H-6); 4.60 (1H; m; H-5); 4.41 (1H; dd; $J_{6'\text{-}5}$ = 3.5 Hz; H-6'). ***^{13}C NMR ($CDCl_3$, 75 MHz)*** **δppm** 165.9-165.7 (C_6H_5COO); 134.4-128.8 (C_6H_5COO); 91.7, 91.6 (C-1α, C-1β; 73.7 (C-5α/β); 70.4, 69.8 (C-2 α/β); 66.8, 66.5 (C-3 α/β); 63.0, 62.7 (C-4 α/β); 63.0, 62.7 (C-6 α/β).

- **1,2-*O*-benzylidene-3,4,5-tri-*O*-benzoyl-β-D-mannopyranoside (8)**[6]

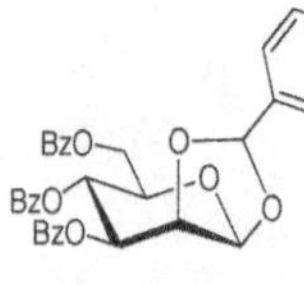	- $C_{24}H_{28}O_9$ - 580 g.mol^{-1} - white solid - Rf : 0,4 (Cyclohexane/AcOEt 7/3) - $[\alpha]^{20}_{D}$: -94° (c = 0.5 ; $CHCl_3$) - Pf : 171°C

To a solution of compound **7** (11.62 g, 16.6 mmol) in dry CH_2Cl_2 (450 mL) was added at 0°C a solution of bromhydric acid in glacial acetic acid (115 mL), the reaction mixture was stirred for 2h at 0°C then overnight at room temperature. The reaction mixture was then successively washed with glacial water (400 mL) and satured aq.$NaHCO_3$ (2 x 400 mL), dried over sodium sulfate, filtered, and concentrated. The residue was then dissolved in

CH_3CN (450 mL) for the addition of TBAI (3.43 g; 9.29 mmol; 1.7 equiv.) and $NaBH_4$ (1.40 g; 37.20 mmol; 2.25 equiv.). The reaction mixture was stirred for 2 days at room temperature then filtrate on celite and evaporated. The crude product was purified by column chromatography (Cyclohexane/EtOAc, 80:20) to afford the compound **8** (7.13 g, 74%).

***^{1}H NMR ($CDCl_3$, 300 MHz)* δppm** 8.17-7.20 (15H; m; C_6H_5COO); 6.20 (1H; t; $J_{4\text{-}5} = J_{4\text{-}3}$ = 10.1 Hz; H-4); 6.03 (1H; s; OC*H*(Ph)O); 5.79 (1H; dd; $J_{3\text{-}2}$ = 3.9 Hz, $J_{3\text{-}4}$ = 10.1 Hz; H-3); 5.67 (1H; d; $J_{1\text{-}2}$ = 1.9 Hz; H-1); 4.78 (1H; m; H-6); 4.50 (1H; dd; $J_{6'\text{-}5}$ = 3.1 Hz, $J_{6'\text{-}6}$ = 12.1 Hz; H-6'); 4.47 (1H; m; H-2); 4.17 (1H; dt; $J_{5\text{-}4}$ = 10.1 Hz, $J_{5\text{-}6}$ = 3.1 Hz, $J_{5\text{-}6'}$ = 3.1 Hz; H-5). ***^{13}C NMR ($CDCl_3$, 75 MHz)* δppm** 166.2-165.0 (C_6H_5*C*OO); 133.7-127.7 (*C*$_6H_5COO$); 107.1 (O*C*H(Ph)O); 96.4 (C-1); 78.2 (C-2); 71.6 (C-3); 69.7 (C-5); 66.3 (C-4); 62.2 (C-6).

• 3,4,6-tri-*O*-benzoyl-α-D-mannopyranose (9)[6]

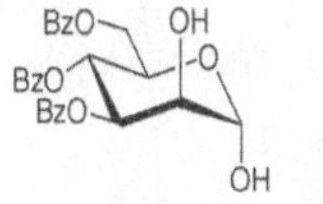	- $C_{27}H_{24}O_9$ - 492 g.mol^{-1} - white solid - Rf : 0,38 (Cyclohexane/AcOEt 5/5) - $[\alpha]^{20}_D$: -1,3° (c = 0.5; $CHCl_3$)

To a solution of compound **8** (7.03 g; 12.12 mmol) in CH_3CN (500 mL) was added at 0°C a solution of tetrafluoroboric acid 50% wt in H_2O (10.15 mL; 81.51 mmol; 6.7 equiv). The reaction mixture was stirred for 4 h at 0°C then neutralized by the addition of Et_3N and evaporated. The crude product was purified by column chromatography (Cyclohexane/EtOAc, 60:40) to afford the compound **9** (4.49 g; 75%).

***^{1}H NMR ($CDCl_3$, 300 MHz)* δppm** 8.05-7.20 (15H; m; C_6*H*$_5COO$); 6.04 (1H ; $J_{4\text{-}5} = J_{4\text{-}3}$ = 10.2 Hz; H-4); 5.78 (1H; dd; $J_{3\text{-}2}$ = 3.1 Hz, $J_{3\text{-}4}$ = 10.2 Hz ; H-3); 5.33 (1H; d; $J_{1\text{-}2}$ = 1.8 Hz; H-1); 4.32 (1H; dd; $J_{2\text{-}1}$ = 1.8 Hz, $J_{2\text{-}3}$ = 3.1 Hz ; H-2); 4.64 (1H; m; H-5); 4.61 (1H; m; H-6); 4.51 (1H; dd ; $J_{6'\text{-}5}$ = 4,8 Hz, $J_{6'\text{-}6}$ = 12 Hz ; H-6'). ***^{13}C NMR ($CDCl_3$, 75 MHz)* δppm** 166.4, 166.0, 166.8 (C_6H_5*C*OO); 133.1-128.0 (*C*$_6H_5COO$); 94.7 (C-1); 72.7 (C-3); 69.4 (C-2); 68.1 (C-5); 67.7 (C-4); 63.0 (C-6).

ES-HRMS: $[M + Na]^+$ = 515,1318 m/z calculated for $C_{27}H_{24}NaO_9$; found 515,1328.

• **1,2-di-*O*-acetyl-3,4,6-tri-*O*-benzoyl-α-D-mannopyranose (10)**[6]

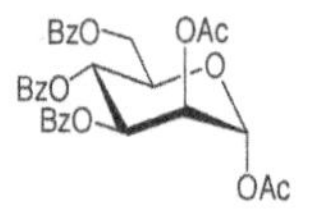	- $C_{31}H_{28}O_{11}$ - 576,16 g.mol^{-1} - white solid - Rf : 0,37 (Cyclohexane/AcOEt 7/3) - $[\alpha]^{20}_{D}$: +34,8° (c = 0.9; $CHCl_3$)

Acetic anhydride (2.31 mL; 24.60 mmol; 4 equiv.) was added dropwise to a solution of compound **9** (3.03 g; 6.15 mmol) in pyridine (55 mL) at 0℃. Th e mixture was warmed up to room temperature and after 15h the reaction was quenched by the addition of MeOH (10 mL) at 0℃ and evaporated. The residue was dissolved in CH_2Cl_2 (100 mL) then successively washed with saturated aq. $KHSO_4$ (2 x 150 mL), $NaHCO_3$ (2 x 150 mL), and water (150 mL), dried over sodium sulfate, filtered, and concentrated. The crude product was purified by column chromatography (Cyclohexane/EtOAc, 80:20) to afford the compound **10** (3.33 g; 94%).

***^{1}H NMR ($CDCl_3$, 300 MHz)* δppm** 8.10-7.30 (15H; m; C_6H_5COO); 6.22 (1H; d; $J_{1\text{-}2}$ = 2 Hz; H-1); 6.00 (1H; m; H-4); 5.78 (1H; dd; $J_{3\text{-}2}$ = 3.3 Hz, $J_{3\text{-}4}$ = 10.1 Hz; H-3); 5.55 (1H ; dd ; $J_{2\text{-}1}$ = 2 Hz, $J_{2\text{-}3}$ = 3.3 Hz; H-2); 4.65 (1H; m; H-6); 4.45 (2H; m; H-5, H-6'); 2.25, 2.15 (6H; 2s; CH_3COO). ***^{13}C NMR ($CDCl_3$, 75 MHz)* δppm** 169.4, 168.1 (CH_3COO); 165.9, 165.5, 165.2 (C_6H_5COO); 133.4-128.3 (C_6H_5COO); 90.5 (C-1); 70.8 (C-5); 69.4 (C-3); 68.6 (C-2); 66.3 (C-4); 62.7 (C-6); 20.8, 20.5 (CH_3COO).

ES-HRMS: $[M + Na]^+$ = 599,1529 m/z calculated for $C_{31}H_{28}NaO_{11}$; found 599,1529.

• **2-*O*-acetyl-3,4,6-tri-*O*-benzoyl-α-D-mannopyranose (11)**[6]

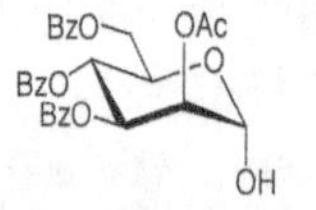	- $C_{29}H_{26}O_{10}$ - 534,51 g.mol^{-1} - white solid - Rf : 0,55 (Cyclohexane/AcOEt 6/4) - $[\alpha]^{20}_{D}$: +30° (c = 0.9; $CHCl_3$)

To a solution of compound **10** (5.9 g; 12.20 mmol) in dry DMF (35 mL) was added hydrazine acetate (1.03 g; 11.26 mmol; 1.1 equiv.). The mixture was stirred overnight at room temperature then diluted with EtOAc (100 mL). The organic layer was successively washed with brine (2 x 50 mL) and water (2 x 50 mL), dried over sodium sulfate, filtered, and concentrated. The crude product was purified by column chromatography (Cyclohexane/EtOAc, 80:20) to afford the compound **11** (4.05 g; 74%).

***^{1}H NMR ($CDCl_3$, 300 MHz)* δppm** 8.08-7.91, 7.53-7.33 (15H; m; C_6H_5COO); 6.01 (1H; t; $J_{4\text{-}3}$ = $J_{4\text{-}5}$ = 9.9 Hz; H-4); 5.92 (1H; dd; $J_{3\text{-}2}$ = 3.1 Hz, $J_{3\text{-}4}$ = 9.9; H-3); 5.53 (1H; dd; $J_{2\text{-}3}$ = 3.1 Hz, $J_{2\text{-}1}$ = 1.5 Hz; H-2); 5.39 (1H; d; $J_{1\text{-}2}$ = 1.5 Hz; H-1); 4.68 (1H; dd; $J_{6'\text{-}5}$ = 2.8 Hz, $J_{6'\text{-}6}$ = 12 Hz; H-6'); 4.65 (1H; m; H-5); 4.45 (1H; dd, $J_{6\text{-}5}$ = 3.9 Hz; $J_{6\text{-}6'}$ = 12 Hz; H-6); 2.11 (3H; s; CH_3COO). ***^{13}C NMR ($CDCl_3$, 75 MHz)* δppm** 170.0 (CH_3COO); 166.3, 165.5 (C_6H_5COO); 133.1-128.2 (C_6H_5COO); 91.9 (C-1); 70.5 (C-2); 69.6 (C-3); 68.4 (C-5); 67.0 (C-4); 63.1 (C-6); 20.6 (CH_3COO).

ES-HRMS: $[M + Na]^+$ = 557,1424 m/z calculated for $C_{29}H_{26}NaO_{10}$; found 557,1426.

• **2-*O*-acetyl-3,4,6-*O*-benzoyl-α-D-mannopyranosyl trichloroacetimidate D2 (12)**[6]

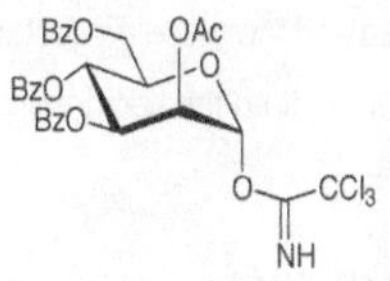	- $C_{31}H_{26}Cl_3NO_{10}$ - 678,90 g.mol^{-1} - white solid - Rf : 0,59 (Cyclohexane/AcOEt 7/3) - $[\alpha]^{20}_D$: +40° (c = 1.2; $CHCl_3$)

To a solution of compound **11** (2 g, 3.74 mmol) in dry CH_2Cl_2 (35 mL) were added trichloroacetonitrile (6mL, 60 mmol, 16 equiv.) at room temperature and 1.8-diazabicyclo-[5,4,0]-undec-7-ene (33.8 µL, 224 µmol, 0.06 equiv.) at 0°C. The reaction mixt ure was stirred for 1 h at 0°C then the solvent was evaporated. The crude product was purified by column chromatography (Cyclohexane/EtOAc, 70:30 with 2% of Et_3N) to afford the compound **12** (2.41 g, 95%).

***^{1}H NMR ($CDCl_3$, 300 MHz)* δppm** 8.84 (1H; s; $OCNHCCl_3$); 8.06-7.89, 7.55-7.33 (15H; m; C_6H_5COO); 6.43 (1H; d; $J_{1\text{-}2}$ = 1.7 Hz; H-1); 6.04 (1H; t; $J_{4\text{-}3}$ = $J_{4\text{-}5}$ = 10.0 Hz; H-4); 5.86 (1H; dd; $J_{3\text{-}2}$ = 3.3 Hz, $J_{3\text{-}4}$ = 9.9; H-3); 5.72 (1H; dd; $J_{2\text{-}3}$ = 3.3 Hz, $J_{2\text{-}1}$ = 1.7 Hz; H-2); 4.65 (1H; dd; $J_{6\text{-}5}$ = 2.4 Hz; $J_{6\text{-}6'}$ = 11.7 Hz; H-6); 4.60-4.56 (1H; m; H-5); 4.49 (1H; m; $J_{6'\text{-}5}$ = 4.83 Hz; $J_{6'\text{-}6}$ = 11.7 Hz; H-6'). ***^{13}C NMR ($CDCl_3$, 75 MHz)* δppm** 169.5, 166.1, 165.5 (C_6H_5COO); 159.8 ($OCNHCCl_3$); 133.6-128.4 (C_6H_5COO); 94.5 (C-1); 71.6 (C-5); 69.7 (C-3); 68.4 (C-2); 66.3 (C-4); 62.8 (C-6); 20.7 (CH_3COO).

ES-HRMS: $[M + Na]^+$ = 700,0520 m/z calculated for $C_{31}H_{26}NaO_{10}Cl_3$; found 700,0502.

• methyl 6-(3,6-di-*O*-acetyl-2,4-di-*O*-benzoyl-α-D-mannopyranosyl)-2,4-di-*O*-benzoyl-α-D-mannopyranoside (13)

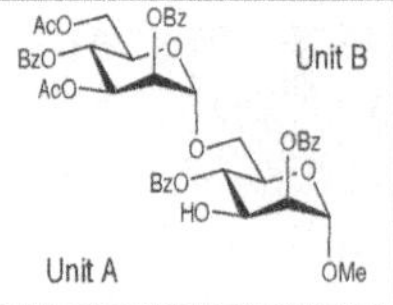	- $C_{45}H_{44}O_{17}$ - 856,82 g.mol^{-1} - White solid - Rf : 0,42 (Cyclohexane/ AcOEt 6/4)

The compound **6** (donor) (917 mg, 1.49 mmol; 1.2 equiv) and compound **1** (acceptor) (500 mg, 1.24 mmol) were both dissolved in dry CH_2Cl_2 (50 mL) under argon atmosphere and cooled to -80℃ for the addition of trimethylsilyle trifluoromethanesulfonate (789 μL, 4.35 mmol, 3.5 equiv.). The reaction mixture was stirred for 45 min at -80℃ then neutralized by the addition of Et_3N. The solvent was then evaporated and the crude product was purified by column chromatography (Cyclohexane/EtOAc, 80:20) to afford the compound **13** (503.7 mg, 43%).

***^{1}H NMR (CDCl$_3$, 300 MHz)* δppm** 8.17-8.02, 7.60-7.35 (20H; m; C_6H_5COO); 5.76-5.62 (3H; m; H-3A, H-4A, H-4B); 5.59 (1H; m; H-2A); 4.45 (1H; dd; $J_{2\text{-}3}$ = 3.4 Hz, $J_{2\text{-}1}$ = 1.5 Hz; H-2B); 5.04 (1H; d; $J_{1\text{-}2}$ = 1.6 Hz; H-1A); 4.96 (1H; d; $J_{1\text{-}2}$ = 1.2 Hz; H-1B); 4.39 (1H; m; H-3B); 4.24-4.03 (5H; m; H-5A, H-5B, H-6A; H-6B; H-6'B); 3.70 (1H; m; H-6'A); 3.54 (3H; s; OCH_3); 1.89, 1.88 (6H; 2s; CH_3COO). ***^{13}C NMR (CDCl$_3$, 75 MHz)* δppm** 170.4, 169.8, 166.7, 166.1, 165.5 (C_6H_5*C*OO; CH_3*C*OO); 133.6-128.6 (*C*$_6H_5$COO); 98.7 (C-1B); 97.3 (C-1A); 72.9 (C-2B); 70.2, 70.1, 69.1, 69.1, 68.8, 66.8 (C-2A, [C-3, C-4, C-5]-AB); 66.5 (C-6A); 62.5 (C-6B); 55.5 (O*C*H_3); 20.7, 20.5 (*C*H_3COO).

• **methyl 3-(2-*O*-acetyl-3,4,6-tri-*O*-benzoyl-α-D-mannopyranosyl)-6-(3,6-di-*O*-acetyl-2,4-di-*O*-benzoyl-α-D-mannopyranosyl)-2,4-di-*O*-benzoyl-α-D-mannopyranoside (14)**

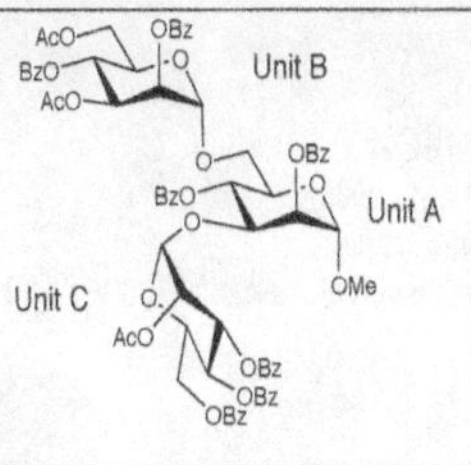	- $C_{74}H_{68}O_{26}$ - 1373,32 g.mol^{-1} - White solid - Rf : 0,38 (Cyclohexane/ AcOEt 6/4)

The compound **12** (donor) (253.3 mg, 0.374 mmol; 1.5 equiv) and compound **13** (acceptor) (231.6 mg, 0.249 mmol) were both dissolved in dry CH_2Cl_2 (18 mL) under argon atmosphere for the addition at room temperature of trimethylsilyle trifluoromethanesulfonate (158 µL, 870 µmol, 3.5 equiv.). The reaction mixture was stirred for 1h at room temperature then neutralized by the addition of Et_3N. The solvent was then evaporated and the crude product was purified by column chromatography (Cyclohexane/EtOAc, 80:20) to afford the compound **14** (130.6 mg, 38%).

***^{13}C NMR (CDCl$_3$, 75 MHz)* δppm** 160.6, 169.9, 169.1, 166.2, 166.2, 165.6, 165.6, 165.5, 165.3, 164.7 (C_6H_5COO; CH_3COO); 133.7-128.3 (C_6H_5COO); 99.5, 98.6, 97.3 (C-1A, C-1B, C-1C); 75.9, 72.0, 70.2, 69.5, 69.2, 68.8, 68.8, 67.0, 67.0 ((C-2, C-3, C-4, C-5)-ABC); 66.9, 63.2, 62.8 (C-6A, C-6B, C-6C); 55.4 (OCH_3); 20.7, 20.6, 20.5 (CH_3COO).

• methyl 3-(3,4,6-tri-*O*-benzoyl-α-D-mannopyranosyl)-6-(2,4-di-O-benzoyl-α-D-mannopyranosyl)-2,4-di-*O*-benzoyl-α-D-mannopyranoside (15)

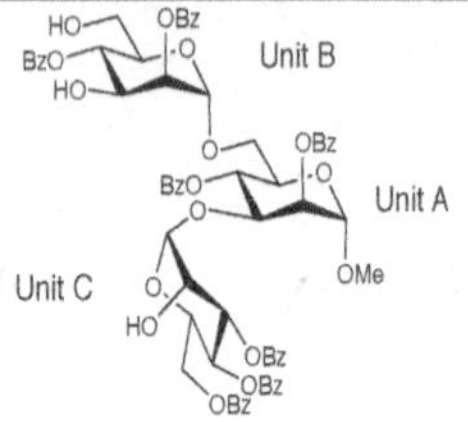	- $C_{68}H_{62}O_{23}$ - 1247,21 g.mol^{-1} - White solid - Rf : 0,5 (Cyclohexane/ AcOEt 5/5)

To a solution of compound **14** (100.6 mg; 73 μmol) in dry CH_2Cl_2 (50 mL) was added at 0℃ a freshly prepared solution of acetyl chloride (62.7 μL; 879 μmol; 12 equiv.) in MeOH (1 mL). The mixture was stirred for 7 days at room temperature then evaporated. The residue was dissolved in CH_2Cl_2 (25 mL) then successively washed with saturated aq.$NaHCO_3$ (2 x 10 mL) and water (10 mL), dried over sodium sulfate, filtered, and concentrated. The crude product was purified by column chromatography (Cyclohexane/EtOAc, 80:20 then 70:30 then 65:25) to afford the compound **15** (38 mg; 42%).

***^{13}C NMR ($CDCl_3$, 75 MHz)* δppm** 167.5, 166.3, 166.1, 166.1, 165.5, 165.4, 165.1 (C_6H_5*C*OO); 133.8-128.3 (*C_6*H_5COO); 101.6, 98.7, 97.8 (C-1A, C-1B, C-1C); 77.3, 75.4, 72.8, 72.1, 71.9, 70.8, 70.3, 69.6, 69.4, 69.3, 68.9, 68.7, 66.8 ((C-2, C-3, C-4, C-5)-ABC); 66.7, 63.4, 61.3 (C-6A, C-6B, C-6C); 55.5 (O*C*H_3).

• methyl 6-(2,4-di-*O*-benzoyl-α-D-mannopyranosyl)-2,4-di-*O*-benzoyl-α-D-mannopyranoside (16)

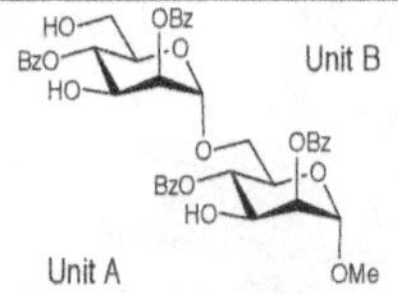	- $C_{41}H_{40}O_{15}$ - 772,75 g.mol^{-1} - White solid - Rf : 0,22 (Cyclohexane/ AcOEt 6/4)

To a solution of compound **13** (200 mg; 0.215 mmol) in dry CH_2Cl_2 (10 mL) was added at 0℃ a freshly prepared solution of acetyl chloride (0.12 mL; 1.72 mmol; 8 equiv.) in MeOH (2 mL). The mixture was stirred for 7 days at room temperature then evaporated. The residue was dissolved in CH_2Cl_2 (50 mL) then successively washed with saturated aq.$NaHCO_3$ (2 x

30 mL) and water (30 mL), dried over sodium sulfate, filtered, and concentrated. The crude product was purified by column chromatography (Cyclohexane/EtOAc, 70:30) to afford the compound **16** (104.6 mg; 63%).

***^{1}H NMR ($CDCl_3$, 300 MHz)* δppm** 8.14-8.02, 7.57-7.34 (20H; m; C_6H_5COO); 5.68 (1H; t; $J_{4\text{-}3}$ = $J_{4\text{-}5}$ = 9.95 Hz; H-4A); 5.50-5.42 (3H; m; H-2A, H-2B, H-4B); 5.08 (1H; d; $J_{1\text{-}2}$ = 1.4 Hz; H-1B); 4.95 (1H; d; $J_{1\text{-}2}$ = 1.5 Hz; H-1B); 4.49 (1H; dd; $J_{3\text{-}2}$ = 2.9 Hz, $J_{3\text{-}4}$ = 9.5 Hz; H-3B); 4.38 (1H; dd; $J_{3\text{-}2}$ = 2.9 Hz, $J_{3\text{-}4}$ = 9.7 Hz; H-3A); 4.17-4.13 (1H; m; H-5A); 3.98 (1H; dd; $J_{6\text{-}5}$ = 4.4 Hz; $J_{6\text{-}6'}$ = 10.8 Hz; H-6A); 3.80 (1H; ddd; $J_{5\text{-}4}$ = 9.9 Hz; $J_{5\text{-}6}$ = 3.2 Hz; $J_{5\text{-}6'}$ = 2.4 Hz; H-5B); 3.71 (1H; dd; $J_{6'\text{-}5}$ = 1.9 Hz; $J_{6\text{-}6'}$ = 10.9 Hz; H-6'A); 3.52-3.43 (5H; m; H-6B, H-6'B, OCH_3). ***^{13}C NMR ($CDCl_3$, 75 MHz)* δppm** 167.4, 166.9, 166.1, 165.9 (C_6H_5COO); 133.8-128.6 (C_6H_5COO); 98.7 (C-1A); 97.6 (C-1B); 72.8, 72.8 (C-2A, C-2B or C-2A, C-4B or C-2B, C-4B); 70.7 (C-5B); 70.2 (C-4A, C-2A or C-2B or C-4B); 69.1, 69.0 (C-3A, C-5A); 68.7 (C-3B); 66.4 (C-6A); 61.1 (C-6B); 55.6 (OCH_3).

- **prop-2-ynyl 2,2,2-trichloroacetimidate (17)**

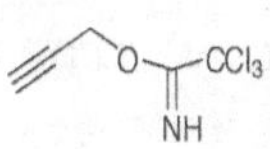	- $C_5H_4Cl_3NO$ - 200,45 g.mol^{-1} - Brown oil - Rf : 0,88 (Cyclohexane/AcOEt 6/4)

To a mixture of propargyl alcohol (1g; 17.8 mmol) and trichloroacetonitrile (1.96 mL; 19.6 mmol; 1.1 equiv.), a catalytic amount of sodium was added at 0°C. After stirring for 2h at room temperature, the reaction mixture was quenched with acetic acid (0.2 mL), diluted with ether (10 mL), washed with brine (2 x 20 mL) and dried over sodium sulfate. The solvent was evaporated at reduced pressure and the residue was distilled (100°C, 5 mmHg) to afford the corresponding trichloroacetimidate (3.55 g; 100%).

***^{1}H NMR ($CDCl_3$, 300 MHz)* δppm** 8.48 (1H; s; $OCNHCCl_3$); 4.90 (2H; d; J = 2.4 Hz; OCH_2CCH); 2.54 (1H; t; J = 2.4 Hz; OCH_2CCH). ***^{13}C NMR ($CDCl_3$, 75 MHz)* δppm** 161.8 ($OCNHCCl_3$); 77.1 (OCH_2CCH); 75.7 (OCH_2CCH); 56.6 (OCH_2CCH).[144]

B.Composés synthétisés selon la voie 2.

• 1,2,3,4,6-penta-*O*-acetyl-D-mannopyranose (18)

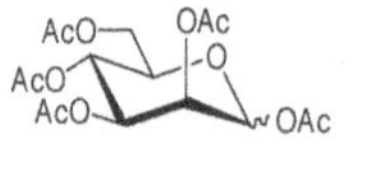	- $C_{16}H_{22}O_{11}$ - 390,34 g.mol^{-1} - Colorless oil

Acetic anhydride (53 mL; 555 mmol; 10 equiv.) was added dropwise to a solution of D-(+)-mannose (10 g; 55.5 mmol) in pyridine (1800 mL) at 0℃. The mixture was warmed up to room temperature and after 15 h the reaction was quenched by the addition of MeOH (25 mL) at 0℃ and evaporated. The residue was dissolve d in EtOAc (500 mL) then successfully washed with saturated aq. $KHSO_4$ (2 x 200 mL), $NaHCO_3$ (2 x 200 mL), and water (200 mL), dried over sodium sulfate, filtered, and concentrated to afford the compound **18** (21.6 g; 99%).

***^{1}H NMR (CDCl$_3$, 300 MHz)* δppm** 6.97 (1H; d; $J_{1\text{-}2}$ = 1.9 Hz ; H-1α); 5.78 (1H; d; $J_{1\text{-}2}$ = 1.0 Hz; H-1β); 5.38 (1H; dd; $J_{2\text{-}3}$ = 3.2 Hz; H-2); 5.18 (1H; t; $J_{4\text{-}3}$ = $J_{4\text{-}5}$ = 9.9 Hz; H-4); 5.05 (1H; dd; $J_{3\text{-}2}$ = 3.2 Hz; H-3); 4.30-3.95 (2H; m; H-6, H-6'); 3.70 (1H; m; H-5); 2.10, 2.07, 2.06, 1.99, 1.98, 1.95, 1.93, 1.90, 1.89, (15H; 9s; CH_3COO). ***^{13}C NMR (CDCl$_3$, 75 MHz)* δppm** 170.3, 169.7, 169.5, 169.4, 169.3, 169.3, 167.8 (CH_3COO); 90.3, 90.2 (C-1α, C-1β); 72.9, 70.4, 70.4, 68.5, 68.1, 68.0, 65.3, 65.2 (C-2, C-3, C-4, C-5); 61.8 (C-6); 20.7, 20.6, 20.5, 20.4, 20.4, 20.4, 20.4, 20.3, 20.2 (CH_3COO).

ES-HRMS: $[M + Na]^+$ = 413,1 m/z calculated for $C_{16}H_{22}NaO_{11}$; found 413,1.

• *p*-methylphenyl 2,3,4,6-tetra-*O*-acetyl-1-thio-α-D-mannopyranoside (19)

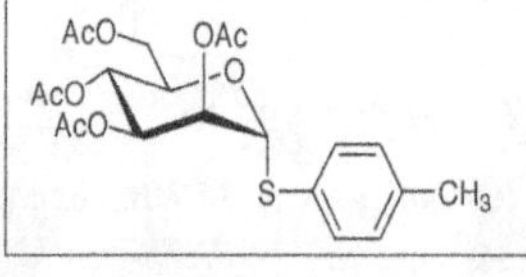	- $C_{21}H_{26}O_9S$ - 454,49 g.mol^{-1} - white solid - Rf : 0,29 (Cyclohexane/AcOEt 7/3) - $[\alpha]^{20}_{D}$: + 112°(c = 0,26; $CHCl_3$)

To a stirred solution of compound **1** (24.03 g, 61.59 mmol) in dry CH_2Cl_2 (300 mL) was added *p*-toluenethiol (15.30 g, 123.18 mmol, 2 equiv.) at room temperature. The mixture was then cooled to -40℃ and dry $BF_3.OEt_2$ (13.80 mL, 108.89 mmol, 1.7 equiv.) was added dropwise. The mixture was stirred under argon atmosphere for 30 min at -40℃ and then slowly warmed up to room temperature (1h) followed by stirring for one night. The reaction mixture was washed with saturated $NaHCO_3$ (2 x 200 mL) and water (2 x 150 mL), dried over sodium sulfate, filtered and concentrated. The crude product was purified by column chromatography (Cyclohexane/EtOAc, 85:15→80:20) to afford the compound **2** (19.03 g, 68%).

***^{1}H NMR ($CDCl_3$, 300 MHz)* δppm** 7.35 (2H; d; J = 8.1 Hz; $SC_6H_4CH_3$); 7.09 (2H; d; J = 7.9 Hz; $SC_6H_4CH_3$); 5.47 (1H; m; H-2 or H-3); 5.39 (1H; m; H-1); 5.29 (2H; m; H-4, H-2 or H-3); 4.53 (1H; m; H-5); 4.27 (1H; dd; $J_{6\text{-}5}$ = 5.9 Hz, $J_{6\text{-}6'}$ = 12.2 Hz; H-6); 4.07 (1H; dd; $J_{6'\text{-}5}$ = 2.2 Hz, $J_{6'\text{-}6}$ = 12.2 Hz; H-6'); 2.30 (3H; s; $SC_6H_4CH_3$); 2.11,2.05,2.03,1.99 (12H ; 4s; CH_3COO). ***^{13}C NMR ($CDCl_3$, 75 MHz)* δppm** 170.5, 169.9, 169.8, 169.7 (CH_3COO); 138.4, 132.6, 129.3, 128.8 ($SC_6H_4CH_3$); 86.0 (C-1); 70.9, 69.4, 69.4, 66.4 (C-2, C-3, C-4, C-5); 62.5 (C-6); 21.1, 20.9, 20.7, 20.6 (CH_3COO).

• ***p*-methylphenyl 1-thio-α-D-mannopyranoside (20)**

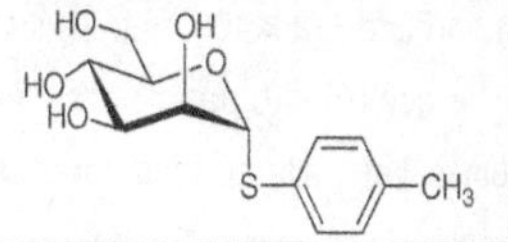

- $C_{13}H_{18}O_5S$
- 286,34 g.mol^{-1}
- white solid
- $[\alpha]^{20}_D$: + 226° (c = 0,21; MeOH)

To a solution of compound **2** (12.77 g, 28.09 mmol) dissolved in MeOH (450 mL) was added 1M sodium methanolate solution (168.50 mL, 168.50 mmol, 6 equiv.). The reaction mixture was stirred for 3h at room temperature then neutralized with Amberlite® IR120 H^+ resin, filtered, and concentrated to give **3** (7.78 g, 97%).

***^{1}H NMR (MeOD, 300 MHz)* δppm** 7.42-7.38 (2H; m; $SC_6H_4CH_3$); 7.14-7.11 (2H; m; $SC_6H_4CH_3$); 5.36 (1H; H-1); 4.08 (1H; q; $J_{2\text{-}1}$ = 1.6 Hz, $J_{2\text{-}3}$ = 2.8 Hz; H-2); 4.03 (1H; m; H-5); 3.85-3.67 (4H; m; H-6, H-6', H-3, H-4). ***^{13}C NMR (MeOD, 75 MHz)* δppm** 138.8, 133.5, 132.1, 130.7 ($SC_6H_4CH_3$); 90.7 (C-1); 73.7 (C-2); 75.5, 73.1, 68.7 (C-3, C-4, C-5); 62.6 (C-6); 21.1 ($SC_6H_4CH_3$).

ES-HRMS: $[M + Na]^+$ = 309,0773 m/z calculated for $C_{13}H_{18}NaO_5$; found 309,0772.

• *p*-methylphenyl 2,3-4,6-di-*O*-benzylidene-1-thio-α-D-mannopyranoside (21)

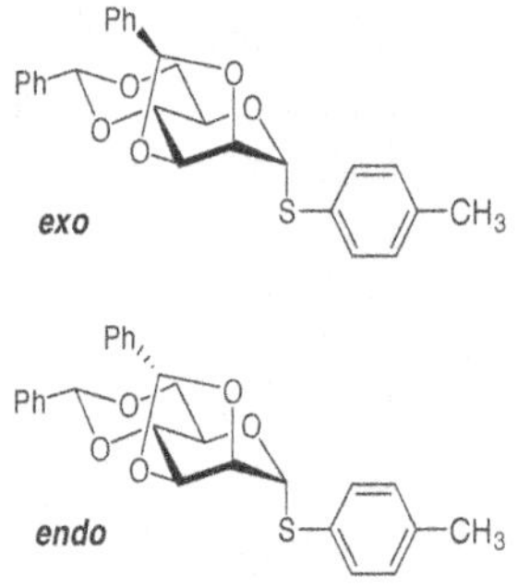	- $C_{27}H_{26}O_5S$ - 462,56 g.mol^{-1} - white solid - Rf : 0,73 (Cyclohexane/EtOAc 7/3) - $[\alpha]^{20}_D$: +123,5° (c = 0,38 ; $CHCl_3$)

To a solution of compound **20** (4.82 g, 16.84 mmol) in dry DMF (70 mL) were added *p*-toluenesulfonic acid up to pH=3 and benzaldehyde dimethylacetal (10.15 mL, 67.39 mmol, 4 equiv.) at room temperature. The reaction mixture was stirred for 6h at +40℃ under reduced pressure (150 mbar) by using a rotary evaporator. The solvent was then evaporated, and the residue was diluted with CH_2Cl_2 (250 mL). The organic phase was washed with saturated aq.$NaHCO_3$ (2 x 100 mL) and brine (2 x 100 mL). The water phase was washed again with CH_2Cl_2 (2 x 200 mL). The combined organic phase was washed again with water (2 x 100 mL), dried over sodium sulfate, filtered, and concentrated. The crude product was purified by column chromatography (Cyclohexane/EtOAc, 90:10) to afford the compound **21** (*endo*/*exo* ratio 1:1) (7.21 g, 92%).

***^{1}H NMR ($CDCl_3$, 300 MHz)* δppm** 7.92-7.89, 7.68-7.37, 7.19-7.15 (28H; m; C_6H_5, $SC_6H_4CH_3$); 6.34 (1H; s; C*H*Ph.*exo*); 6.00 (1H; s; C*H*Ph.*endo*); 5.89 (1H; s; H-1.*endo*); 5.83 (1H; s; H-1.*exo*); 5.67 (1H; s; C*H*Ph.*exo*); 5.54 (1H; s; C*H*Ph.*endo*); 4.71 (1H; dd; $J_{3\text{-}2}$ = 5.3 Hz, $J_{3\text{-}4'}$ = 8.13 Hz; H-3.*exo*); 4.59-4.50 (2H; m; H-2.*endo*, H-3.*endo*); 4.42-4.20 (5H; m; H-2.*exo*, H-5.*endo*/*exo*, H-6.*endo*/*exo*); 4.01 (1H; dd; $J_{4\text{-}3}$ = 8.2 Hz, $J_{4\text{-}5}$ = 9.7 Hz; H-4.*exo*); 3.88-3.69 (3H; m; H-4.*endo*, H-6'.*endo*/*exo*); 2.37, 2.36 (6H; 2s; $SC_6H_4CH_3$). ***^{13}C NMR ($CDCl_3$, 75 MHz)* δppm** 138.5-124.6 (C_6H_5, $SC_6H_4CH_3$); 104.1 (*C*HPh.*endo*); 103.1 (*C*HPh.*exo*); 102.1 (*C*HPh.*exo*); 101.8 (*C*HPh.*endo*); 85.0 (C-1.*exo*); 84.5 (C-1.*endo*); 80.8 (C-4.*endo*); 78.6 (C-2.*endo*); 77.8 (C-4.*exo*); 75.9 (C-2.*exo*); 75.4 (C-3.*exo*); 74.0 (C-3.*endo*); 68.6 (C-6.*endo*, C-6.*exo*); 61.7 (C-5.*endo*); 61.6 (C-5.*exo*); 21.1 ($SC_6H_4CH_3$).

ES-HRMS: $[M + Na]^+$ = 485,1399 m/z calculated for $C_{27}H_{26}NaO_5S$; found 485,1407.

• ***p*-methylphenyl 2,4-di-*O*-benzyl-1-thio-α-D-mannopyranoside A3 (22)**

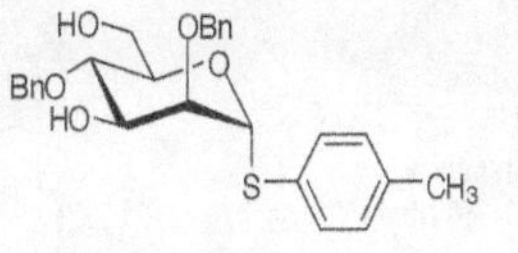	- $C_{27}H_{30}O_5S$ - 466,59 $g.mol^{-1}$ - white solid - Rf : 0,55 (Cyclohexane/ AcOEt 6/4) - $[\alpha]^{20}_{D}$: + 110° (c = 0,08 ; $CHCl_3$)

• ***p*-methylphenyl 3,4-di-*O*-benzyl-1-thio-α-D-mannopyranoside A4 (23)**

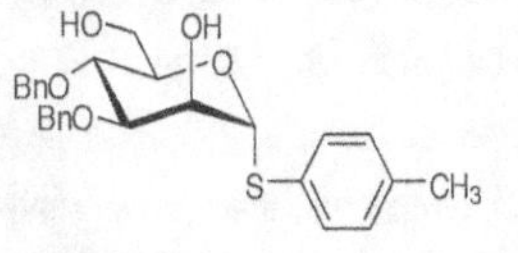	- $C_{27}H_{30}O_5S$ - 466,59 $g.mol^{-1}$ - white solid - Rf : 0,25 (Cyclohexane/ AcOEt 6/4) - $[\alpha]^{20}_{D}$: + 173° (c = 0,23 ; $CHCl_3$)

The compounds **21** (7.02 g, 15.18 mmol) were treated with 1M BH_3-THF solution (75.90 mL, 75.90 mmol, 5 equiv.) and 1M Bu_2BOTf-CH_2Cl_2 solution (30.37 mL, 30.37 mmol, 2 equiv.) at 0℃. The reaction mixture was stirred for 4h at 0℃ then the reaction was quenched by the addition of MeOH dropwise up to the end of the gas release. The solvent was evaporated and the crude product was purified by column chromatography (Cyclohexane/EtOAc, 80:20 then 50:50) to afford the compounds **22** (3.44 g, 48%) and **23** (2.73 g, 38%).

***A3: ^{1}H NMR ($CDCl_3$, 300 MHz)* δppm** 7.36-7.06 (14H; m; $C_6H_5CH_2$, $SC_6H_4CH_3$); 5.53 (1H; s; H-1); 4.97-4.93, 4.76-4.51 (4H; m; $C_6H_5CH_2$); 4.20-4.15, 4.07-4.01, 3.86-3.76 (6H; m; H-2, H-3, H-4, H-5, H-6, H-6'); 2.36 (3H; s; $SC_6H_4CH_3$). ***^{13}C NMR ($CDCl_3$, 75 MHz)* δppm** 138.3-127.9 ($C_6H_5CH_2$, $SC_6H_4CH_3$); 85.6 (C-1); 79.7, 76.6, 72.5, 72.2 (C-2, C-3, C-4, C-5); 75.6, 72.5 ($C_6H_5CH_2$); 62.2 (C-6); 21.2 ($SC_6H_4CH_3$).

ES-HRMS: $[M + Na]^+$ = 489,1712 m/z calculated for $C_{27}H_{30}NaO_5S$; found 489,1726.

***A4: ^{1}H NMR ($CDCl_3$, 300 MHz)* δppm** 7.40-7.07 (14H; m; $C_6H_5CH_2$, $SC_6H_4CH_3$); 5.50 (1H; d; $J_{1\text{-}2}$ = 1.3 Hz; H-1); 4.87-4.63 (4H; m; $C_6H_5CH_2$); 4.25 (1H; dd; $J_{2\text{-}3}$ = 2.9 Hz; H-2); 4.17 (1H; dt; $J_{5\text{-}4}$ = 9.2 Hz; $J_{5\text{-}6}$ = 2.9 Hz; $J_{5\text{-}6'}$ = 3.1 Hz; H-5); 3.97 (1H; t; $J_{4\text{-}3}$ = $J_{4\text{-}5}$ = 9.2 Hz; H-4); 3.90 (1H; dd; $J_{3\text{-}4}$ = 9.2 Hz; H-3); 3.81-3.80 (2H; m; H-6, H-6'); 2.28 (3H; s; $SC_6H_4CH_3$). ***^{13}C NMR ($CDCl_3$, 75 MHz)* δppm** 138.3-127.0 ($C_6H_5CH_2$, $SC_6H_4CH_3$); 87.7 (C-1); 80.2 (C-3); 75.3 ($C_6H_5CH_2$); 74.2 (C-4); 72.8 (C-5); 72.3 ($C_6H_5CH_2$); 69.9 (C-2); 61.8 (C-6); 21.1 ($SC_6H_4CH_3$).

ES-HRMS: $[M + Na]^+$ = 489,1712 m/z calculated for $C_{27}H_{30}NaO_5S$; found 489,1723.

♦ *p*-methylphenyl 2,4-di-*O*-benzyl-3,6-di-*O*-propargyl-1-thio-α-D-mannopyranoside (24)

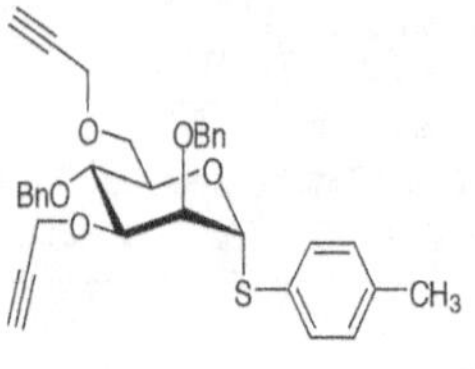	- $C_{33}H_{34}O_5S$ - 542,69 g.mol^{-1} - yellowish oil - Rf : 0,56 (Cyclohexane/ AcOEt 7/3) - $[\alpha]^{20}{}_D$: + 101°(c = 0,22 ; $CHCl_3$)

The compound **23** (200 mg, 0.429 mmol) was dissolved in dry DMF (5 mL) and cooled to 0℃ then NaH (68.6 mg, 1.71 mmol, 4 equiv.) and propargyl bromide (277 μL, 2.57 mmol, 6 equiv.) were added. The reaction mixture was stirred for 30min at -0℃ and then slowly warmed up to room temperature for 4h. The reaction mixture was then diluted with H_2O (5 mL) and water phase was extracted with Et_2O (3 x 20 mL). The combined organic phase was dried with sodium sulfate, filtered, and concentrated. The crude product was purified by column chromatography (Cyclohexane/EtOAc, 90:10) to afford the compound **24** (141.6mg, 61%).

***^{1}H NMR ($CDCl_3$, 300 MHz)* δppm** 7.39-7.09 (14H; m; $C_6H_5CH_2$, $SC_6H_4CH_3$); 5.52 (1H; d; $J_{1\text{-}2}$ = 1.2 Hz; H-1); 4.94-4.66 (4H; m; $C_6H_5CH_2$); 4.29-4.11 (5H; m; H-5, OCH_2CCH); 4.08 (1H; dd; $J_{2\text{-}3}$ = 2.6 Hz; H-2); 4.02 (1H; t; $J_{4\text{-}3}$ = $J_{4\text{-}5}$ = 9.3 Hz; H-4); 3.39-3.91 (2H; m; H-3, H-6); 3.74 (1H; dd; $J_{6'\text{-}5}$ = 1.7 Hz; $J_{6'\text{-}6}$ = 10.8 Hz; H-6'); 2.46 (1H; t; J = 2.3 Hz; OCH_2CCH); 2.38 (1H; t; 2.3 Hz; OCH_2CCH); 2.23 (3H; s; $SC_6H_4CH_3$). ***^{13}C NMR ($CDCl_3$, 75 MHz)* δppm** 138.65-127.79 ($C_6H_5CH_2$, $SC_6H_4CH_3$); 86.3 (C-1); 79.9 ((OCH_2CCH); 76.7 (C-3); 76.5 (C-2); 75.2 ($C_6H_5CH_2$); 74.8 (OCH_2CCH); 74.7 (C-4); 74.7 (OCH_2CCH); 72.6 (C-5); 72.2 ($C_6H_5CH_2$); 58.6, 57.7 (OCH_2CCH); 21.2 ($SC_6H_4CH_3$).

ES-HRMS: $[M + Na]^+$ = 465,2021 m/z calculated for $C_{33}H_{34}NaO_5S$; found 565,1592.

- **2,4-di-*O*-benzyl-3,6-di-*O*-propargyl-D-mannopyranose (25)**

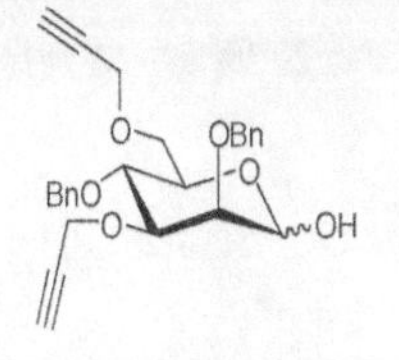	- $C_{26}H_{28}O_6$ - 436,50 g.mol^{-1} - yellowish oil - Rf : 0,24 (Cyclohexane/ AcOEt 7/3)

The compound **24** (101 mg, 1.86 mmol) was dissolved in acetone (5 mL) and cooled to 0℃ then NBS (49.7 mg, 279 μmol, 1.5 equiv.) was added in one portion. The mixture was warmed up to room temperature and after 1 h the reaction was quenched by the addition of solid ammonium chloride (15 mg) followed by stirring for 10 min. The reaction mixture was then diluted with EtOAc (20 mL) and washed with water (1 x 10 mL). The water phase was washed again with EtOAc (2 x 20 mL). The combined organic phase was dried over sodium sulfate, filtered, and concentrated. The crude product was purified by column chromatography (Cyclohexane/EtOAc, 70:30) to afford the compound **25** (41.5 mg, 56%).

***^{13}C NMR ($CDCl_3$, 75 MHz)* δppm** 138.6-127.8 ($C_6H_5CH_2$-α); 93.8 (C-1β); 92.9 (C-1α); 83.0 (C- β); 80.2, 79.7 ($OCH_2\mathit{C}CH$- α); 79.5 (C- α); 76.5 (C-β); 75.2 (C-β); 75.1 ($C_6H_5\mathit{C}H_2$- α); 75.1 (C- α); 74.9 (C-β); 74.5 (2 x $OCH_2C\mathit{C}H$- α); 74.3 (C-β); 72.9 ($C_6H_5\mathit{C}H_2$- α); 71.3 (C- α); 69.2 (C-6 α); 68.5 (C- 6β); 58.6, 57.8 ($O\mathit{C}H_2CCH$- α); 58.7, 58.5 ($O\mathit{C}H_2CCH$- β).

ES-HRMS: $[M + Na]^+$ = 459,1784 m/z calculated for $C_{26}H_{28}NaO_6$; found 459,1773.

- **2,4-di-*O*-benzyl-3,6-di-*O*-propargyl-α-D-mannopyranosyl trichloroacetimidate D4 (26)**

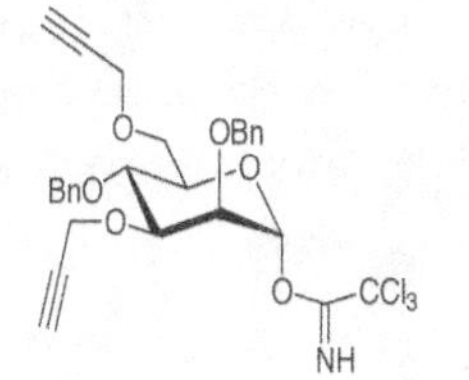	- $C_{28}H_{28}Cl_3NO_6$ - 580,88 g.mol^{-1} - yellowish oil - Rf : 0,59 (Cyclohexane/ AcOEt 7/3)

To a solution of compound **25** (232.6 mg, 533 μmol) in dry CH_2Cl_2 (0.7 mL) were added trichloroacetonitrile (850 μL, 8.53 mmol, 16 equiv.) at room temperature and

1.8-diazabicyclo-[5,4,0]-undec-7-ene (4.8 µL, 31.9 µmol, 0.06 equiv.) at 0℃. The reaction mixture was stirred for 1 h at 0℃ then the solvent was evaporated. The crude product was purified by column chromatography (Cyclohexane/EtOAc, 70:30 with 2% of Et_3N) to afford the compound **26** (193.4 mg, 62%).

***^{1}H NMR ($CDCl_3$, 300 MHz)* δppm** 8.53 (1H; s; OCN*H*CCl_3); 7.41-7.25 (10H; m; C_6*H_5*CH_2); 6.31 (1H; d; $J_{1\text{-}2}$ = 1.7 Hz; H-1); 5.23, 4.19 (2 x 2H; 2 x ddd; J = 2.4 Hz, J = 15.9 Hz; 2 x OC*H_2*CCH); 4.87-4.64 (4H; m; C_6H_5C*H_2*); 4.04-3.92 (4H; m; H-2, H-3, H-4, H-5); 3.87 (1H; dd; $J_{6\text{-}5}$ = 4.0 Hz, $J_{6\text{-}6'}$ = 10.7 Hz; H-6); 3.72 (1H; dd; $J_{6'\text{-}5}$ = 1.6 Hz; H-6'); 2.36 (2 x 1H; 2 x t; J = 2.4 Hz; 2 x OCH_2CC*H*). ***^{13}C NMR ($CDCl_3$, 75 MHz)* δppm** 160.3 (O*C*NHCCl_3); 138.2-127.7 (*C_6*H_5CH_2); 96.2 (C-1); 79.8, 79.7 (OCH_2*C*CH); 78.8, 74.4, 73.8, 73.6 (C-2, C-3, C-4, C-5); 75.3 (C_6H_5*C*H_2); 74.8, 74.7 (OCH_2C*C*H); 72.9 (C_6H_5*C*H_2); 68.2 (C-6); 58.6, 57.8 (O*C*H_2CCH).

• ***p*-methylphenyl 3,4-di-*O*-benzyl-2-*O*-propargyl-1-thio-α-D-mannopyranoside (27)**

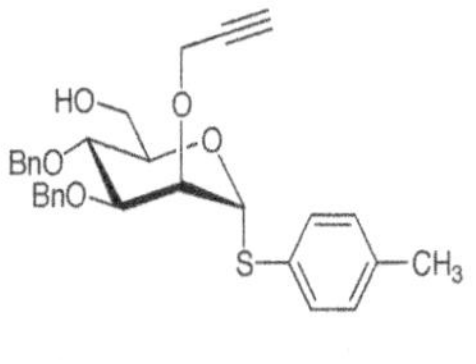	- $C_{30}H_{32}O_5S$ - 504,64 g.mol^{-1} - yellowish oil - Rf : 0,26 (Cyclohexane/ AcOEt 7/3) - $[\alpha]^{20}_D$: + 100,2° (c = 0,40 ; $CHCl_3$)

The compound **23** (1 g, 2.14 mmol) was dissolved in dry DMF (25 mL) and cooled to 0℃ then NaH (85.8 mg, 2.14 mmol, 1 equiv.) and propargyl bromide (231 µL, 2.14 mmol, 1 equiv.) were added. The reaction mixture was stirred for 30 min at -0℃ and then slowly warmed up to room temperature for 4h. The reaction mixture was then diluted with H_2O (25 mL) and water phase was extracted with Et_2O (3 x 100 mL). The combined organic phase was dried with sodium sulfate, filtered, and concentrated. The crude product was purified by column chromatography (Cyclohexane/EtOAc, 80:20) to afford the compound **27** (868.8 mg, 80%).

***^{1}H NMR ($CDCl_3$, 300 MHz)* δppm** 7.41-7.11 (14H; m; C_6*H_5*CH_2, SC_6*H_4*CH_3); 5.54 (1H; d; $J_{1\text{-}2}$ = 1.3 Hz; H-1); 4.93, 4.80, 4.72, 4.64 (4H; 4d; J = 10.9 Hz, J = 11.5 Hz; 2 x C_6H_5C*H_2*); 4.40, 4.33 (2H; ddd; J = 2.4 Hz, J = 16.2 Hz; OC*H_2*CCH); 4.27 (1H; q; $J_{2\text{-}3}$ = 2.4 Hz; H-2); 4.16-4.12 (1H; m; H-5); 3.98-3.94 (2H; m; H-3, H-4); 3.81-3.78 (2H; m; H-6, H-6'); 2.46 (1H; t; J = 2.4 Hz; OCH_2CC*H*); 2.33 (3H; s; $SC_6H_4CH_3$). ***^{13}C NMR ($CDCl_3$, 75 MHz)* δppm** 133.3-127.9

($C_6H_5CH_2$, $SC_6H_4CH_3$); 86.3 (C-1); 79.9 (C-3); 79.6 (OCH_2CCH); 75.8 (C-2); 75.4 ($C_6H_5CH_2$); 75.4 (OCH_2CCH); 74.8 (C-4); 73.2 (C-5); 72.5 ($C_6H_5CH_2$); 62.2 (C-6); 57.9 (OCH_2CCH); 21.2 ($SC_6H_4CH_3$).

ES-HRMS: $[M + Na]^+$ = 527,1868 m/z calculated for $C_{30}H_{32}NaO_5S$; found 527,1882.

• ***p*-methylphenyl 3,4,6-tri-*O*-benzyl-2-*O*-propargyl-1-thio-α-D-mannopyranoside (28)**

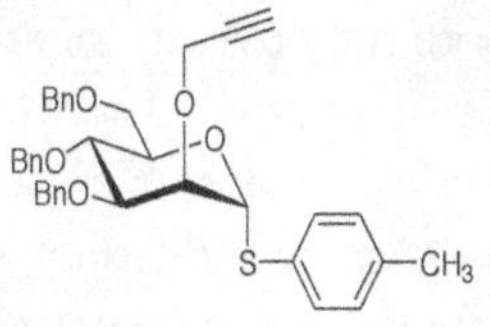	- $C_{37}H_{38}O_5S$ - 594,76 $g.mol^{-1}$ - yellowish oil - Rf : 0,65 (Cyclohexane/ AcOEt 7/3) - $[\alpha]^{20}_{D}$: + 87° (c = 0,26 ; $CHCl_3$)

The compound **27** (400 mg, 0.793 mmol) was dissolved in dry DMF (13 mL). The solution was cooled to 0℃ and NaH (31.7 mg, 0.793 mmol, 1 e quiv.) and benzyl bromide (94.8 μL, 0.793 mmol, 1 equiv) were added. The mixture was warmed up to room temperature and after overnight the reaction was quenched by the addition of MeOH (5 mL) at 0℃. The solvent was evaporated, and the residue was diluted with EtOAc (50 mL) and washed with brine (2 x 20 mL) and water (20 mL), dried over sodium sulfate, filtered, and concentrated. The crude product was purified by column chromatography (Cyclohexane/EtOAc, 90:10) to afford the compound **28** (214.7 g, 46%).

***^{1}H NMR ($CDCl_3$, 300 MHz)* δppm** 7.30-6.91 (19H; m; $C_6H_5CH_2$, $SC_6H_4CH_3$); 5.50 (1H; d; $J_{1\text{-}2}$ = 1.5 Hz; H-1); 4.78, 4.68, 4.56, 4.51, 4.44, 4.34 (6H; 6d; J = 10.8 Hz, J = 11.5 Hz, J = 12.0 Hz; 3 x $C_6H_5CH_2$); 4.27-4.15 (4H; m; H-2, H-5, OCH_2CCH); 3.87 (1H; t; $J_{4\text{-}3}$ = 9.3 Hz; H-4); 3.81 (1H; dd; $J_{3\text{-}2}$ = 2.9 Hz, H-3); 3.69 (1H; dd; $J_{6\text{-}5}$ = 4.9 Hz, $J_{6\text{-}6'}$ = 10.8 Hz; H-6); 3.60 (1H; dd; $J_{6'\text{-}5}$ = 1.9 Hz; H-6'); 2.31 (1H; t; J = 2.3 Hz; OCH_2CCH); 2.17 (1H; s; $SC_6H_4CH_3$). ***^{13}C NMR ($CDCl_3$, 75 MHz)* δppm** 138.4-127.4 ($C_6H_5CH_2$, $SC_6H_4CH_3$); 85.8 (C-1); 79.8 (C-3); 79.5 (OCH_2CCH); 75.3 (C-2 or C-5); 75.2 (OCH_2CCH); 75.1 ($C_6H_5CH_2$); 74.9 (C-4); 73.2 ($C_6H_5CH_2$); 72.6 (C-2 or C-5); 72.1 ($C_6H_5CH_2$); 69.1 (C-6); 57.3 (OCH_2CCH); 21.1 ($SC_6H_4CH_3$).

ES-HRMS: $[M + Na]^+$ = 617,2338 m/z calculated for $C_{37}H_{38}NaO_5S$; found 617,2350.

C.Composés synthétisés selon la voie 3.

• *p*-methylphenyl 4,6-*O*-benzylidene-1-thio-α-D-mannopyranoside (29)

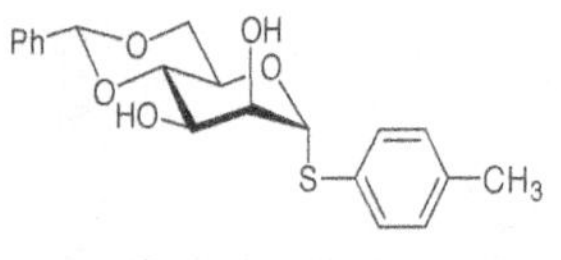	- $C_{20}H_{22}O_5S$ - 374,12 g.mol^{-1} - white solid - Rf : 0,39 (CH_2Cl_2/MeOH 95/5) - $[\alpha]^{20}_{D}$: + 306° (c = 0,22 ; $CHCl_3$)

To a solution of compound **20** (5.48 g, 19.15 mmol) in dry DMF (60 mL) were added *p*-toluenesulfonic acid up to pH=3 and benzaldehyde dimethylacetal (3 mL, 19.15 mmol, 1equiv.) at room temperature. The reaction mixture was stirred for 6h at +40℃ under reduced pressure (150 mbar) by using a rotary evaporator. The solvent was then evaporated, and the residue was diluted with EtOAc (150 mL). The organic phase was washed with saturated aq.$NaHCO_3$ (2 x 80 mL) and brine (2 x 80 mL). The water phase was washed again with EtOAc (2 x 100 mL). The combined organic phase was washed again with water (2 x 100 mL), dried over sodium sulfate, filtered, and concentrated. The crude product was purified by column chromatography (CH_2Cl_2/MeOH, 95:5) to afford the compound **29** (3.59 g, 50%).

^{1}H NMR (pyridine-d5, 300 MHz)* δppm** 7.73-7.70 (2H; m; C_6H_5); 7.42-7.39 (3H; m; C_6H_5) ; 7.11 (4H; d; J = 7.9 Hz; $SC_6H_4CH_3$) ; 6.11 (1H; d; $J_{1\text{-}2}$ = 1.1 Hz; H-1); 5.78 (1H ; s; H-7) ; 4.84 (1H; d; $J_{2\text{-}3}$ = 3.1 Hz; H-2); 4.79-4.67 (3H; m; H-5, H-4, H-3); 4.41 (1H; dd; $J_{6\text{-}5}$ = 4.3 Hz, $J_{6\text{-}6'}$ = 10.0 Hz; H-6); 4.01 (1H; t; H-6'); 2.19 (3H; s; $SC_6H_4CH_3$).^{13}C NMR (pyridine-d5, 75 MHz)* δppm** 139.3, 122.6 (C_6H_5, $SC_6H_4CH_3$); 103.0 (C-7); 91.4 (C-1); 81.0 (C-4); 74.4 (C-2); 70.3 (C-3); 69.4 (C-6); 66.4 (C-5); 21.4 ($SC_6H_4CH_3$).

ES-HRMS: $[M + Na]^+$ = 397,1086 m/z calculated for $C_{20}H_{22}NaO_5S$; found 397,1068.

• ***p*-methylphenyl 2-*O*-benzyl-4,6-*O*-benzylidene-1-thio-α-D-mannopyranoside (30)**

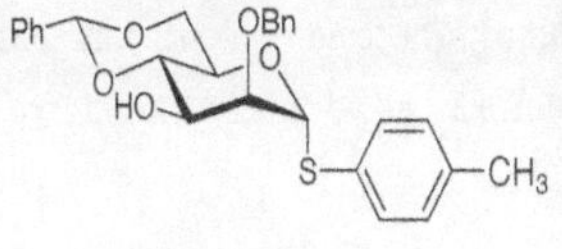	- $C_{27}H_{28}O_5S$ - 464,57 g.mol^{-1} - white solid - Rf : 0,37 (Cyclohexane/ AcOEt 8/2) - $[\alpha]^{20}_{D}$: + 150°(c = 0,18 ; $CHCl_3$)

The compound **29** (4.02g, 10.74 mmol) was dissolved in dry DMF (140 mL). The solution was cooled to 0℃ and NaH (429.8 mg, 10.74 mmol, 1 equiv.) and benzyl bromide (1.28 mL, 10.74 mmol, 1 equiv) were added. The mixture was warmed up to room temperature and after 45 min the reaction was quenched by the addition of MeOH (20 mL) at 0℃. The solvent was evaporated, and the residue was diluted with EtOAc (100 mL) and washed with brine (2 x 50 mL) and water (50 mL), dried over sodium sulfate, filtered, and concentrated. The crude product was purified by column chromatography (Cyclohexane/EtOAc, 85:15) to afford the compound **30** (2.06 g, 41%).

***^{1}H NMR ($CDCl_3$, 300 MHz)* δppm** 7.57-7.34 (8H; m; C_6H_5); 7.16 (4H; d; J = 8.0 Hz; $SC_6H_4CH_3$); 5.59 (1H; s; H-7); 5.54 (1H; s; H-1); 4.75, 4.66 (2H; 2d; J = 11.6 Hz; $C_6H_5CH_2$); 4.39-4.31 (1H; m; H-5); 4.25 (1H ;dd ; $J_{6\text{-}5}$ = 4.9 Hz, $J_{6\text{-}6'}$ = 10.2 Hz; H-6); 4.17 (1H; m; H-3); 4.11 (1H; dd; $J_{2\text{-}1}$ = 1.1 Hz; $J_{2\text{-}3}$ = 3.5 Hz; H-2); 4.02 (1H; t; $J_{4\text{-}3}$ = 9.4 Hz, $J_{4\text{-}5}$ = 9.4 Hz; H-4); 3.85 (1H; t; $J_{6'\text{-}5}$ = 10.2 Hz; $J_{6'\text{-}6}$ = 10.2 Hz; H-6'); 2.37 (3H; s; $SC_6H_4CH_3$). ***^{13}C NMR ($CDCl_3$, 75 MHz)* δppm** 138.1-126.4 (C_6H_5, $C_6H_5CH_2$, $SC_6H_4CH_3$); 102.2 (C-7); 86.6 (C-1); 80.0 (C-2); 79.7 (C-4); 73.2 ($C_6H_5CH_2$); 69.0 (C-3); 68.5 (C-6); 64.7 (C-5); 21.2 ($SC_6H_4CH_3$).

ES-HRMS: $[M + Na]^+$ = 487,1555 m/z calculated for $C_{27}H_{28}NaO_5S$; found 487,1540.

• ***p*-methylphenyl 3-*O*-benzoyl-2-*O*-benzyl-4,6-*O*-benzylidene-1-thio-α-D-mannopyranoside (31)**

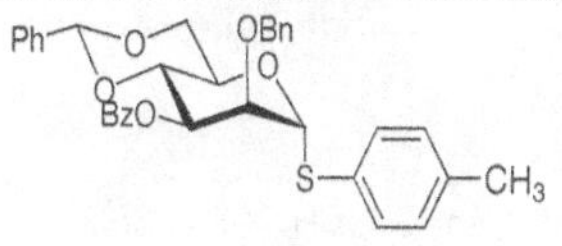	- $C_{34}H_{32}O_6S$ - 568,68 g.mol^{-1} - white solid - Rf : 0,53 (Cyclohexane/ AcOEt 8/2) - $[\alpha]^{20}_{D}$: + 56°(c = 0,21 ; $CHCl_3$)

The compound **30** (2.69 g, 5.79 mmol) was dissolved in pyridine (70 mL) and cooled to 0℃. benzoyl chloride (1.34 mL, 11.60 mmol, 2 equiv.) was added and the reaction mixture was stirred for 30 min at room temperature then quenched by the addition of MeOH (5 mL) at

0℃. The solvent was evaporated, and the residue wa s diluted with CH_2Cl_2 (150 mL) and washed with saturated $KHSO_4$ (2 x 70 mL), $NaHCO_3$ (2 x 70 mL), and water (1 x 70 mL), dried with sodium sulfate, filtered, and concentrated. The crude product was purified by column chromatography (Cyclohexane/EtOAc, 90:10) to afford the compound **31** (3.27 g, 99%).

^{1}H NMR ($CDCl_3$, 300 MHz) **δppm** 8.11-8.05 (5H; m; C_6H_5COO); 7.62-7.14 (19H; m; C_6H_5COO, $C_6H_5CH_2$, $SC_6H_4CH_3$); 5.66 (1H; s; H-7); 5.59 (1H; dd; $J_{3\text{-}2}$ = 3.4 Hz; $J_{3\text{-}4}$ = 9.9 Hz; H-3); 5.53 (1H; d; $J_{1\text{-}2}$ = 1.3 Hz; H-1); 4.67, 4.55 (2H; 2d; J = 11.9 Hz; $C_6H_5CH_2$); 4.52-4.42 (2H; m; H-4, H-5); 4.38 (1H; dd; H-2); 4.29 (1H; dd; $J_{6\text{-}5}$ = 4.3 Hz, $J_{6\text{-}6'}$ = 10.2 Hz; H-6); 3.94 (1H; t; $J_{6'\text{-}6}$ = 10.2 Hz, $J_{6'\text{-}5}$ = 10.2 Hz; H-6'); 2.37 (3H; s; CH_3). ***^{13}C NMR ($CDCl_3$, 75 MHz)*** **δppm** 165.9 (C_6H_5COO); 138.2-129.3 (C_6H_5COO, C_6H_5, $SC_6H_4CH_3$, $C_6H_5CH_2$); 101.8 (C-7); 87.0 (C-1); 77.8 (C-2); 76.5 (C-4); 73.2 (CH_2Ph); 71.2 (C-3); 68.6 (C-6); 65.4 (C-5); 21.2 ($SC_6H_4CH_3$).

ES-HRMS: $[M + Na]^+$ = 591,1817 m/z calculated for $C_{34}H_{32}NaO_6S$; found 591,1799.

• ***p*-methylphenyl 3-*O*-benzoyl-2,4-di-*O*-benzyl-1-thio-α-D-mannopyranoside (32)**

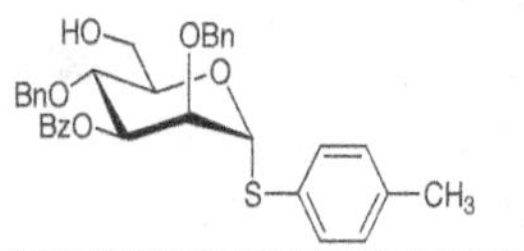	- $C_{34}H_{34}O_6S$ - 570,70 g.mol^{-1} - white solid - Rf : 0,43 (Cyclohexane/ AcOEt 7/3) - $[\alpha]^{20}_D$: + 53,3° (c = 0,32 ; $CHCl_3$)

The compound **31** (2.27 g, 3.99 mmol) was treated with 1M BH_3-THF solution (12.78 mL, 12.78 mmol, 3.2 equiv.) and 1M Bu_2BOTf-CH_2Cl_2 solution (4.23 mL, 4.23 mmol, 1.06 equiv.) at 0℃. The reaction mixture was stirred for 4 h at 0℃ then the reaction was quenched by the addition of MeOH dropwise up to the end of the gas release. The solvent was evaporated and the crude product was purified by column chromatography (Cyclohexane/EtOAc, 85:15) to afford the compound **32** (1.67 g, 74%).

^{1}H NMR ($CDCl_3$, 300 MHz) **δppm** 7.94-6.96 (19H; m; $C_6H_5CH_2$, $SC_6H_4CH_3$, C_6H_5COO); 5.42 (1H; dd; $J_{3\text{-}2}$ = 3.0 Hz, $J_{3\text{-}4}$ = 9.2 Hz; H-3); 5.38 (1H; d; $J_{1\text{-}2}$ = 1.6 Hz; H-1); 4.82, 4.71, 4.67, 4.55 (4 x 1H; 4d; J = 10.9 Hz, J = 12.1 Hz; 2 x $C_6H_5CH_2$); 4.22-4.17 (2H; m; H-4, H-5); 4.14 (1H ; q; H-2); 3.74 (2H; m; H-6, H-6'); 2.18 (3H; s; $SC_6H_4CH_3$). ***^{13}C NMR ($CDCl_3$, 75 MHz)*** **δppm** 165.7 (C_6H_5COO); 138.0-127.9 ($C_6H_5CH_2$, C_6H_5COO, $SC_6H_4CH_3$); 86.2 (C-1);

77.3 (C-2); 75.1 ($C_6H_5CH_2$); 74.6 (C-3); 73.3, 73.3 (C-4, C-5); 72.7 ($C_6H_5CH_2$); 61.9 (C-6); 21.2 ($SC_6H_4CH_3$).

ES-HRMS: $[M + Na]^+$ = 593,1974 m/z calculated for $C_{34}H_{34}NaO_6S$; found 593,1971.

• ***p*-methylphenyl 6-*O*-acetyl-3-*O*-benzoyl-2,4-di-*O*-benzyl-1-thio-α-D-mannopyranoside (33)**

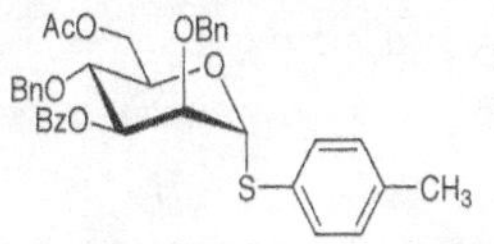	- $C_{36}H_{36}O_7S$ - 612,73 $g.mol^{-1}$ - white solid - Rf : 0,39 (Cyclohexane/ AcOEt 8/2) - $[\alpha]^{20}_D$: + 57° (c = 0,23 ; $CHCl_3$)

The compound **32** (1.45 g, 2.54 mmol) was dissolved in pyridine (40 mL) and cooled to 0℃. Acetic anhydride (0.94 mL, 10.17 mmol, 2 equiv.) was added and the reaction mixture was stirred for 4 h at room temperature then quenched by the addition of MeOH (5 mL) at 0℃. The solvent was evaporated, and the residue was diluted with CH_2Cl_2 (40 mL) and successively washed with saturated aq.$KHSO_4$ (2 x 20 mL), $NaHCO_3$ (2 x 20 mL), and water (1 x 10 mL), dried over sodium sulfate, filtered, and concentrated. The crude product was purified by column chromatography (Cyclohexane/EtOAc, 80:20) to afford the compound **33** (1.35 g, 87%).

***^{1}H NMR ($CDCl_3$, 300 MHz)* δppm** 8.05-7.02 ($C_6H_5CH_2$, $SC_6H_4CH_3$, C_6H_5COO); 5.45 (1H; d; $J_{1\text{-}2}$ = 1.7 Hz; H-1); 5.42 (1H; dd; $J_{3\text{-}2}$ = 3.2 Hz; $J_{3\text{-}4}$ = 9.3 Hz; H-3); 4.69, 4.58, 4.51, 4.40 (4 x 1H; 4d; J = 10.8 Hz, J = 12.3 Hz; 2 x $C_6H_5CH_2$); 4.39 (1H; m; H-5); 4.28 (2H; m; H-6, H-6'); 4.16 (1H; q; H-2) ; 4.08 (1H; t; $J_{4\text{-}5}$ = 9.5 Hz; H-4); 2.24 (3H; s; $SC_6H_4CH_3$); 1.97 (3H; s; CH_3COO). ***^{13}C NMR ($CDCl_3$, 75 MHz)* δppm** 170.9 (CH_3COO); 165.6 (C_6H_5COO); 138.0-127.8 ($C_6H_5CH_2$, C_6H_5COO, $SC_6H_4CH_3$); 85.8 (C-1); 77.1 (C-2); 75.1 ($C_6H_5CH_2$); 74.6 (C-3); 73.7 (C-4); 72.4 ($C_6H_5CH_2$); 70.7 (C-5); 63.5 (C-6); 21.2 ($SC_6H_4CH_3$); 21.0 (CH_3COO).

ES-HRMS: $[M + Na]^+$ = 635,2079 m/z calculated for $C_{36}H_{36}NaO_7S$; found 635,2073.

• **6-*O*-acetyl-3-*O*-benzoyl-2,4-di-*O*-benzyl-D-mannopyranose (34)**

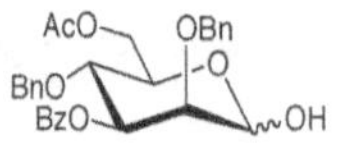	- $C_{29}H_{30}O_8$ - 506,54 g.mol^{-1} - white solid - Rf : 0,25 (Cyclohexane/ AcOEt 6/4) - $[\alpha]^{20}_{D}$: - 4°(c = 0,19 ; $CHCl_3$)

The compound **33** (1.17 g, 1.92 mmol) was dissolved in acetone (70 mL) and cooled to 0℃ then NBS (513.17 mg, 2.88 mmol, 1.5 equiv.) was added in one portion. The mixture was warmed up to room temperature and after 35 min the reaction was quenched by the addition of solid ammonium chloride (166.5 mg) followed by stirring for 10 min. The reaction mixture was then diluted with EtOAc (50 mL) and washed with water (1 x 30 mL). The water phase was washed again with EtOAc (2 x 40 mL). The combined organic phase was dried over sodium sulfate, filtered, and concentrated. The crude product was purified by column chromatography (Cyclohexane/EtOAc, 60:40) to afford the compound **34** (967 mg, 99%).

***^{1}H NMR (CDCl$_3$, 300 MHz)* δppm** 8.09-7.16 (30H; m; $C_6H_5CH_2$, C_6H_5COO-α/β); 5.62 (1H, dd ; $J_{3\alpha\text{-}2\alpha}$ = 3.2 Hz; $J_{3\alpha\text{-}4\alpha}$ = 8.7 Hz; H-3α); 5.34-5.30 (2H; m; H-1α, H-3β); 4.90-4.86 (3H; m; H-1β, $C_6H_5CH_2$β); 4.77-4.57 (3H; m; $C_6H_5CH_2$-α); 4.41 (1H; dd; $J_{6\alpha\text{-}6'\alpha\alpha}$ = 11.8 Hz; H-6α); 4.30 (1H; dd; $J_{6\alpha\text{-}5\alpha}$ = 4.4 Hz; $J_{6\alpha\text{-}6'\alpha}$ = 11.8 Hz; H-6'α); 4.21-4.06 (3H; m; H-4α, H-5α, $C_6H_5CH_2$-α); 4.03 (1H; q; $J_{2\text{-}1}$ = 2.0 Hz; H-2α); 2.08 (3H; s; CH_3COOα); 2.04 (3H; s; CH_3COOβ). ***^{13}C NMR (CDCl$_3$, 75 MHz)* δppm** 171.1 (CH_3COO); 165.7 (C_6H_5COO); 137.8-127.8 ($C_6H_5CH_2$, C_6H_5COO); 93.6 (C-1β); 92.8 (C-1α); 77.2, 77.0 (2C-β); 77.6, 75.2 (2C-β); 76.3 (C-2α); 75.0 ($C_6H_5CH_2$-α); 74.2 (C-3α); 73.5 (C-4α or C-5α); 73.4 (C-β); 73.1 ($C_6H_5CH_2$- α); 73.0 (C-β); 70.09 (C-4α or C-5α); 63.61 (C-6α); 63.51 (C-6β); 21.06 (CH_3COO).

ES-HRMS: $[M + Na]^+$ = 529,1837 m/z calculated for $C_{29}H_{30}NaO_8$; found 529,1852.

• **6-*O*-acetyl-3-*O*-benzoyl-2,4-di-*O*-benzyl-D-mannopyranosyl trichloroacetimidate D6 (35)**

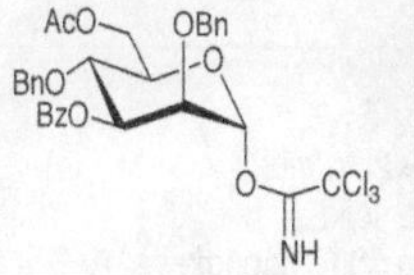

- $C_{31}H_{30}Cl_3NO_8$
- 650,93 $g.mol^{-1}$
- white solid
- Rf : 0,38 (Cyclohexane/ AcOEt 7/3)
- $[\alpha]^{20}_{D}$: + 28° (c = 0,20 ; $CHCl_3$)

To a solution of compound **34** (857.2 mg, 1.69 mmol) in dry CH_2Cl_2 (60 mL) were added trichloroacétonitrile (2.71 mL, 27.09 mmol, 16 equiv.) at room temperature and 1.8-diazabicyclo-[5,4,0]-undec-7-ene (15.31 µL, 0.101 mmol, 0.06 equiv.) at 0°C. The reaction mixture was stirred for 3 h at 0°C then th e solvent was evaporated. The crude product was purified by column chromatography (Cyclohexane/EtOAc, 60:40 with 2% of Et_3N) to afford the compound **35** (1.03 g, 95%).

***^{1}H NMR ($CDCl_3$, 300 MHz)* δppm** 8.60 (1H; s; OCN*H*CCl$_3$); 8.07-7.16 (15H; m; C_6*H*$_5$CH$_2$, C_6*H*$_5$COO); 6.40 (1H; d; $J_{1\text{-}2}$ = 2.2 Hz; H-1); 5.57 (1H; dd; $J_{3\text{-}2}$ = 3.3 Hz; $J_{3\text{-}4}$ = 8.6 Hz; H-3); 4.82, 4.75, 4.62, 4.61 (4H; 4d; *J* = 10.8 Hz, *J* = 12.1 Hz; 2 x C_6H_5C*H*$_2$); 4.42 (1H; dd; $J_{6\text{-}5}$ = 2.0 Hz; $J_{6\text{-}6'}$ = 12.1 Hz; H-6); 4.32 (1H; dd; $J_{6'\text{-}5}$ = 4.3 Hz; $J_{6'\text{-}6}$ = 12.1 Hz; H-6'); 4.24 (1H; q; $J_{2\text{-}3}$ = 3.4 Hz; H-2); 4.19-4.13 (2H; m; H-4, H-5); 2.07 (3H; s; C*H*$_3$COO). ***^{13}C NMR ($CDCl_3$, 75 MHz)* δppm** 170.8 (CH_3*C*OO); 165.7 (C_6H_5*C*OO); 160.6 (O*C*NHCCl$_3$); 137.4-127.8 (*C*$_6$H$_5$CH$_2$, *C*$_6$H$_5$COO); 95.7 (C-1); 75.1 (C_6H_5*C*H$_2$); 74.1 (C-2); 73.8 (C-3); 73.0 (C_6H_5*C*H$_2$); 72.8, 72.6 (C-4, C-5); 63.0 (C-6); 21.0 (*C*H$_3$COO).

ESI: $[M + Na]^+$ = 673.9.

• *p*-methylphenyl 6-(6-*O*-acetyl-3-*O*-benzoyl-2,4-*O*-benzyl-α-D-mannopyranosyl)-3-*O*-benzoyl-2,4-di-*O*-benzyl-1-thio-α-D-mannopyranoside (36)**

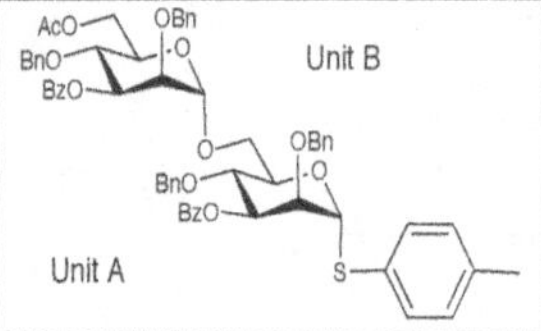

- $C_{63}H_{62}O_{13}S$
- 1059,22 g.mol^{-1}
- white solid
- Rf : 0,50 (Cyclohexane/ AcOEt 7/3)
- $[\alpha]^{20}_{D}$: + 29° (c = 0,21 ; $CHCl_3$)

The compound **35** (donor) (230.4 mg, 0.355 mmol) and compound **32** (acceptor) (202.4 mg, 0.355 mmol) were both dissolved in dry CH_2Cl_2 under argon atmosphere and cooled to -80°C for the addition of trimethylsilyle trifluoromethanesulfonate (32.2 μL, 0.177 mmol, 0.5 equiv.). The reaction mixture was stirred for 45 min at -80°C then neutralized by the addition of Et_3N. The solvent was then evaporated and the crude product was purified by column chromatography (Cyclohexane/EtOAc, 90:10) to afford the compound **36** (327.6 mg, 87%).

***^{1}H NMR ($CDCl_3$, 300 MHz)* δppm** 8.03-6.93: (34H; m; $C_6H_5CH_2$, C_6H_5COO, $SC_6H_4CH_3$); 5.55 (1H; dd; $J_{3B\text{-}2B}$ = 3.3 Hz; $J_{3B\text{-}4B}$ = 9.4 Hz; H-3B); 5.42 (1H; dd; $J_{3A\text{-}2A}$ = 3.1 Hz; $J_{3A\text{-}4A}$ = 12.1 Hz; H-3A); 5.37 (1H; d; $J_{1A\text{-}2A}$ = 1.7 Hz; H-1A); 5.08 (1H; d; $J_{1B\text{-}2B}$ = 1.7 Hz; H-1B); 4.79-4.36 (8H; m; 4 x $C_6H_5CH_2$); 4.30-4.21 (5H; m; H-4A, H-5A, H-6B, H-6'B, $C_6H_5CH_2$); 4.15 (1H; q; $J_{2A\text{-}1A}$ = 1.9 Hz; $J_{2A\text{-}3A}$ = 3.05 Hz; H-2A); 4.08-4.02 (2H ; m; H-4B, H-2B); 3.91 (2H; m; H-6A, H-5B); 3.76-3.72 (1H; m; H-6'A); 2.19, 1.97 (6H ; 2s; CH_3COO, $SC_6H_4CH_3$). ***^{13}C NMR ($CDCl_3$, 75 MHz)* δppm** 171. (CH_3COO); 165.76, 165.59 (C_6H_5COO); 138.21-129.88 ($C_6H_5CH_2$, C_6H_5COO, $SC_6H_4CH_3$); 98.4 (C-1B); 86.2(C-1A); 77.4 (C-2A); 76.5 (C-2B); 75.2, 75.1 (2 x $C_6H_5CH_2$); 74.8 (C-3A); 74.5 (C-3B); 73.5 (C-4A); 73.4 (C-4B); 72.9 ($C_6H_5CH_2$); 72.8 (C-5A); 72.6 ($C_6H_5CH_2$); 70.0 (C-5B); 66.3 (C-6A); 63.4 (C-6B); 21.2, 21.0 (CH_3COO, $SC_6H_4CH_3$).

ES-HRMS: $[M + Na]^+$ = 1076,4255 m/z calculated for $C_{63}H_{66}NO_{13}S$; found 1076,4252.

• ***p*-methylphenyl 6-(2,4-*O*-benzyl-α-D-mannopyranosyl)-2,4-di-*O*-benzyl-1-thio-α-D-mannopyranoside (37)**

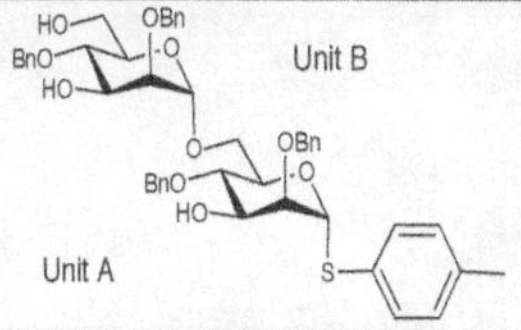

- $C_{47}H_{52}O_{10}S$
- 808, 97 g.mol^{-1}
- white solid
- Rf : 0,42 (Cyclohexane/ AcOEt 6/4)
- $[\alpha]^{20}_{D}$: + 86°(c = 0,07 ; $CHCl_3$)

To a solution of compound **36** (327.6 mg, 0.309 mmol) dissolved in MeOH (9 mL) was added 1M sodium methanolate solution (1.85 mL, 1.85 mmol, 6 equiv.) The reaction mixture was stirred for one night at room temperature then neutralized with Amberlite® IR120 H^+ resin, filtered, and concentrated. The crude product was purified by column chromatography (Cyclohexane/EtOAc, 75:25) to afford the compound **37** (207.1 mg, 82%).

***^{1}H NMR (CDCl$_3$, 300 MHz)* δppm** 7.39-7.09 (24H; m; $C_6H_5CH_2$, $SC_6H_4CH_3$); 5.52 (1H; s; H-1A); 4.99-4.42 (9H; m; 4 x $C_6H_5CH_2$, H-1B); 3.91: (1H; dd; $J_{6A\text{-}5A}$ = 5.4 Hz ; $J_{6A\text{-}6'A}$ = 11.4 Hz; H-6A); 4.32-4.21 (1H; m; H-5A or H-5B); 4.04-4.96 (2H; m; H-2A,H-5A or H-5B); 3.91 (1H; dd; $J_{6A\text{-}5A}$ = 5.4 Hz; $J_{6A\text{-}6'A}$ = 11.4 Hz; H-6A); 3.76 (1H; dd; $J_{2B\text{-}1B}$ = 1.6 Hz; $J_{2B\text{-}3B}$ = 3.7 Hz; H-2B); 3.74-3.62 (7H; H-6'A, H-6B, H-6'B, H-3A, H-3B, H-4A, H-4B); 2.28: (3H; s; $SC_6H_4CH_3$). ***^{13}C NMR (CDCl$_3$, 75 MHz)* δppm** 138.2-127.8 ($C_6H_5CH_2$, $SC_6H_4CH_3$); 97.2 (C-1B); 85.4 (C-1A); 79.8 (C-2A); 78.7 (C-2B); 77.3, 76.8, 76.6, 72.5, 71.8, 71.5 (C-3A, C-3B, C-4A, C-4B, C-5A, C-5B); 75.1 ($C_6H_5CH_2$); 74.9 ($C_6H_5CH_2$); 73.0 ($C_6H_5CH_2$); 72.4 ($C_6H_5CH_2$); 66.4 (C-6A); 62.3 (C-6B); 21.2 ($SC_6H_4CH_3$).

ES-HRMS: $[M + Na]^+$ = 826,3625 m/z calculated for $C_{47}H_{56}NO_{10}S$; found 826,3639.

• ***p*-methylphenyl 6-(2,4-*O*-benzyl-3,6-di-*O*-propargyl-α-D-mannopyranosyl)-2,4-di-*O*-benzyl-3-*O*-propargyl-1-thio-α-D-mannopyranoside (38).**

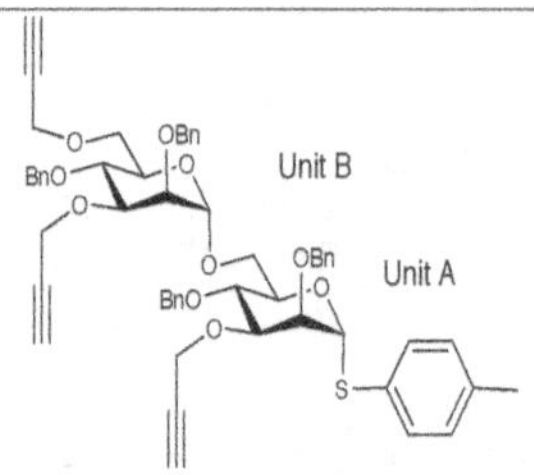	- $C_{56}H_{58}O_{10}S$ - 923,12 g.mol^{-1} - yellowish oil - Rf : 0,56 (Cyclohexane/ AcOEt 7/3) - $[\alpha]^{20}_{D}$: + 71°(c = 0,22 ; $CHCl_3$)

The compound **37** (202.6 mg, 0.250 mmol) was dissolved in dry DMF (5.5 mL) and cooled to 0℃ then NaH (69.9 mg, 1.74 mmol, 7 equiv.) and pro pargyl bromide (267 μL, 2.24 mmol, 9 equiv.) were added. The reaction mixture was stirred for 30 min at -0℃ and then slowly warmed up to room temperature for 2h. The reaction mixture was then diluted with H_2O (5 mL) and water phase was extracted with Et_2O (3 x 20 mL). The combined organic phase was dried with sodium sulfate, filtered, and concentrated. The crude product was purified by column chromatography (Cyclohexane/EtOAc, 80:20) to afford the compound **38** (126 mg, 96%).

***^{1}H NMR ($CDCl_3$, 300 MHz)* δppm** 7.35-7.24 (24H; m; $C_6H_5CH_2$, $SC_6H_4CH_3$); 5.44 (1H; d; $J_{1A\text{-}2A}$ = 1.6 Hz; H-1A); 5.01 (1H; d; $J_{1B\text{-}2B}$ = 1.8 Hz; H-1B); 4.95-4.88 (2H; m; $C_6H_5CH_2$); 4.71-4.60 (6H; m; 3 x $C_6H_5CH_2$); 4.29-4.10 (7H; m; 3 x OCH_2CCH, 1H); 4.07 (1H; q; $J_{2A\text{-}3A}$ = 2.7 Hz; H-2A); 4.00-3.90 (5H; m; H-6B, H-5A + 3H); 3.87 (1H; m; H-2B); 3.86-3.78 (2H; H-6A + 1H); 3.71-3.66 (2H; m; H-6'A, H-6'B); 2.46 (1H; t; *J* = 2.4 Hz; OCH_2CCH); 2.34 (2H; m; 2 x OCH_2CCH); 2.24 (3H; s; $SC_6H_4CH_3$). ***^{13}C NMR ($CDCl_3$, 75 MHz)* δppm** 138.9-127.5 ($C_6H_5CH_2$, $SC_6H_4CH_3$); 98.5 (C-1B); 86.2 (C-1A); 80.2, 80.0 (2 x OCH_2CCH); 79.9 (1C); 79.8 (OCH_2CCH); 79.6 (1C); 76.7 (C-2A); 75.6 (C-2B); 75.3, 75.2 (2 x $C_6H_5CH_2$); 74.9, 74.7 (2 x OCH_2CCH); 74.7 (1C); 74.7 (1C); 74.7 (OCH_2CCH); 72.6 ($C_6H_5CH_2$); 72.6 (1C); 72.3 ($C_6H_5CH_2$); 71.6 (1C); 68.7 (C-6A); 66.6 (C-6B); 58.6, 57.7, 57.6 (OCH_2CCH); 21.1 ($SC_6H_4CH_3$).

ES-HRMS: $[M + Na]^+$ = 945,3648 m/z calculated for $C_{56}H_{58}NaO_{10}S$; found 945,3632.

• **2,3,4,6-tetra-O-benzoyl-α-D-mannopyranosyl azide (39)**[70]

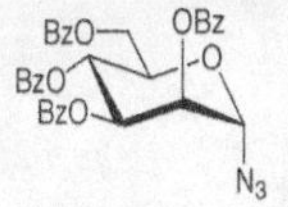	- $C_{34}H_{27}N_3O_9$ - 621 g.mol^{-1} - White crystal - Rf : 0,7 (Cyclohexane/EtOAc 7/3) - $[\alpha]^{20}_{D}$: +9° (c = 1; $CHCl_3$) - Pf: 129-131°C

To a stirred solution of compound ***7*** (20 g; 28.57 mmol) in dry dichloromethane (320 mL) were added to room temperature and in this addition order $SnCl_4$ (2,84 mL; 24,22 mmol; 0.85 equiv.) and $TMSN_3$ (5,49 mL; 41.77 mmol; 1.45 equiv.). The mixture was stirred for 15 h under argon atmosphere then the solvent was evaporated. The residue was dissolved in EtOAc (500 mL) then washed with saturated aq. $KHSO_4$ (2 x 300 mL). The organic layer was filtrated on celite, dried over sodium sulfate and concentrated. The residue was crystallised in EtOH (300 mL) then filtrated to afford the compound **39** (13.29 g; 75%).

^{1}H NMR ($CDCl_3$, 300 MHz) **δppm** 8.17-7.28 (20H; m; C_6H_5COO); 6.20 (1H; t; $J_{4\text{-}5}$ = $J_{4\text{-}3}$ = 10.1 Hz; H-4); 5.89 (1H; dd; $J_{3\text{-}2}$ = 3.2 Hz; H-3); 5.73 (1H; d; $J_{1\text{-}2}$ = 1.8 Hz; H-1); 5.65 (1H; dd; H-2); 4.81 (1H; dd; $J_{6\text{-}6'}$ = 12.2 Hz; H-6); 4.65 (1H; m; H-5); 4.55 (1H; dd; $J_{6'\text{-}5}$ = 4.3 Hz; H-6b). ***^{13}C NMR ($CDCl_3$, 75 MHz)*** **δppm** 166.5-165.6 (C_6H_5COO); 134.1-128.7 (C_6H_5COO); 88.07 (C-1); 71.3 (C-5); 70.5 (C-2); 69.7 (C-3); 66.7 (C-4); 62.9 (C-6).

ES-HRMS: $[M + Na]^+$ = 644,3 m/z calculated for $C_{34}H_{27}N_3NaO_9$; found 644,3.

• (Tris) *N*-(2,3,4,6-tetra-*O*-benzoyl-α-D-mannopyranosyl)-triazole of *p*-methylphenyl 6-(2,4-*O*-benzyl-3,6-di-*O*-propargyl-α-D-mannopyranosyl)-2,4-di-*O*-benzyl-3-*O*-propargyl-1-thio-α-D-mannopyranoside (40)

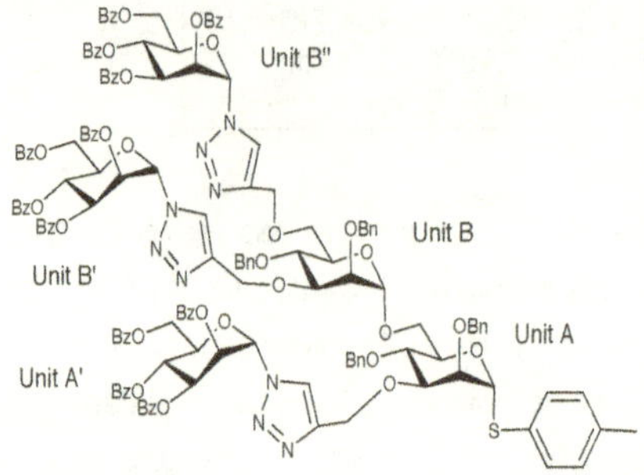	- $C_{158}H_{139}N_9O_{37}S$ - 2787,9 g.mol^{-1} - White solid - Rf : 0,15 (Cyclohexane/ AcOEt 6/4) - $[\alpha]^{20}_{D}$: + 3° (c = 0,16 ; $CHCl_3$)

Micro-wave heating : To a vigorous stirred solution of compound **38** (40 mg, 0.0433 mmol) and **39** (107.7 mg, 0.143 mmol) in dry DMF (0.9 mL) was added drop by drop a freshly prepared solution of copper sulfate (6.49 mg, 0.0260 mmol, 0.6 equiv.) and sodium ascorbate (10.30 mg, 0.052 mmol, 1.2 equiv.) in water (0.15 mL). The reaction mixture was placed under micro-waves irradiation at 100°C for 3 0 min then diluted with water (1 mL). The water phase was extracted with CH_2Cl_2 (3 x 10 mL) then the combined organic phase was dried with sodium sulfate, filtered, and concentrated. The crude product was purified by column chromatography (Cyclohexane/EtOAc, 70:30) to afford the compound **40** (96.5 mg, 80%).

Classical heating : To a vigorous stirred solution of compound **38** (40 mg, 0.0433 mmol) and **39** (107.7 mg, 0.143 mmol) in dry DMF (0.9 mL) was added dropwise a freshly prepared solution of copper sulfate (6.49 mg, 0.0260 mmol, 0.6 equiv.) and sodium ascorbate (10.30 mg, 0.052 mmol, 1.2 equiv.) in water (0.15 mL). The reaction mixture was stirred for 3h at 100°C then diluted with water (1 mL). The water pha se was extracted with CH_2Cl_2 (3 x 10 mL) then the combined organic phase was dried with sodium sulfate, filtered, and concentrated. The crude product was purified by column chromatography (Cyclohexane/EtOAc, 70:30) to afford the compound **40** (85.7 mg, 71%).

***^{1}H NMR ($CDCl_3$, 300 MHz)* δppm** 8.10-7.83 (28H; m; *arom.*); 7.67, 7.59, 7.57 (3H, 3s; 3 x H-5 triazole); 7.43-7.21 (56H; m; *arom.*); 6.62-6.55 (3H; m); 6.34-6.22 (6H; m); 5.95 (3H; m); 5.50 (1H; d; $J_{1A\text{-}2A}$ = 1.27 Hz; H-1A); 5.07 (1H; d; $J_{1B\text{-}2B}$ = 1.21 Hz; H-1B); 4.98-4.54 (18H; m); 4.42-4.22 (8H; m; H-3B + 7H); 4.09-3.85 (10H; m; H-2A, H-2B + 8H), 3.78-3.74 (2H; m); 2.20

(3H; s; $SC_6H_4CH_3$). **^{13}C NMR ($CDCl_3$, 75 MHz)** δppm 166.0, 165.9, 165.9, 165.5, 165.5, 165.2, 165.17, 165.15, 165.13, 165.12 (C_6H_5COO); 146.5, 146.3, 145.9 (C-4 triazole); 133.9-127.6 (C_6H_5COO, $CH_2C_6H_5$); 123.5, 123.4, 123.3 (C-5 triazole); 98.3 (C-1B); 86.2 (C-1A); 84.0 (1C); 83.9, 80.5, 80.4 (C-1A', C-1B', C-1B"); 77.3, 76.3, 75.6, 75.4, 74.9, 74.6, 72.4, 72.1, 72.0, 71.9, 70.0, 69.5, 66.5 (C-2A, C-3A, C-4A, C-5A, C-2B, C-3B, C-4B, C-5B, C-2A', C-3A', C-4A', C-5A', C-2B', C-3B', C-4B', C-5B', C-2B", C-3B", C-4B", C-5B"); 75.1, 72.8, 69.8, 66.6, 65.2, 63.5, 63.4, 62.0 (C-6A, C-6B, C-6A', C-6B', C-6B", 3 x $OCH_2(CCHN_3)$); 21.1 ($SC_6H_4CH_3$).

ES-HRMS: $[M + Na]^+$ = 2808,8890 m/z calculated for $C_{158}H_{139}N_9NaO_{37}S$; found 2808,8904.

*Compounds **41** and **42** are two uncharacterized intermediates.*

• **(Tris) *N*-(α-D-mannopyranosyl)-triazole of 6-(3,6-di-*O*-propargyl-α-D-mannopyranosyl)-3-*O*-propargyl-1-thio-α-D-mannopyranose (43)**

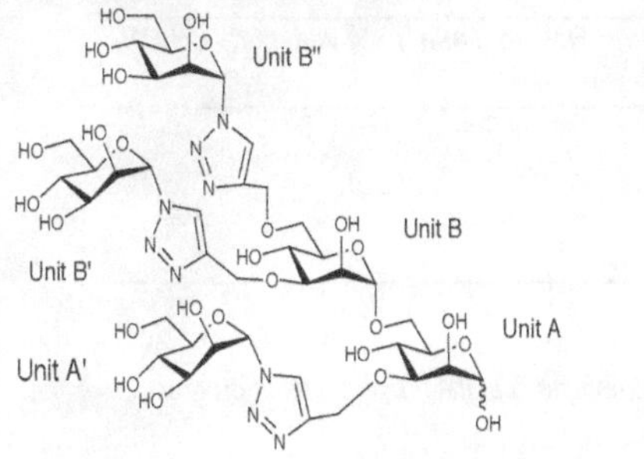

- $C_{39}H_{61}N_9O_{26}$
- 1071,95 g.mol^{-1}
- White solid

The compound **40** (128.4 mg, 45.9 μmol) was dissolved in acetone (12 mL) and cooled to 0℃ then NBS (12.29 mg, 69 μmol, 1.5 equiv.) was ad ded in one portion. The mixture was warmed up to room temperature and after 30 min the reaction was quenched by the addition of solid ammonium chloride (4 mg) followed by stirring for 10 min. The reaction mixture was then diluted with EtOAc (10 mL) and washed with water (1 x 5 mL). The water phase was washed again with EtOAc (2 x 10 mL). The combined organic phase was dried over sodium sulfate, filtered, and concentrated. The crude product was purified by column chromatography (Cyclohexane/EtOAc, 50:50) to afford the compound **41** (94.6 mg, 77%).

To a solution of compound **41** (94.8 mg, 35.2 μmol) dissolved in MeOH (2.5 mL) was added 1M sodium methylate solution (423 μL, 423 μmol, 12 equiv.) The reaction mixture was stirred for 4h at room temperature then neutralized with Amberlite® IR120 H^+ resin, filtered, and concentrated. The residue as obtained was directly engaged in the next step without further purification.

To a stirred solution of the previous crude product (16.87 mg; 11.70 μmol) in a mixture of THF (2 mL), MeOH (2 mL) and H_2O (1 mL) were added Pd/C (10% ww, 25.06 mg; 235 μmol; 20 equiv.) and ammonium formiate (129.9 mg; 2.06 mmol; 175 equiv.). The reaction mixture was heated to 50℃ for 24 h in a sealed flask. The mixture was then cooled to room temperature prior to venting the pressurized gas in the reaction vessel and the crude mixture was filtered through celite. The obtained residue is then purified by HPLC to afford compound **43** (1.3 mg; 10% over 2 steps).

HPLC conditions:

- Column Prevail Carbohydrate ES 5u, 250 mm x 10 mm, Hardware type: Waters.

- Retention time : 43.17 min.

Time (min)	*Flow (mL.min^{-1})*	*% water*	*% CH_3CN*
0	4.70	100	0
60	4.70	0	100

The characterization of this compound is at the present time in progress.

III.Partie expérimentale du chapitre 2.

• **α-D-mannopyranosyl azide (44)**

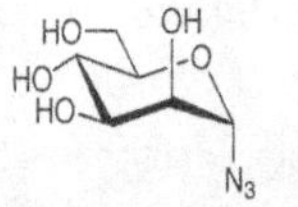

- $C_6H_{11}N_3O_5$
- 205 g.mol^{-1}
- White powder
- Rf : 0,4 (Cyclohexane/EtOAc 7/3)
- $[\alpha]^{20}_{D}$: +188° (c = 0.8; MeOH)

To a solution of compound **39** (10 g; 16.10 mmol) dissolved in MeOH (300 mL) was added 1M sodium methanolate solution (96 mL; 96.6 mmol; 6 equiv.) The reaction mixture was stirred for 12 h at room temperature then neutralized with Amberlite® IR120 H^+ resin, filtered, and concentrated. The residue was dissolved in H_2O and the aqueous layer was extracted with CH_2Cl_2 (2 x 200 mL) then evaporated to afford compound **44** (3.12 g, 94%).

***^{1}H NMR (D_2O, 300 MHz)* δppm** 5.38 (1H; d; $J_{1\text{-}2}$ = 2 Hz; H-1); 3.86 (1H; dd ; $J_{6\text{-}6'}$ = 11.7 Hz; H-6) ; 3.76 (1H; dd; $J_{6'\text{-}5}$ = 1.54 Hz; H-6'); 3.74 (1H; m; H-2); 3.65-3.58 (3H; m; H-3, H-4,H-5). ***^{13}C NMR (D_2O, 75 MHz)* δppm** 90.9 (C-1); 75.9 (C-2); 70.8, 70.7, 67.0 (C-3, C-4, C-5); 61.6 (C-6).

• **2,4-di-*O*-benzoyl-α-D-mannopyranosyl azide A6 (45)[70]**

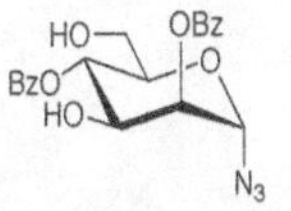	- $C_{20}H_{19}N_3O_7$ - 413 g.mol^{-1} - White powder - Rf : 0,35 (Cyclohexane/EtOAc 7/3) - $[\alpha]^{20}_D$: +65° (c = 0.5; $CHCl_3$)

• **2,6-di-*O*-benzoyl-α-D-mannopyranosyl azide A7 (46)[70]**

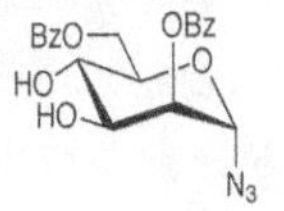	- $C_{20}H_{19}N_3O_7$ - 413 g.mol^{-1} - White powder - Rf : 0,17 (Cyclohexane/EtOAc 7/3) - $[\alpha]^{20}_D$: +56° (c = 1; $CHCl_3$)

Camphor-(10)-sulfonic acid (1.09 g; 4.7 mmol; 0.4 equiv.) and triethylorthobenzoate (10.65 mL; 49.91 mmol; 4.2 equiv.) were added at 45℃ to a solution of compound **44** (2.41 g; 11.75 mmol) in dry CH_3CN (110 mL). The mixture was stirred for 24 h under argon atmosphere at 45℃ then the reaction was neutralized with triethy lamine and evaporated. The residue was dissolved in CH_3CN (120 mL) and a solution of aqueous trifluoroacetic acid 90% (5.35 mL) was added. Stirring was continued for exactly 10 min then the mixture was diluted with toluene (50 mL) and concentrated. The residue was dissolved in CH_2Cl_2 (100 mL) then successfully washed with saturated aq. $NaHCO_3$ (2 x 100 mL), and water (100 mL), dried over sodium sulfate, filtered, and concentrated. The crude product was purified by column chromatography (Cyclohexane/EtOAc, 80:20 then 70:30) to afford the compounds **45** (**A1**) (1.78 g, 36%) and **46** (**A7**) (1.53 g; 31%).

A6 : *^{1}H NMR ($CDCl_3$, 300 MHz)* δppm 8.12-7.19 (10H; m; C_6H_5COO); 5.57 (1H; t; $J_{4\text{-}5}$ = $J_{4\text{-}3}$ = 9.9 Hz; H-4); 5.55 (1H; d; $J_{1\text{-}2}$ = 1.7 Hz; H-1); 5.33 (1H; dd ; $J_{2\text{-}3}$ = 3.3 Hz ; H-2); 4.34 (1H; dd ;

$J_{3\text{-}4}$ = 9.9 Hz; H-3); 4.06 (1H; m ; $J_{5\text{-}6}$ = 2.7 Hz ; H-5); 3.81 (1H; dd; $J_{6\text{-}6'}$ = 11.5 Hz ; H-6); 3.71 (1H ; dd ; $J_{6'\text{-}5}$ = 3.9 Hz ; H-6'). ***^{13}C NMR (CDCl$_3$, 75 MHz)*** **δppm** 167.0, 165.8 (C_6H_5*C*OO); 133.6-128.4 (*C*$_6H_5$COO); 87.5 (C-1); 72.5 (C-2); 72.3 (C-5); 69.5 (C-4); 67.7 (C-3); 61.0 (C-6).

A7 : ***^{1}H NMR (CDCl$_3$, 300 MHz)*** **δppm** 8.09-7.22 (10H; m; C_6*H*$_5$COO); 5.49 (1H; d; $J_{1\text{-}2}$ = 1.7 Hz; H-1); 5.25 (1H; dd; $J_{2\text{-}3}$ = 2.9 Hz; H-2); 4.78 (1H; dd; $J_{6\text{-}6'}$ = 11.4 Hz; H-6); 4.56 (1H; H-6'); 4.10 (1H; dd; $J_{3\text{-}4}$ = 10.1 Hz; H-3); 3.99 (2H; m; $J_{4\text{-}5}$ = 10.1 Hz, $J_{5\text{-}6}$ = 3.3 Hz ; H-4,H-5). ***^{13}C NMR (CDCl$_3$, 75 MHz)*** **δppm** 167.2, 165.8 (C_6H_5*C*OO); 133.4-128.4 (*C*$_6H_5$COO); 87.7 (C-1); 72.8 (C-2); 71.7 (C-5); 69.2 (C-3); 67.3 (C-4); 63.2 (C-6).

• 2,3,4,6-penta-*O*-acetyl-α-D-mannopyranose (47)

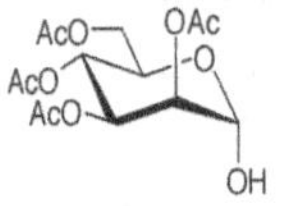	- $C_{14}H_{20}O_{10}$ - 348,3 g.mol^{-1} - Colorless oil - Rf : 0,24 (Cyclohexane/EtOAc 6/4)

To a solution of compound **18** (12 g; 30.76 mmol) in dry DMF (100 mL) was added hydrazine acetate (2.83 g; 30.76 mmol; 1 equiv.). The mixture was stirred for 4 h at room temperature then diluted with EtOAc (300 mL). The organic layer was successfully washed with brine (2 x 200 mL) and water (2 x 200 mL), dried over sodium sulfate, filtered, and concentrated to afford the compound **47** (9.95 g; 94%).

^{1}H NMR (CDCl$_3$, 300 MHz) **δppm** 5.31 (1H; $J_{3\text{-}2}$ = 3.8 Hz, $J_{3\text{-}4}$ = 10.1 Hz; H-3); 5.23-5.13 (3H; m; H-1, H-2, H-4); 4.57 (1H; s large; O*H*); 4.19-4.01 (3H; m; H-5, H-6, H-6'); 2.07, 2.01, 1.96, 1.91 (12H; 4s; C*H*$_3$COO). ***^{13}C NMR (CDCl$_3$, 75 MHz)*** **δppm** 170.9, 170.2, 170.1, 169.8 (CH_3*C*OO); 91.8 (C-1); 70.0, 68.7, 68.0, 66.0 (C-2, C-3, C-4, C-5); 62.4 (C-6); 20.7, 20.5, 20.5 (*C*H$_3$COO).

MS: $[M + Na]^+$ = 371,1 m/z calculated for $C_{14}H_{20}NaO_{10}$; found 371,1.

• **2,3,4,6-tetra-*O*-acetyl-α-D-mannopyranosyl trichloroacetimidate D8 (48)**

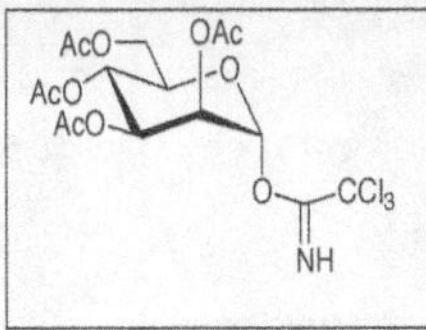

- $C_{16}H_{20}NO_{10}Cl_3$
- 492,5 g.mol^{-1}
- Colorless oil
- Rf : 0,62 (Cyclohexane/EtOAc 1/1)
- $[\alpha]^{20}_{D}$: +41° (c = 1; $CHCl_3$)

To a solution of compound **47** (9 g, 25.8 mmol) in dry CH_2Cl_2 (100 mL) were added trichloroacétonitrile (34 mL, 339 mmol, 13 equiv.) at room temperature and 1.8-diazabicyclo-[5,4,0]-undec-7-ene (335 µL, 2.22 mmol; 0.08 equiv.) at 0℃. The reaction mixture was stirred for 1h30 at 0℃ then the solvent was evaporated. The crude product was purified by column chromatography (Cyclohexane/EtOAc, 70:30 with 2% of Et_3N) to afford the compound **48** (**D8**) (9.37 g, 74%).

***^{1}H NMR ($CDCl_3$, 300 MHz)* δppm** 8.75 (1H; s; N*H*); 6.16 (1H; d; $J_{1\text{-}2}$ = 2.0 Hz; H-1); 5.36-5.21 (3H; m; H-2, H-3, H-4); 4.19-3.96 (3H; m; H-5, H-6, H-6'); 2.08, 1.96, 1.95, 1.89 (12H, 4s, C*H*$_3$COO). ***^{13}C NMR ($CDCl_3$, 75 MHz)* δppm** 170.2, 169.5, 169.4, 169.3 (CH_3*C*OO); 159.3 (O*C*NHCCl$_3$); 94.2 (C-1); 70.9, 68.5, 67.5, 65.1 (C-2, C-3, C-4, C-5); 61.7 (C-6); 20.5, 20.4, 20.3 (*C*H$_3$COO).

MS: $[M + Na]^+$ = 514,0 m/z calculated for $C_{16}H_{20}NaO_{10}Cl_3$; found 514,0.

• **2,4-di-O-benzoyl-3,6-di-O-(2,3,4,6-tetra-O-acetyl-α-D-mannopyranosyl)-α-D-mannopyranosyl azide (49)**[70]

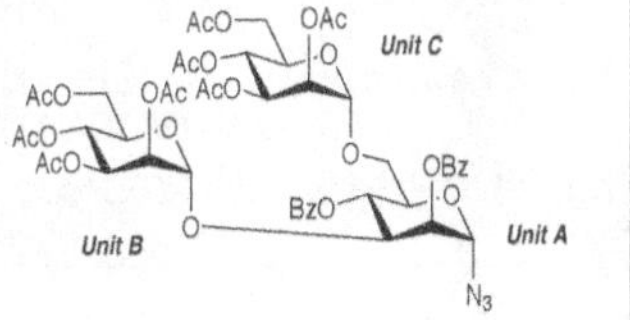

- $C_{48}H_{55}N_3O_{25}$
- 1073,36 g.mol^{-1}
- White powder
- Rf : 0,12 (5/5Cyclohexane/EtOAc)
- $[\alpha]^{20}_{D}$: + 50° (c = 0.73; $CHCl_3$)

TMSOTf (209 µL; 1.15 mmol; 0.2 equiv.) was added to a stirred solution of compounds **45** (acceptor) (2.38 g; 5.76 mmol) and **48** (donor) (2.12 g; 4.32 mmol; 0.75 equiv.) in dry dichloromethane (100 mL) under argon atmosphere at -40℃. Stirring was continued at -40℃ for 30 min. The mixture was allowed to warm up to room temperature, after which a solution of **48** (donor) (2.12 g; 4.32 mmol; 0.75 equiv.) and TMSOTf (209 µL; 1.15 mmol; 0.2 equiv.) in dry dichloromethane (50 mL) was added. The reaction mixture was stirred at room temperature for 30min, neutralized with triethylamine and concentrated *in vacuo*. The crude product was purified by column chromatography (Cyclohexane/ EtOAc, 50:50) to give compound **49** (4.15 g; 67%).

***^{1}H NMR ($CDCl_3$, 300 MHz)* δppm** 8.10-7.41 (10H; m; C_6H_5COO); 5.63 (1H; t; $J_{4\text{-}3}$ = $J_{4\text{-}5}$ = 9.9 Hz; H-4A); 5.59 (1H; d; $J_{1\text{-}2}$ = 1.8 Hz; H-1A); 5.35 (1H; dd; $J_{2\text{-}3}$ = 3.2 Hz; H-2A); 5.30 (1H; dd, $J_{3\text{-}2}$ = 3.4 Hz, $J_{3\text{-}4}$ = 10.1 Hz; H-3C); 5.20 (1H; dd; $J_{1\text{-}2}$ = 1.6 Hz; H-2C); 5.18 (1H; t; H-4C); 5.04-5.01 (2H; m; H-3B, H-4B); 4.97 (1H; d; $J_{1\text{-}2}$ = 1.7 Hz; H-1B); 4.82 (1H; dd; $J_{2\text{-}3}$ = 3 Hz; H-2B); 4.76 (1H; d; H-1C); 4.36 (1H; dd; H-3A); 4.26 (1H; ddd; $J_{5\text{-}6}$ = 5.7 Hz; $J_{5\text{-}6'}$ = 2.8 Hz; H-5A); 4.12-3.84 (7H; m; H-5B, H-5C, H-6A, H-6B, H-6'B, H-6C, H-6'C); 3.62 (1H; dd; $J_{6\text{-}6'}$ = 10.8 Hz; H-6'A); 2.06, 2.05, 2.03; 1.99, 1.92, 1.87, 1.81, 1.77 (24H; 8s; CH_3COO). ***^{13}C NMR* (*$CDCl_3$*, *75 MHz*) δppm** 170.4, 169.7, 169.6, 169.4, 168.9 (CH_3COO); 165.7, 165.1 (C_6H_5COO); 133.7-128.5 (C_6H_5COO); 99.2 (C-1B); 97.2 (C-1C); 87.3 (C-1A); 74.3 (C-3A); 71.4 (C-5A); 71.2 (C-2A); 69.3 (C-5B); 69.1 (C-2C); 69.0 (C-2B); 68.9 (C-3C); 68.4 (C-5C); 68.0 (C-3B or C-4B); 67.9 (C-4A); 66.4 (C-6A); 65.7 (C-3B or C-4B, C-4C); 62.2 (C-6B, C-6C); 20.5, 20.3 (CH_3COO).

ES-HRMS: $[M + Na]^+$ = 1091 m/z calculated for $C_{48}H_{59}N_3NaO_{10}$; found 1091.

• **2,4-di-*O*-benzoyl-3,6-di-*O*-(2,3,4,6-tetra-*O*-acetyl-α-D-mannopyranosyl)-β-D-mannopyranosyl amine (50)**[70]

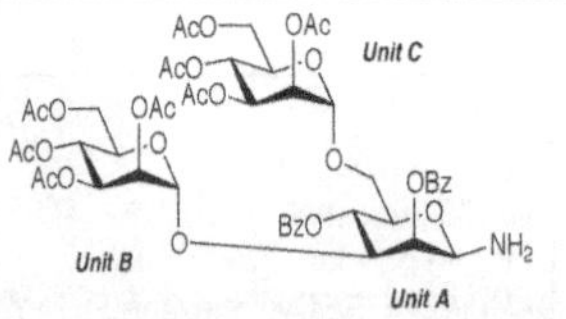	- $C_{48}H_{57}NO_{25}$ - 1047,96 g.mol^{-1} - White powder - Rf : 0,32 (2/8Cyclohexane/EtOAc) - $[\alpha]^{20}_{D}$: - 16° (c = 0.95; $CHCl_3$)

To a solution of compound **49** (3.90 g; 3.63 mmol) in a mixture of CH_2Cl_2/EtOH (100 mL/400 mL) were added $NaBH_4$ (270 mg; 7.26 mmol; 2 equiv.) and a point of spatula of NiCl. The mixture was stirred for 1h30 at room temperature then evaporated. The residue was dissolved in CH_2Cl_2 (300 mL) and the organic phase was washed with brine (2 x 150 mL) and water (2 x 150 mL), dried over sodium sulfate, filtered, and concentrated. The crude product was purified by column chromatography (Cyclohexane/EtOAc, 20:80) to afford the compound **50** (2.84 g, 75%).

^{1}H NMR (CDCl$_3$, 300 MHz) **δppm** 8.20-7.40 (10H; m; C_6H_5COO); 5.75 (1H; dd; $J_{2\text{-}1}$ = 0.9 Hz, $J_{2\text{-}3}$ = 2.5 Hz; H-2A); 5.55 (1H; t; $J_{4\text{-}3}$ = $J_{4\text{-}5}$ = 9.8 Hz; H-4A); 5.39 (1H; dd; $J_{3\text{-}2}$ = 3.4 Hz, $J_{3\text{-}4}$ = 10.1 Hz; H-3C); 5.27 (1H; dd; $J_{2\text{-}1}$ = 1.7 Hz, $J_{2\text{-}3}$ = 3.5 Hz; H-2C); 5.24 (1H; t; $J_{4\text{-}3}$ = $J_{4\text{-}5}$ = 9.9 Hz; H-4C); 5.15 (1H; t; $J_{4\text{-}5}$ = 10.1 Hz; H-4B); 5.03 (1H; dd; $J_{3\text{-}2}$ = 3.5 Hz; H-3B); 4.94 (1H; d; $J_{1\text{-}2}$ = 1.9 Hz; H-1B); 4.85 (1H; dd; H-2B); 4.80 (1H; d; H-1C); 4.39 (1H; m; H-5B); 4.33 (1H; dd; H-6B or H-6C; $J_{6\text{-}5}$ = 4.8 Hz; $J_{6\text{-}6'}$ = 15.7 Hz); 4.24 (1H; dd; H-3A); 4.19-3.98 (4H; m; H-5C, H-6B or H-6C, H-6'B, H-6'C); 3.91 (1H; dd; $J_{6\text{-}5}$ = 6.12 Hz; $J_{6\text{-}6'}$ = 10.6 Hz; H-6A); 3.81 (1H; ddd; $J_{5\text{-}6'}$ = 2.2 Hz; H-5A); 3.60 (1H; dd; H-6'A); 2.13, 2.05, 2.02, 2.00, 1.99, 1.80, 1.77 (24H; 7s; CH_3COO). ***^{13}C NMR (CDCl$_3$, 75 MHz)*** **δppm** 170.5-168.9 (CH_3COO); 166.1, 165.0 (C_6H_5COO); 133.5-128.5 (C_6H_5COO); 99.3 (C-1B); 97.5 (C-1C); 82.7 (C-1A); 77.0 (C-3A); 73.8 (C-5A); 72.6 (C-2A); 69.3, 69.0, 68.4, 68.1 (C-4A, C-2B, C-3B, C-5B, C-2C, C-5C); 67.2 (C-6A); 65.9, 65.9 (C-4B, C-4C); 62.3, 62.2 (C-6B, C-6C); 20.72, 20.41, 20.28 (CH_3COO).

ES-HRMS: $[M + Na]^+$ = 1070,3117 m/z calculated for $C_{48}H_{57}NNaO_{25}$; found 1070,3088.

• 5-azido-pentanoïc-acid (51)

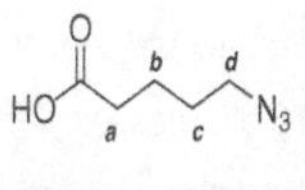	- $C_5H_9N_3O_2$ - 143,07 g.mol^{-1} - Yellowish oil - Rf : 0,82 (Cyclohexane/EtOAc 5/5)

To a stirred solution of 5-bromovaleric-acid (5 g; 27.61 mmol) in dry DMF (50 mL) was added sodium azide (2.15 g; 33.14 mmol; 1.2 eq). The reaction mixture was stirred for 2 h at 80°C then diluted with EtOAc (50mL). The organic phase was washed with brine (2 x 100 mL) and water (2 x 100 mL), dried over sodium sulfate, filtered and concentrated. The crude product was purified by column chromatography (Cyclohexane/ EtOAc, 5/5) to give compound **51** (1.90 g; 48%).

^{1}H NMR (CDCl$_3$, 300 MHz) **δppm** 11.14 (1H; s; COO*H*); 3.17 (1H; t; $J_{d\text{-}c}$ = 6.3 Hz; H-d); 2.26 (1H; t ; $J_{a\text{-}b}$ = 6.7 Hz; H-a); 1.55 (2H ; m ; H-b, H-c). ***^{13}C NMR (CDCl$_3$, 75 MHz)*** **δppm** 179.6 (*C*OOH); 51.0 (C-d); 33.4 (C-a); 28.1 (C-c); 21.8 (C-b).

• **β-alanine-*N*-(1-oxo-5-azido-pentyl)-methyl ester (52)**

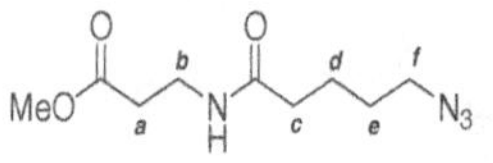	- $C_9H_{16}N_4O_3$ - 228,12 g.mol^{-1} - Yellowish oil - Rf : 0,14 (Cyclohexane/AcOEt 5/5)

Method 1

To a solution of compound **50** (1 g; 6.98 mmol) in a mixture of $CHCl_3$/dry DMF (60 mL/7.5 mL; v/v) were added DIC (2.17 mL; 13.9 mmol; 2 equiv.) and HOBt.H_2O (1.88 g; 13.9 mmol; 2 equiv.). The mixture was stirred under argon atmosphere for 45min at room temperature then β-alanine methylester hydrochloride (975 mg; 6.98 mmol; 1 equiv.) was added. The mixture was stirred again for one night at room temperature then the reaction was quenched by the addition of triethylamine (some drops) and concentrated. The residue was then diluted in Et_2O to allow the precipitation of HOBt.H_2O and diisopropylurea. The latter were eliminated by filtration then the filtrate was evaporated. The crude product was purified by column chromatography (Cyclohexane/EtOAc, 70:30) to afford the compound **52** (830 mg; 52%).

Method 2

To a solution of compound **51** (1.5 g; 10.48 mmol) in dry dichloromethane (15 mL) were added EDC (2 g; 10.48 mmol; 1 equiv.) and NHS (1.20 g; 10.48 mmol; 1 equiv.). The reaction mixture was stirred for 24 h at room temperature then the solvent was evaporated. The crude product was diluted in dry DMF (40 mL) then β-alanine methylester hydrochloride (1.46 g; 10.48 mmol; 1 equiv.) and *N*, *N*-diisopropylethylamine (3.47 mL; 20.96 mmol; 2 equiv.) were added to the solution. The mixture was stirred for 3 h at room temperature then concentrated. The residue was diluted in $CHCl_3$ (50 mL) and the organic phase was washed with saturated $KHSO_4$ (1 x 30 mL) and water (1 x 30 mL), dried over sodium sulfate, filtered and concentrated to afford the compound **52** (960 mg; 40%).

***^{1}H NMR ($CDCl_3$, 300 MHz)* δppm** 6.42 (1H; m; N*H*CO); 3.44 (2H; q; $J_{b\text{-}a}$ = 5.9 Hz, $J_{b\text{-}NH}$ = 6.1 Hz ; H-b) ; 3.23 (2H ; t ; $J_{f\text{-}e}$ = 6.8 Hz ; H-f) ; 2.50 (2H ; t ; $J_{a\text{-}b}$ = 5.9 Hz ; H-a) ; 2.16 (2H ; t ; $J_{c\text{-}d}$ = 7.4 Hz ; H-c) ; 1.58 (4H ; m ; H-d, H-e) ; 1.07 (3H ; s ; COOC*H*$_3$). ***^{13}C NMR ($CDCl_3$, 75 MHz)* δppm** 172.9 (*C*OOCH$_3$); 157.8 (NH*C*O); 51.1 (C-f); 35.8 (C-c); 34.9 (C-b); 33.7 (C-a); 28.3 (C-e); 23.3 (COO*C*H$_3$); 22.7 (C-d).

ES-HRMS: $[M + Na]^+$ = 251,1120 m/z calculated for $C_9H_{16}N_4NaO_3$; found 251,1111.

• β-alanine-*N*-(1-oxo-5-azido-pentyl) (53)

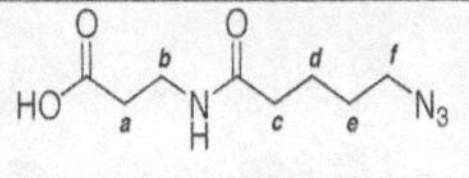	- $C_8H_{14}N_4O_3$ - 214,11 g.mol^{-1} - Yellowish oil

To a solution of compound **52** (2.20 g; 2.63 mmol) in a mixture of H_2O/EtOH (24 mL/70 mL; v/v) was added sodium hydroxide pellets (1.92 g; 48.20 mmol; 18 equiv.) The mixture was stirred for 24 h at 50°C then the reaction was quen ched with Amberlite IR 120 H^+ resin and filtrated. The filtrate was evaporated and the residue was dissolved in water (70 mL), the aqueous phase was extracted by EtOAc (2 x 30 mL) and evaporated to afford the compound **53** (1.35 g; 65%).

^{1}H NMR (DMSO-d6, 300 MHz) **δppm** 7.92 (1H; m; N*H*); 5.86 (1H; m; COO*H*); 3.29 (2H; t; $J_{f\text{-}e}$ = 6.3 Hz; H-f); 3.21 (2H ; q ; $J_{b\text{-}a}$ = 6.8 Hz, $J_{b\text{-}NH}$ = 6.4 Hz ; H-b); 2.35 (2H; t; H-a) ; 2.06 (2H; t; $J_{c\text{-}d}$ = 6.9 Hz; H-c); 1.49 (2H; m; H-e, H-d). ***^{13}C NMR*** **(*DMSO-d6, 75 MHz)* δppm** 173.0, 172.1 (*C*OOH; *C*ONH); 50.5 (C-f); 34.9 (C-b); 34.7 (C-c); 34.0 (C-a); 27.9 (C-d); 22.5 (C-e).

ES-HRMS: $[M + Na]^+$ = 237,0964 m/z calculated for $C_8H_{14}N_4NaO_3$; found 237,0965.

• 2,4-di-*O*-benzoyl-3,6-di-*O*-(2,3,4,6-tetra-*O*-acetyl-α-D-mannopyranosyl)-β-D-mannopyranosyl amido-5-azido-pentanamide (54)

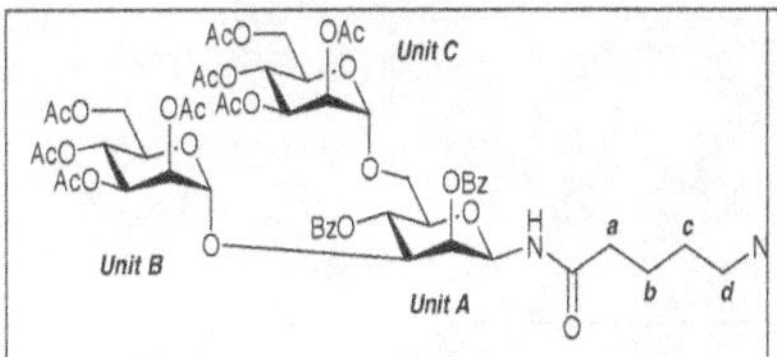	- $C_{53}H_{64}N_4O_{26}$ - 1172,38 g.mol^{-1} - White powder - Rf :0,34 (3/7Cyclohexane/EtOAc) - $[\alpha]^{20}_D$: + 6° (c = 0,27 ; $CHCl_3$)

To a stirred solution of compound **50** (438.8 mg; 0.41 mmol) in dry dichloromethane (21 mL) were added to room temperature and in this addition order compound **51** (40 mg; 0.27 mmol) beforehand dissolved in dry dichloromethane (1 mL), HATU (318.6 mg; 0.838 mmol) and DIPEA (122 μL; 0,838 mmol). The mixture was stirred under argon atmosphere for 24 h. The reaction mixture was then diluted with dichloromethane (10 mL) and the organic phase was washed with satured $NaHCO_3$ (2 x 10 mL) and water (2 x 10 mL), dried over sodium sulfate, filtered, and concentrated. The crude product was purified by column chromatography (Cyclohexane/EtOAc, 40:60) to afford the compound **54** (257.7 mg; **79%**).

***^{1}H NMR (300 MHz, $CDCl_3$)* δppm** 8.19-7.96, 7.66-7.39 (10H; m; C_6H_5COO); 6.62 (1H; d; $J_{NH\text{-}H\text{-}1A}$ = 9 Hz; N*H*CO); 5.75 (1H; t; $J_{4A\text{-}5A}$ = $J_{4A\text{-}3A}$ = 9.9 Hz); 5.68-5.65 (2H; m; H-1A + 1H); 5.36 (1H; dd; $J_{3C\text{-}2C}$ = 3.41 Hz, $J_{3C\text{-}4C}$ = 10.0 Hz); 5.30 (1H; dd; $J_{2\text{-}1}$ = 1.7 Hz, $J_{2\text{-}3}$ = 3.39 Hz; H-2B or H-2C); 5.23 (1H; t; $J_{4C\text{-}3C}$ = $J_{4C\text{-}5C}$ = 9.8 Hz; H-4C); 5.08 (1H; t; $J_{4B\text{-}3B}$ = $J_{4B\text{-}5B}$ = 9.6 Hz; H-4B); 4.97 (1H; dd; $J_{3B\text{-}2B}$ = 3.5 Hz, $J_{3B\text{-}4B}$ = 9.7 Hz; H-3B); 4.90 (1H; d; $J_{1B\text{-}2B}$= 1.8 Hz; H-1B); 4.83-4.82 (2H; m; $J_{1C\text{-}2C}$= 1.8 Hz; H-1C + 1H); 4.30-3.66 (9H; m; H-6A, H-6'A, H-6B, H-6'B, H-6C, H-6C' + 3H); 3.26 (2H; t; $J_{d\text{-}c}$ = 6.4 Hz; H-d); 2.23 (2H; m; H-a); 2.10, 2.09, 2.05, 1.98, 1.95, 1.90, 1.79, 1.77 (24H; 8s; CH_3COO); 1.72-1.52 (4H; m; H-b, H-c). ***^{13}C NMR (75 MHz, $CDCl_3$)* δppm** 172.1, 170.8, 170.7, 169.7, 169.1, 169.0, 166.5, 165.1 (C_6H_5*C*OO, CH_3*C*OO, NH*C*O); 99.37, 98.08 (C-1B, C-1C); 77.14 (C-1A); 77.06, 74.81, 72.08, 69.6, 69.6, 69.2, 69.1, 68.6, 68.2 ([C-2, C-3, C-5]-ABC, C-5A); 66.4 (C-6A); 65.9 (C-4B, C-4C); 62.4 (C-6B, C-6C); 51.1 (C-d); 35.6 (C-a); 28.3 (C-c); 22.4 (C-b); 20.9, 20.8, 20.7, 20.7, 20.5, 20.4 (*C*H_3COO).

ES-HRMS: $[M + Na]^+$ = 1195,3706 m/z calculated for $C_{53}H_{64}N_4NaO_{26}$; found 1195,3715.

• **2,4-di-*O*-benzoyl-3,6-di-*O*-(2,3,4,6-tetra-*O*-acetyl-α-D-mannopyranosyl)-β-D-mannopyranosyl amido-β-alanine-*N*-(1-oxo-5-azido-pentyl) amide (55)**

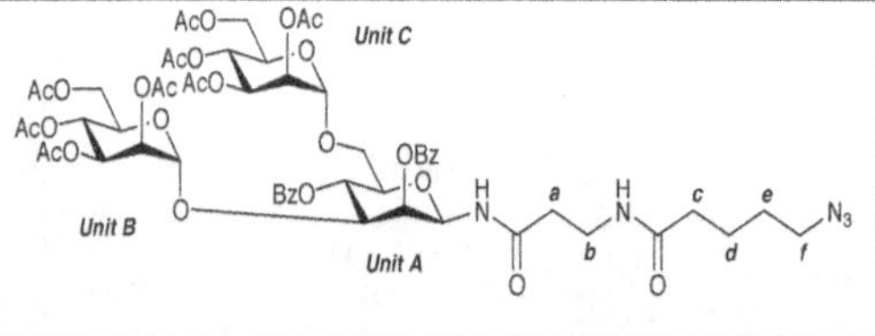

- $C_{56}H_{69}N_5O_{27}$
- 1243,42 g.mol^{-1}
- White powder
- Rf : 0,21 (EtOAc)
- $[\alpha]^{20}_{D}$: + 8° (c = 0,2 ; $CHCl_3$)

To a stirred solution of compound **50** (366.7 mg; 0.35 mmol) in dry dichloromethane (20 mL) were added to room temperature and in this addition order compound **53** (50 mg; 0.23 mmol) beforehand dissolved in dry DMF (1.5 mL), HATU (133 mg; 0.35 mmol) and DIPEA (61 μL; 0.35 mmol). The mixture was stirred under argon atmosphere for 24 h. The reaction mixture was then diluted with dichloromethane (10 mL) and the organic phase was washed with satured $NaHCO_3$ (2 x 10 mL) and water (2 x 10 mL), dried over sodium sulfate, filtered, and concentrated. The crude product was purified by column chromatography (Cyclohexane/EtOAc, 20:80) to afford the compound **55** (165.7 mg, 57%).

***^{1}H NMR (300 MHz, $CDCl_3$)* δppm** 8.16-7.40 (10H; m; C_6H_5COO); 6.98 (1H; d; C-1A-N*H*CO; $J_{NH\text{-}H\text{-}1A}$ = 8.2 Hz); 6.36 (1H; t; C-b-N*H*CO; $J_{NH\text{-}b}$ = 5.9 Hz); 5.74 (2H; m); 5.61 (1H; d; H-1A); 5.35 (1H; dd); 5.29-5.17 (4H; m); 5.13-4.95 (6H; m); 4.92 (1H; s; H-1B or H-1C); 4.85-4.81 (2H; m; H-1B or H-1C, 1H); 4.30-4.17 (3H; m); 4.12-3.68 (1H; m); 3.49 (2H; q; H-b; $J_{b\text{-}a}$ = 11.6 Hz; $J_{b\text{-}NH}$ = 5.8 Hz); 3.25 (2H; t; H-f; $J_{f\text{-}e}$ = 6.6 Hz); 2.41 (2H; q; H-a); 2.16 (2H; m; H-c); 2.10, 2.04, 1.97, 1.94, 1.90, 1.89, 1.79, 1.79 (24H; 7s; CH_3COO); 1.64-1.55 (4H; m; H-d, H-e). ***^{13}C NMR (75 MHz, $CDCl_3$)* δppm** 172.6, 171.6, 170.9, 170.7, 170.3, 169.8, 169.8, 169.7, 169.1, 169.0, 166.7, 165.0 (C_6H_5COO, CH_3COO, NHCO); 133.9-128-6 (C_6H_5COO); 99.4, 97.8 (C-1B, C-1C); 77.5 (C-1A); 77.2, 74.9, 71.8, 69.6, 69.6, 69.1, 69.1, 68.6, 68.1, 66.1, 65.9 ([C-2, C-3, C-4, C-5]-ABC); 66.3 (C-6A); 62.5, 62.2 (C-6A, C-6C); 51.2 (C-f); 35.8 (C-c); 35.6 (C-a); 35.1 (C-b); 28.4 (C-d); 22.7 (C-e); 20.9, 20.8, 20.8, 20.8, 20.7, 20.5, 20.4 (CH_3COO).

ES-HRMS: $[M + Na]^+$ = 1266,4078 m/z calculated for $C_{56}H_{69}N_5NaO_{27}$; found 1266,4132.

• 5,10,15,20-tetra-{1'-(2,4-di-*O*-benzoyl-3,6-di-*O*-(2,3,4,6-tetra-*O*-acetyl-α-D-mannopyranosyl)-β-D-mannopyranosyl amido-pentanamido)-1',2',3'-triazol-4'-yl-methyleneoxy}-porphyrin-Zn (56)

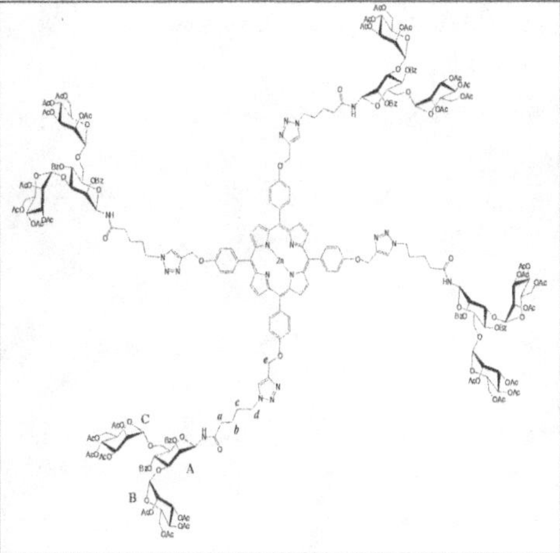	- $C_{268}H_{292}N_{20}O_{108}Zn$ - 5586,67 g.mol^{-1} - Purple solid - Rf : 0,17 (CH_2Cl_2/MeOH 95/5)

To a solution of **porphyrine 5,10,15,20-tetrakis (4'-propargyloxyphenyl)-Zn(II)** (4.44 mg, 4.97 μmol) and compound **54** (35 mg, 0.0298 mmol, 6 equiv.) in dry DMF (2.5 mL) were added CuI (0.34 mg, 2.48 μmol, 0.5 equiv.) and DIPEA (4.07 μL, 0.0248 mmol, 5 equiv). The reaction mixture was placed under micro-waves irradiation at 110℃ for 10 min then diluted with EtOAc (5mL). The organic phase was washed with water (1 x 5 mL), dried over sodium sulfate and evaporated. The crude product was purified by column chromatography (CH_2Cl_2/MeOH, 95/15 then 90/10) to afford the compound **56** (26.8 mg, 98%).

^{1}H NMR (300 MHz, $CDCl_3$) δppm 8.90 (8H; s; H-porphyrin); 8.19-7.91 (6H; m; H-5 triazole, *arom.*); 7.64-7.24 (7H; m; *arom.*); 5.82-4.84, 4.31-3.68 (24H; m; [H-1,H-2, H-3, H-4, H-5, H-6, H-6']-ABC, H-a, H-b, H-c, H-d, H-e); 2.11, 2.09, 2.05, 1.99, 1.93, 1.89, 1.79, 1.78 (24H; s; CH_3COO). ***^{13}C NMR (75 MHz) δppm*** 171.92, 170.85, 170.78, 170.24, 169.88, 169.72, 169.06, 166.62, 165.02, 162.62 (C_6H_5COO, CH_3COO, NHCO); 157.85, 150.47 (C^{IV}); 143.87 (C-4 triazole); 136.38, 128.95, 120.42 (C^{IV}); 135.75-128.68 (C_6H_5COO, C(C_6H_4)O, C_4H_2N); 122.62 (C-5 triazole); 112.96 (1C); 99.39, 98.15 (C-1B, C-1C); 77.36, 77.31, 77.18, 74.84, 72.06, 69.58, 69.29, 69.22, 68.65, 68.22, 68.15, 66.00 (C-1A, [C-2, C-3, C-4, C-5]-ABC); 66.41 (C-6A); 62.41(C-6B, C-6C); 50.08, 35.17, 29.83, 29.50, 21.92 (C-a, C-b, C-c, C-d, C-e); 21.04-20.47 (CH_3COO).

ES-HRMS: $[M + 2Na]^{2+}$ = 2813,8524 m/z calculated for $C_{268}H_{292}N_{20}Na_2O_{108}Zn$; found 2813,8586.

• **5,10,15,20-tetra-{1'-(2,4-di-*O*-benzoyl-3,6-di-*O*-(2,3,4,6-tetra-*O*-acetyl-α-D-mannopyranosyl)-β-D-mannopyranosyl amido-β-alanine-*N*-(1-oxo-pentyl) amido)-1',2',3'-triazol-4'-yl-methyleneoxy}-porphyrin-Zn (57)**

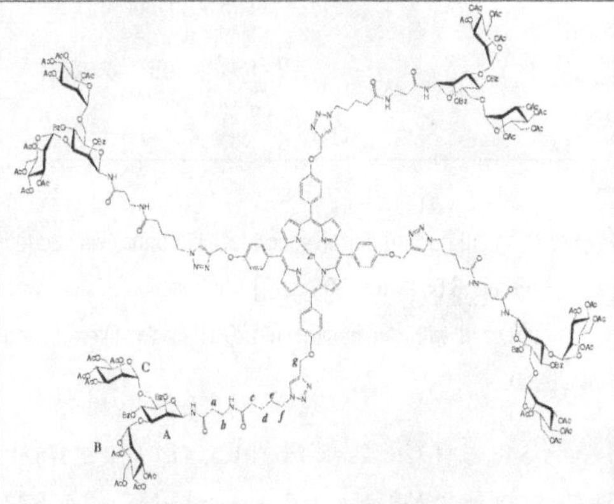

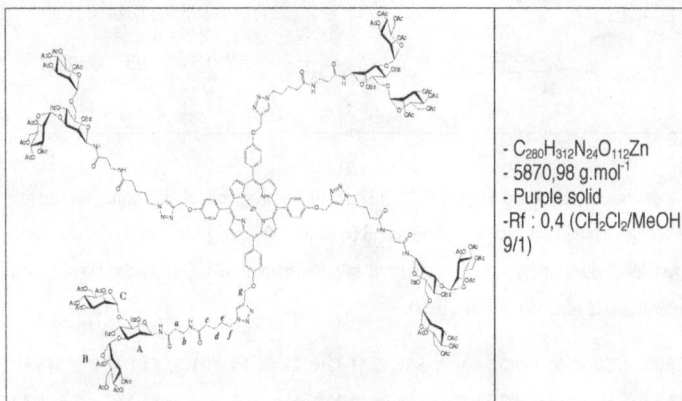

- $C_{280}H_{312}N_{24}O_{112}Zn$
- 5870,98 g.mol^{-1}
- Purple solid
-Rf : 0,4 (CH_2Cl_2/MeOH 9/1)

To a solution of **porphyrine 5,10,15,20-tetrakis (4'-propargyloxyphenyl)-Zn(II)** (4.19 mg, 4.68 μmol) and compound **55** (35 mg, 0.0281 mmol, 6eq) in dry DMF (2.5 mL) were added CuI (0.32 mg, 2.34 μmol, 0.5 eq) and DIPEA (4.07 μL, 0.0234 mmol, 5 eq). The reaction mixture was placed under micro-waves irradiation at 110°C for 10 min then diluted with EtOAc (5mL). The organic phase was washed with water (1 x 5 mL), dried over sodium sulfate and evaporated. The crude product was purified by column chromatography (CH_2Cl_2/MeOH, 95/15 then 90/10) to afford the compound **57** (18.5 mg, 67%).

^{1}H NMR (300 MHz, $CDCl_3$) δppm 8.91 (8H; s; H-porphyrin); 8.15-7.90 (4H; m; *arom.*); 7.62-7.40 (8H; m; H-5 triazole, *arom.*); 5.78-5.59, 5.37-4.82, 4.33-3.45 (35H; m; [H-1,H-2, H-3, H-4, H-5, H-6, H-6']-ABC, H-a, H-b, H-c, H-d, H-e, H-f, H-g); 2.08,2.07, 2.05, 1.96, 1.91, 1.87, 1.79, 1.78 (24H, s, CH_3COO). ***^{13}C NMR (75 MHz) δppm*** 172.4, 171.7, 170.9, 170.8, 170.3, 169.9, 169.8, 169.1, 169.1, 166.7, 165.0 (C_6H_5*C*OO, CH_3*C*OO, NH*C*OCH_2, CH_2NHCOCH_2); 157.9, 157.8, 150.4 (C^{IV}); 143.7 (C-4 triazole); 136.4-128.7 (*C_6*H_5COO, C(*C_6*H_4)O, *C_4*H_2N); 122.7 (C-5 triazole); 120.3 (C^{IV}); 112.9 (1C); 99.4, 97.9 (C-1B, C-1C); 77.5, 77.3, 74.8, 71.9, 69.6, 69.2, 68.6, 68.2, 66.0 (C-1A, [C-2, C-3, C-4, C-5]-ABC); 66.3 (C-6A); 62.4, 62.3 (C-6B, C-6C); 50.1, 35.6; 35.3, 35.2, 29.8, 29.5, 22.3 (C-a, C-b, C-c, C-d, C-e, C-f, C-g); 20.9-20.5 (*C*H_3COO).

ES-HRMS: $[M + 2Na]^{2+}$ = 2955,9266 m/z calculated for $C_{280}H_{312}N_{24}Na_2O_{112}Zn$; found 2955,9206.

• **3,6-di-*O*-(α-D-mannopyranosyl)-β-D-mannopyranosyl amido-5-azido-pentanamide (58)**

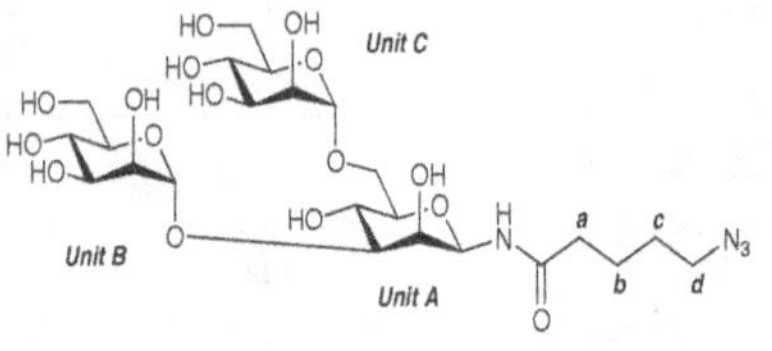

- $C_{23}H_{40}N_4O_{16}$
- 628,58 g.mol^{-1}
- White powder
- $[\alpha]^{20}_{D}$: + 57° (c = 0,2 ; $CHCl_3$)

To a solution of compound **54** (128.5 mg, 122 µmol) dissolved in MeOH (3.5 mL) was added 1M sodium methanolate solution (3.68 mL, 3.68 mmol; 30 equiv.) The reaction mixture was stirred for 7 days at 30℃ then neutralized with Amberlite® IR120 H^+ resin, filtered, and concentrated to give **58** (47.7 mg, 69%).

***^{1}H NMR (300 MHz, $CDCl_3$)* δppm** 5.18, 5.11 (2H; 2s; H-1B, H-1C); 4.81 (1H; s; H-1A); 4.03-3.96 (2H; m); 3.94-3.54 (14H; m; [H-2, H-3, H-4, H-5, H-6, H-6']-ABC); 3.46-3.42 (1H;m); 3.33-3.29 (3H; m; H-d, 1H); 2.30 (2H; t; J_{a-b} = 6.82 Hz; H-a); 1.73-1.56 (4H; m; H-b, H-c). ***^{13}C NMR (75 MHz)* δppm** 175.5 (NH*C*O); 103.6, 101.4 (C-1B, C-1C); 79.1 (C-1A); 82.9, 78.2, 75.0, 74.3, 72.4, 72.3, 71.9, 71.5, 68.8, 68.5, 67.0 ([C-2, C-3, C-4, C-5]-ABC); 66.9 (C-6A); 63.0, 62.8 (C-6B, C-6C); 52.1 (C-d); 36.1 (C-a); 29.3 (C-c); 23.6 (C-b).

ES-HRMS: $[M + Na]^+$ = 651,2337 m/z calculated for $C_{23}H_{40}N_4NaO_{16}$; found 651,2338.

• 5,10,15,20-tetra-{1'-(3,6-di-*O*-(α-D-mannopyranosyl)-β-D-mannopyranosyl amido-pentanamido)-1',2',3'-triazol-4'-yl-methyleneoxy}-porphyrin-Zn (59)

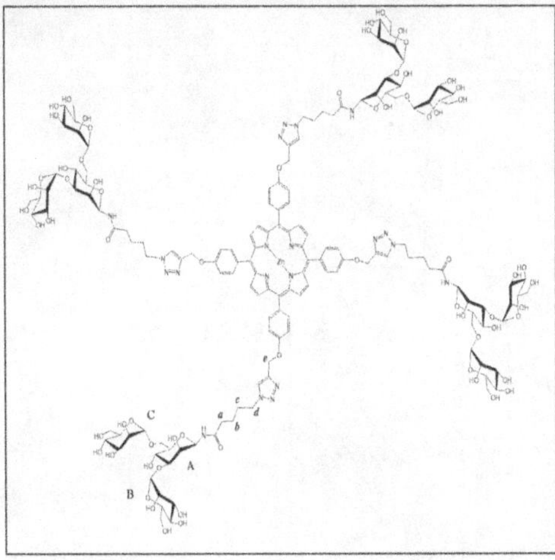

- $C_{148}H_{196}N_{20}O_{68}Zn$
- 3408.64 g.mol^{-1}
- Purple solid

To a solution of **porphyrine 5,10,15,20-tetrakis (4'-propargyloxyphenyl)-Zn(II)** (8.29 mg, 9.28 μmol) and compound **58** (35 mg, 55.6 μmol, 6 equiv.) in dry DMF (2.5 mL) were added CuI (0.65 mg, 4.63 μmol, 0.5 equiv.) and DIPEA (8.05 μL, 46.3 μmol, 5 equiv). The reaction mixture was placed under micro-waves irradiation at 110℃ for 10 min and evaporated. The crude product was dissolved into H_2O (3 mL) and dialyzed in a Spectra/Por membrane (MWCO 1,000) for one day to remove the excess of compound *CVP451*. The solution of purified material was lyophilized to dryness to afford compound **59** (26.3 mg; 83%).

The characterization of this compound is at the present time in progress.

• **25,26,27,28-tetra-{1'-(2,4-di-*O*-benzoyl-3,6-di-*O*-(2,3,4,6-tetra-*O*-acetyl-α-D-mannopyranosyl)-β-D-mannopyranosyl amido-pentanamido)-1',2',3'-triazol-4'-yl-methyleneoxy}-*p-tert*-butyl-calix[4]arene (60)**

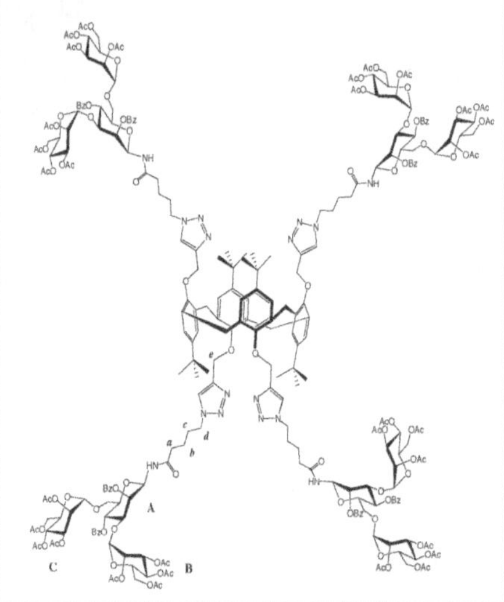

- $C_{268}H_{320}N_{16}O_{108}$
- 5493,45 g.mol^{-1}
- White solid
- Rf : 0,25 (CH_2Cl_2/MeOH 95/5)

To a solution of **5,11,17,23-p-*tert*-butyl-25,26,27,28-tetrapropargyloxycalix[4]arene** (3.98 mg, 4.97 μmol) and compound **54** (35 mg, 28.1 μmol, 6eq) in dry DMF (2.5 mL) were added CuI (0.35 mg, 2.48 μmol, 0.5 eq) and DIPEA (4.31 μL, 24.8 μmol, 5 eq). The reaction mixture was placed under micro-waves irradiation at 110℃ f or 10 min then diluted with EtOAc (5mL). The organic phase was washed with water (1 x 5 mL), dried over sodium sulfate and evaporated. The crude product was purified by column chromatography (CH_2Cl_2/MeOH, 95/5) to afford the compound **60** (10.5 mg, 39%).

***^{1}H NMR (300 MHz, CDCl$_3$)* δppm** 8.12-7.98, 7.61-7.41 (12H; m; *arom.*); 6.84-6.75 (1H; m; H-5 triazole); 5.98-5.67, 5.89-4.83, 4.52-3.66 (23H; m; [H-1, H-2, H-3, H-4, H-5, H-6, H-6']-ABC, H-d, Ar-CH_2-Ar); 2.28-2.22 (2H; m; H-a or H-b or H-c); 1.25-1.20 (5H; m; C(CH_3)$_3$, H-a or H-b or H-c); 1.06-1.00 (10H; m; H-a/H-b or H-a/H-c or H-b/H-c, C(CH_3)$_3$). ***^{13}C NMR (75 MHz)* δppm** 172.2, 170.7, 170.7, 170.2, 169.9, 169.9, 169.7, 169.1, 169.0, 166.5, 164.9 (C_6H_5*C*OO, CH_3*C*OO, NH*C*O); 152.87 (C^{IV}); 144.5, 144.3 (C-4 triazole, *t*Bu-C^{IV}-ar); 133.8-128.6 (C*arom.*); 126.8 (C-5 triazole); 99.4, 98.2 (C-1B, C-1C); 77.3, 77.2, 74.7, 72.0, 69.6, 69.4, 69.2, 68.6, 68.2, 68.1, 66.0, 65.8 (C-1A, [C-2, C-3, C-4, C-5]-ABC); 66.3 (C-6A),

64.1 (Ar-CH_2-Ar or C-e); 62.3 (C-6B, C-6C); 49.8, 35.2, 29.8, 21.9 (C-a, C-d, C-e); 31.59 ($C(CH_3)_3$); 21.0, 20.9, 20.8, 20.7, 20.5, 20.5 (CH_3COO).

ES-HRMS: $[M + 2Na]^{2+}$ = 2767,9912 m/z calculated for $C_{268}H_{320}N_{16}Na_2O_{108}$; found 2767,0028.

• 25,26,27,28-tetra-{1'-(2,4-di-*O*-benzoyl-3,6-di-*O*-(2,3,4,6-tetra-*O*-acetyl-α-D-mannopyranosyl)-β-D-mannopyranosyl amido-β-alanine-*N*-(1-oxo-pentyl) amido)-1',2',3'-triazol-4'-yl-methyleneoxy}-*p*-*tert*-butyl-calix[4]arene (61)

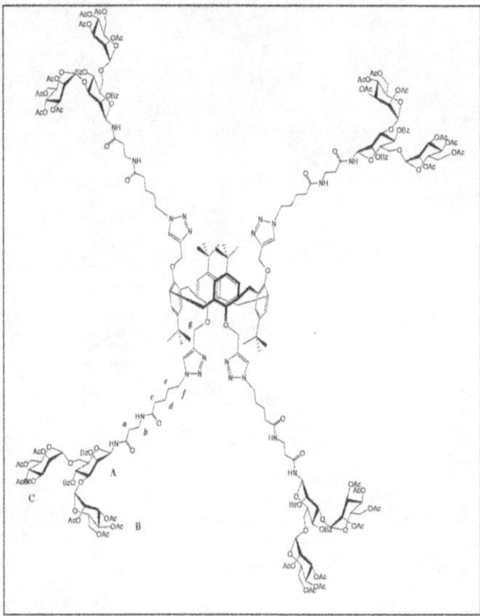

- $C_{280}H_{340}N_{20}O_{112}$
- 5777,76 g.mol^{-1}
- White solid
- Rf : 0,50 (CH_2Cl_2/MeOH 95/5)

To a solution of **5,11,17,23-p-*tert*-butyl-25,26,27,28-tetrapropargyloxycalix[4]arene** (3.75 mg, 4.68 μmol) and compound **55** (35 mg, 28.1 μmol, 6eq) in dry DMF (2.5 mL) were added CuI (0.32 mg, 2.34 μmol, 0.5 eq) and DIPEA (4.07 μL, 23.4 μmol, 5 eq). The reaction mixture was placed under micro-waves irradiation at 110℃ f or 10 min then diluted with EtOAc (5mL). The organic phase was washed with water (1 x 5 mL), dried over sodium sulfate and evaporated. The crude product was purified by column chromatography (CH_2Cl_2/MeOH, 90/10) to afford the compound **61** (24 mg, <90%).

***^{1}H NMR (300 MHz, $CDCl_3$)* δppm** 8.16-7.97, 7.62-7.40 (14H; m; arom.), 6.87, 6.82 (2H; 2s; H-5 triazole); 5.77-5.62, 5.36-4.83, 4.47-3.46 (34H; m; [H-1, H-2, H-3, H-4, H-5, H-6,

H-6']-ABC; H-a, H-b, H-c, H-f, Ar-C*H*$_2$-Ar); 2.09, 2.08, 2.05, 1.97, 1.94, 1.89, 1.78 (24H; 7s; C*H*$_3$COO); 1.57 (2H; m; H-e); 1.29-1.12 (4H; m; H-d, H-g); 1.24, 1.03 (9H; 2s; C(C*H*$_3$)$_3$). ***^{13}C NMR (75 MHz) δppm*** 172.6, 171.7, 170.8, 170.3, 169.9, 169.8, 169.8, 169.1, 169.0, 166.6, 165.0 (C_6H_5*C*OO, CH_3*C*OO, NH*C*OCH_2, CH_2NH*C*OCH_2); 153.2 (C^{IV}); 144.9, 144.6 (C-4 triazole, *t*Bu-C^{IV}-ar); 133.8-128.6 (C*arom.*); 126.6, 123.1 (C-5 triazole); 99.3, 97.9 (C-1B, C-1C); 90.1 (1C); 77.4, 77.4, 77.3, 77.2, 74.7, 71.8, 69.5, 69.3, 69.2, 68.6, 68.2, 65.9 (C-1A, [C-2, C-3, C-4, C-5]-ABC); 66.3 (C-6A); 64.3, 64.3 (Ar-*C*H_2-Ar); 62.4, 62.3 (C-6B, C-6C); 49.9, 35.4, 35.2, 35.2, 29.8, 29.7, 22.5 (C-a, C-b, C-c, C-d, C-e, C-f, C-g); 31.6-31.2 (C(*C*H_3)$_3$); 21.0, 20.9, 20.8, 20.8, 20.7, 20.5, 20.4, (*C*H_3COO).

ES-HRMS: $[M + 2Na]^{2+}$ = 2910,0779 m/z calculated for $C_{280}H_{340}N_{20}Na_2O_{112}$; found 2910,0779.

1. P. Grice, S.V. Ley, J. Pietruszka, H.W.M. Priepke, S.L. Warriner. *Chem. Eur. J.* **1997**, 3, 3, 431-440.

2. A. Hölemann, P. Seeberger. *Curr. Opin. Biotechnol.* **2004**, 15, 615-622.

3. H.C. Hang, C.R. Bertozzi. *Bioorg. Med. Chem.* **2005**, 5021-5034.

4. N. Sharon, H. Lis. *Scientific American.* **Janvier 1993**, 82-89.

5. N. Smiljanic, V. Moreau, D. Yockot, J.M. García Fernández, F. Djedaïni-Pilard. .*J Incl. Phenom. Macrocyc. Chem.* **2007**, 57, 9-14.

6. N. Smiljanic, S. Halila, V. Moreau, F. Djedaïni-Pilard. *Tetrahedron Lett.* **2003**, 44, 8999-9002.

7. N. Sharon. H. Lis. *Science.* **1989**, 246, 227-233

8. L.L. Kiessling, J.E. Gestwicki, L.E. Strong. *Curr. Opin. Struct. Biol.* **2000**, 4, 696-703.

9. H. Lis, N. Sharon. *Chem. Rev.* **1998**, 98, 637-674.

10. S.S. Komath, M. Kavitha, M.J. Swamy. *Org. Biomol. Chem.* **2006**, 4, 973-988.

11. I.E. Liener, N. Sharon, I.J. Goldstein. The Lectins. Properties, Functions and Applications in Biology and Medicine. *Academics Press, Inc.* **1986**.

12. H.B.F. Dixon. *Nature.* **1981**, 292, 192.

13. W.J. Peumans, J.M. Van Damme. *Plant Physiol.* **1995**, 109, 347-352.

14. J.B. Sumner, S.F. Howell. *J. Bacteriol.* **1936**, 32, 227-237.

15. D.K. Mandal, N. Kishore, C.F. Brewer. *Biochemistry.* **1994**, 33, 1149-1156.

16. K.D. Hardman, C.F. Ainsworth. *Biochemistry.* **1972**, 11, 26, 4910-4919.

17. M. Mammen, S-K. Choi, G.M. Whitesides. *Angew. Chem. Int. Ed.* **1998**, 37, 2754-2794.

18. L. Pauling, M. Delbrück. *Sciences.* **1940**, 92, 77-79.

19. T.K. Dam, C.F. Brewer. In Comprehensive Glycoscience, "Fundamentals of Lectin-Carbohydrate Interactions". *Elsevier.* **2007**, 397-452.

20. W.I. Weis, K. Drickamer. *Annu. Rev. Biochem.* **1996**, 65, 441-473.

21. L.L. Kiessling, N. L. Pohl. *Chem. Biol.* **1996**, 3, 71-77.

22. Y.C. Lee, R.T. Lee. *Acc. Chem. Res.* **1995**, 28, 8, 321-327.

23. J.J. Lundquist, E.J. Toone. *Chem. Rev.* **2002**, 102, 555-578.

24. B. Fraser-Reid, K. Tatsuta, J. Thiem, V. Wittmann. In Glycoscience. "Glycoproteins: Occurrence and Significance". *Springer.* **2008**, 1735-1770.

25. R. A. Dwek. *Chem. Rev.* **1996**, 96, 683-720.

26. D.A. Ashford, R.A. Dwek, T.W. Rademacher. *Carbohydr. Res.* **1991**, 213, 215-227.

27. D.L. Evers, R.L. hung, H. Thomas, K.G. Rice. *Anal. Biochem.* **1998**, 265, 313-316.

28. T. Mizuochi, M. Nakata. *J. Infect. Chemother.* **1999**, 5, 190-195.

29. T. Mizuochi, M.W. Spellman, M. Larkin, J. Solomon, L.J. Basa, T. Feizi. *Biochem. J.* **1988**, 254, 599-603.

30. T. Souto-Padrón, O.E. Campetella, J.J. Cazzulo, W. De Souza. *J. Cell. Sci.* **1990**, 96, 485-490.

31. D.G. Russell, H. Wilhelm. *J. Immun.* **1986**. 136. 2613-2630.

32. M.Barboza, V.G. Duschak, Y. Fukuyama, H. Nonami, R. Erra-Balselles, J.J. Cazzulo, A.S. Couto. *FEBS Journal.* **2005**, 272, 3803-3815.

33. J. Lifson, S. Coutré, E. Huang, E. Engleman. *J. Exp. Med.* **1986**, 164, 2101-2106.

34. J. Balzarini, D. Schols, J. Neyts, E. Van Damne, W. Peumans, E. De Clercq. Antimicrob. *Agents Chemother.* **1991**, 410-416.

35. M.R.Boyd, K.R. Gustafson, J.B. McMahon, R.H. Shoemaker, B.R. O'Keefe, T. Mori, R.J. Gulakowski, L. Wu, m.I. Rivera, C.M. Laurencot, M.J. Currens, J.H. Cardellina II, R.W. Buckheit, Jr. P.L. Nara, L.K. Pannell, R.C. Sowder II, L.E. Henderson. Antimicrob. *Agents Chemother.* **1997**, 1521-1530.

36. R.A. O'Neil. *J. Chromatogr. A.* **1996**, 720, 201-215.

37. M.F. Verostek, C. Lubowski, R.B. Trimble. *Anal. Biochem.* **2000**, 278, 111-122.

38. Y. Mechref, M.V. Novotny. *Chem. Rev.* **2002**, 102, 321-369.

39. H.C. Kolb, K.B. Sharpless. *Drug Discov. Today.* **2003**, 8, 1128-1137.

40. D.R. Mootoo, P. Konradson, U. Udodong, B. Fraser-Reid. *J. Am. Chem. Soc.* **1988**, 110, 5583.

41. S-I. Hashimoto, H. Sakamoto, T. Honda, H. Abe, S-I. Nakamura, S. Ikegami. *Tetrahedron Lett.* **1997**. 38, 52, 8969-8972.

42. W. Köenigs, E. Knorr. *Chem. Ber.* **1901**, 34, 957.

43. T. Mukaiyama, K. Takeuchi, H. Jona, H. Maeshima, T. Saito. *Helv. Chim. Acta.* **2000**, 83, 1901-1918.

44. R. Geurtsen, F. Côté, M.G. Hahn, G.J. Boons. *J. Org. Chem.* **1999**, 64, 7828-7835.

45. D. Crich, S. Sun. *J. Am. Chem. Soc.* **1998**, 120, 435-436.

46. J.R. Pougny, P. Sinaÿ. *Tetrahedron Lett.* **1976**, 45, 17, 4073-4076.

47. R.R. Schmidt, J. Michel, M. Roos. *Liebigs Ann. Chem.* **1984**, 1343-1357.

48. I. Matsuo, T. Miyazaki, M. Isomura, T. Sakakibara, K. Ajisaka. *J. Carbohydr. Chem.* **1998**, 17 (8), 1249-1258.

49. I. Matsuo, M. Isomura, T. Miyazaki, T. Sakakibara, K. Ajisaka. *Carbohydr. Res.* **1998**, 305, 401-413.

50. Y. Zhu, L. Chen, F. Kong. *Carbohydr. Res.* **2002**, 337, 207-215.

51. D.M. Ratner, O.J. Plante, P.H. Seeberger. *Eur. J. Org. Chem.* **2002**, 826-833.

52 . X. Geng, V.Y. Dudkin, M. Mandal, S.J. Danishefsky. *Angew. Chem. Int. Ed.* **2004**, 43, 2562-2565.

53. F. Santoyo-González, F. Hernández-Mateo. *Top. Heterocycl. Chem.* **2007**, 7, 133-177.

54. C.W. Tornøe, C. Christensen, M. Meldal. *J. Org. Chem.* **2002**, 67, 3057-3064.

55. V.V. Rostovtsev, L.G. Green, V. Fokin, K.B. Sharpless. *Angew. Chem. Int. Ed.* **2002**, 41, 14, 2596-2599.

56. M.Meldal, C.W. Tornøe. *Chem. Rev.* **2008**, 108, 2952-3015.

57. L. Zhang, X. Chen, P. Xue, H.H.Y. Sun, I.D. Williams, K.B. Sharpless, V.V. Fokin, G. Jia. *J. Am. Chem. Soc.* **2005**, 127, 15998-15999.

58. M.C. Yap, M.A. Kostiuk, D.D.O. Martin, M.A. Perinpanayagam, P.G. Hak, A. Sidadam, J.R. Majjigapu, G. Rajaiah, B.O. Keller, J.A. Prescher, P. Wu, C.R. Bertozzi, J.R. Falck, L.G. Berthiaume. *J. Lipid Res.* **2010**, 51, 1566-1580.

59. H.C. Kolb, M.G. Finn, K.B. Sharpless. *Angew. Chem. Int. Ed.* **2001**, 40, 2004-2021.

60. B.L. Wilkinson, L.F. Bornaghu, S-A.Poulsen, T.A. Houston. *Tetrahedron.* **2006**, 62, 8115-8125.

61. H.B. Mereyal, S.R. Gurrala. *Carbohydr. Res.* **1998**, 307, 351-354.

62. J. Kovensky, L. Bultel, C. Falentin, S.G. Gouin. *Eur. J. Org. Chem.* **2007**, 1160-1167.

63. D. Crich, F. Yang. *Angew. Chem. Int. Ed.* **2009**, 48, 8896-8899.

64. P. Cheshev, A. Marra, A. Dondoni. *Org. Biomol. Chem.* **2006**, 4, 3225-3227.

65. L. Marmuse, S.A. Nepogodiev, R.A. Field. *Org. Biomol. Chem.* **2005**, 3, 2225-2227.

66. S. Chittaboina, F. Xie, Q. Wang. *Tetrahedron Lett.* **2005**, 46, 2331-2336.

67. S. Hotha, S. Kashyap. *J. Org. Chem.* **2006**, 71, 364-367.

68. K.D. Bodine, D.Y. Gin, M.S. Gin. *Org. Lett.* **2005**, 7, 20, 4479-4482.

69. K.D. Bodine, D.Y. Gin, M.S. Gin. *J. Am. Chem. Soc.* **2004**, 126, 1638-1639.

70. D. Yockot, V. Moreau, G. Demailly, F. Djedaïni-Pilard. *Org. Biomol. Chem.* **2003**, 1, 1810-1818.

71. N.E. Byramova, M.V. Ovchinnikov, L.V. Backinowsky, N.K. Kochetkov. *Carbohydr. Res.* **1983**, 124, C8-C11.

72. H.N. Yu, C-C. Ling, D.R. Bundle. *J. Chem. Soc., Perkin Trans. 1.* **2001**, 8, 832-837.

73. L. Heng, F. Kong. *J. Carbohydr. Chem.* **2001**, 20, 285.

74. J. Adrio, J.C. Carretero. *J. Am. Chem. Soc.* **2007**, 129, 778-779.

75. CC.A. Tai, S.S. Kulkarni, S-C. Hung. *J. Org. Chem.* **2003**, 68, 8719-8722.

76. J. Defaye, H.Driguez, E. Ohleyer, C. Orgeret, C. Viet. *Carbohydr. Res.* **1984**, 130, 317-321.

77. M-O. Contour, J. defaye, M. Little, E. Wong. *Carbohydr. Res.* **1989**, 283-287.

78. R.J. Ferrier, R.H. Furneaux. *Carbohydr. Res.* **1976**, 52, 63-68.

79. M. Yde, C.K. De Bruyne. *Carbohydr. Res.* **1973**, 26, 227-229.

80. J.A. Watt, S.J. Williams. *Org. Biomol. Chem.* **2005**, 3, 1982-1992.

81. Z. Szurmai, L. Balatoni, A. Lipták. *Carbohydr. Res.* **1994**, 301-309.

82. P-H. Tam, T.L. Lowary. *Carbohydr. Res.* **2007**, 342, 1741-1772.

83. V. Ferro, M. Mocerino, R.V. Stick, D.M.G. Tilbrook. *Aust. J. Chem.* **1988**, 41, 813-815.

84. L. Jiang, T-K. Chan. *Tetrahedron Lett.* **1998**, 39, 355-358.

85. R. Johansson, B. Samuelson. *J. Chem. Soc., Perkin. Trans. 1.* **1984**, 2371-2374.

86. A. Lipták, J. Imre, J. Harangi, P. Nánási. *Tetrahedron.* **1982**, 38, 24, 3721-3727.

87. P.J. Garegg, H. Hultberg, S. Wallin. *Carbohydr. Res.* **1982**, 108, 97-101.

88. M.P. DeNinno, J.B. Etienne, K.C. Duplantier. *Tetrahedron Lett.* **1995**, 36, 5, 669-672.

89. J. Lu, T-H. Chan. *Tetrahedron Lett.* **1998**, 39, 355-358.

90. S.N. Lam, J. Gervay-Hague. *J. Org. Chem.* **2005**, 70, 8772-8779.

91. S.G.Y. Dhénin, V. Moreau, M-C. Nevers, C. Créminon, F. Djedaïni-Pilard. *Org. Biomol. Chem.* **2009**, 7, 5184-5199.

92. J.Y. Baek, B-Y. Lee, M.G. Jo, K.S. Kim. *J. Am. Chem. Soc.* **2009**, 131, 48, 17705-17713.

93. T. Oshitari, M. Shibasaki, T. Yoshizawa, M. Tomita, K-I. Takai, S. Kobayashi. *Tetrahedron.* **1997**, 53, 32, 10993-11006.

94. R. Périon, V. Ferrières, M.I. García-Moreno, C. Ortiz Mellet, R. Duval, J.M. García Fernández, D. Plusquellec. *Tetrahedron.* **2005**, 9118-9128.

95. A. Dondoni, A. Marra. *J. Org. Chem.* **2006**, 71, 7546-7557.

96. M. Mazurek, A.S. Perlin. *Can. J. Chem.* **1965**, 43, 1918-1923.

97. M.M. Ponpipom. *Carbohydr. Res.* **1977**, 59, 311-317.

98. T. G. Mayer, R.R Schmidt. *Eur. J. Org. Chem.* **1999**, 1153-1165.

99. S.G. Gouin, E. Vanquelef, J.M. García Fernández, C. Ortiz Mellet, F-Y. Dupradeau, J. Kovensky. *J. Org. Chem.* **2007**, 72, 9032-9045.

100. M. Gómez-García, Juan.M. Benito, R. Gutiérrez-Gallego, A. Maestre, C. Ortiz Mellet, J.M. García Fernández, J.L. Jiménez Blanco. *Org. Biomol. Chem.* **2010**, 8, 1849-1860.

101. Y.C. Lee, R.T. Lee. *Acc. Chem. Res.* **1995**, 28, 321-327.

102. M. Dubber, O. Sperling, T.K. Lindhorst. *Org. Biomol. Chem.* **2006**, 4, 3901-3912.

103. M. Ortega-Muñoz, J. Morales-Sanfrutos, F. Perez-Balderas, F. Hernandez-Mateo, M.D. Giron-Gonzalez, N. Sevillano-Tripero, R. Salto-Gonzalez, F. Santoyo-Gonzalez. *Org. Biomol. Chem.* **2007**, 5, 2291-2301.

104. D.A. Fulton, J.F. Stoddart. *J. Org. Chem.* **2001**, 66, 8309-8319.

105. C. Carpenter, S.A. Nepogodiev. *Eur. J. Org. Chem.* **2005**, 3286-3296.

106. J.A.S. Cavaleiro, J.P.C. Tomé, M.A.F. Faustino. *Top. Heterocycl. Chem.* **2007**, 7, 179-248.

107. D. Aicher, A. Wiehe, C.B.W. Stark. *Synlett.* **2010**, 3, 395-398.

108. A. Makky, J.P. Michel, A. Kasselouri, E. Briand, Ph. Maillard, V. Rosilio. *Langmuir.* **2010**, 26, 15, 12761-12768.

109. E. Hao, T.J. Jensen, M.G.H. Vicente. *J. Porphyrins Phthalocyanines.* **2009**, 13, 51-59.

110. S. Cecioni, R. Lalor, B. Blanchard, J.P. Praly, A. Imberty, S.E. Matthews, S. Vidal. *Chem. Eur. J.* **2009**, 15, 13232-13240.

111. A. Dondoni, A. Marra. *Chem. Rev.* **2010**, 110, 9, 4949-4977.

112. S.Y. Park, J.H. Yoon, C.S. Hong, R. Souane, J.S. Kim, S.E. Matthews, J. Vicens. *J. Org. Chem.* **2008**, 73, 8212-8218.

113. A. Makky, J.P. Michel, A. Kasselouri, E. Briand, Ph. Maillard, V. Rosilio. *Langmuir.* **2010**, 26, 15, 12761-12768.

114. A.S.L. Derycke, P.A.M. De Witte. *Adv. Drug Deliv. Rev.* **2004**, 56, 17-30.

115. K. Lang, J. Mosinger, D.M. Wagnerová. *Coord. Chem. Rev.* **2004**, 248, 321-350.

116. A. Bautista-Sanchez, A. Kasselouri, M-C. Desroches, J. Blais, P. Maillard, D. Manfrim de Oliveira, A.C. Tedesco, P. Prognon, J. Delaire. *J. Photochem. Photobiol. B.* **2005**, 81, 154-162.

117. P. Maillard, S. Gaspard, J-L. Guerquin-Kern, M. Momenteau. *J. Am. Chem. Soc.* **1989**, 111, 9125-9127.

118. M.R. Reddy, N. Shibata, H. Yoshiyama, S. Nakamura, T. Toru. *Synlett.* **2007**, 4, 628-632.

119. F. de C. da Silva, V.F. Ferreira, M.C.B.V. de Souza, A.C. Tomé, M.G.P.M.S. Neves, A.M.S. Silva, J.A.S. Cavaleiro. *Synlett.* **2008**, 8, 1205-1207.

120. J.S. Lindsey, H.C. Hsu, I.C. Schreiman. *Tetrahedron Lett.* **1986**, 27, 4969-4970.

121. M. Okada, Y. Kishibe, K. Ide, T. Takahashi, T. Hasegawa. *Int. J. Carbohydr. Chem.* **2009** (in press).

122. O.B. Locos, C.C. Heindl, A. Corral, M.O. Senge, E.M. Scanlan. *Eur. J. Org. Chem.* **2010**, 1026-1028.

123. D.A. Fulton, J.F. Stoddart. *Bioconjugate Chem.* **2001**, 12, 5, 655-672.

124. A. Marra, M-C. Scherrmann, A. Dondoni, A. Castani, P. Minari, R. Ungaro. *Angew. Chem. Int. Ed. Engl.* **1994**, 33, 2479.

125. A. Dondoni, A. Marra, M-C. Scherrmann, A. Castani, F. Sansone, R. Ungaro. *Chem. Eur. J.* **1997**, 3, 1774.

126. R. Roy, J.M. Kim. *Angew. Chem. Int. Ed.* **1999**, 38, 369.

127. U. Schädel, F. Sansone, A. Castani, R. Ungaro. *Tetrahedron.* **2005**, 61, 1149.

128. C. Félix, H. Parrot-Lopez, V. Kalchenko, A.W. Coleman. *Tetrahedron Lett.* **1998**, 39, 9171.

129. F. Pérez-Balderas, F. Santoyo-González. *Synlett.* **2001**, 1699.

130. F.G. Calvo-Flores, J. Isac-García, F. Hernández-Mateo, F. Pérez-Balderas, J.A. Calvo-Asín, E. Sanchéz-Vaquero, F. Santoyo-González. *Org. Lett.* **2000**, 2, 16, 2499-2502.

131. S.P. Bew, R.A. Brimage, N. L'Hermite, S.V. Sharma. *Org. Lett.* **2007**, 9, 19, 3713-3716.

132. A. Dondoni, G. Mariotti, A. Marra. *J. Org. Chem.* **2002**, 67, 4475-4486.

133. Y. Liu, C-F. Ke, H-Y. Zhang, J. Cui, F. Ding. *J. Am. Chem. Soc.* **2008**, 130, 600-605.

134. J. Kerekgyarto, J.P. Karmerling, J.B. Bouwstra, J.F.G. Vliegenthart, A. Liptak. *Carbohydr. Res.* **1989**, 186, 51-62.

135. M. Alpe, S. Oscarson. *Carbohydr. Res.* **2002**, 337, 1715-1722.

136. D.F. DeTar, R. Silverstein. *J. Am. Chem. Soc.* **1966**, 88, 5, 1020-1023.

137. D. Crich, O. Vinogradova. *J. Org. Chem.* **2007**, 72, 6513-6520.

138 . R. Adamo, R. Saksena, P. Kovàč. *Carbohydr. Res.* **2005**, 340, 2579-2582.

139. D.B. Werz, P.H. Seeberger. *Angew. Chem. Int. Ed.* **2005**, 44, 6315-6318.

140. A.S. Mehta, E. Saile, W. Zhong, T. Buskas, R. Carlson, E. Kannenberg, Y. Reed, C.P. Quinn, G-J. Boons. *Chem. Eur. J.* **2006**, 12, 9136-9149.

141. S. Young Park, J. Hee Yong, C. Seop Hong, R. Souane, J. Seing Kim, S.E. Matthews, J. Vicens. *J. Org. Chem.* **2008**, 73, 8212-8218.

142. M.S. Congreve, E.C. Davison, M.A.M. Fuhry, A.B. Holmes, A.N. Payne, R.A. Robinson, S.E. Ward. *Synlett.* **1993**, 663-664.

143. K. Kitano, S. Kohgo, K. Yamada, S. Sakata, N. Ashida, H. Hayakawa, D. Nameki, E. Kodama, M. Matsuoka, H. Mitsuya, H. Ohrui. *Antiviral Chem. Chemother.* **2004**, 14, 161-167.

144. A.S.K. Hashmi, M. Rudolph, S. Schymura, J. Visus, W. Frey. *Eur. J. Org. Chem.* **2006**, 4905-4909.

www.ingramcontent.com/pod-product-compliance
Lightning Source LLC
Chambersburg PA
CBHW021042210326
41598CB00016B/1076